U0167657

2021年度国家一流本科专业建设点支撑成果

新时期中国乡村
厕卫空间系统设计

文剑钢 华亦雄 文瀚梓 荣侠 编著

中国建筑工业出版社

图书在版编目（CIP）数据

新时期中国乡村厕卫空间系统设计 / 文剑钢等编著
. — 北京：中国建筑工业出版社，2022.3
ISBN 978-7-112-26952-5

Ⅰ.①新… Ⅱ.①文… Ⅲ.①农村住宅—卫生间—建筑设计—研究—中国 Ⅳ.① TU241.4

中国版本图书馆 CIP 数据核字（2021）第 269790 号

责任编辑：陆新之 何 楠
书籍设计：康 羽
责任校对：张惠雯

新时期中国乡村厕卫空间系统设计
文剑钢 华亦雄 文瀚梓 荣 侠 编著
＊
中国建筑工业出版社出版、发行（北京海淀三里河路 9 号）
各地新华书店、建筑书店经销
北京雅盈中佳图文设计公司制版
北京建筑工业印刷厂印刷
＊
开本：787 毫米 × 1092 毫米 1/16 印张：17³/₄ 字数：345 千字
2022 年 7 月第一版 2022 年 7 月第一次印刷
定价：**78.00** 元
ISBN 978-7-112-26952-5
（38623）

《新时期中国乡村厕卫空间系统设计》
编写委员会

前　言

当今，是一个科学技术快速发展、社会文明高度发达的时代。人类的一切创新探索都以快速变革的浪潮，推动社会发展并带来前所未有的变化。但是迄今为止，主宰人类生死存亡的生命自然规律不曾改变，彰显着人类生物特性的吃喝拉撒动物性的行为特征不曾改变。

在持续不变的"生命规律和生物特征"昭示下，人的生理健康长寿与解决生理、心理需求的重要场所——厕所的问题却依然是影响个体人的健康与寿命、社会和谐与生态发展的核心问题。2015 年以来，国家持续倡导"厕所革命"，至 2017 年 10 月末，全国在原有的基础上改建、新建厕所 6.8 万座。"厕所革命"从城市到乡村并逐渐扩展到全域，数量增加，质量正在得到改善和提升。

为什么进行"厕所革命"？一方面，与 20 世纪 80 年代我国有 19.2% 城镇居住人口不同，中国当代的城镇化率已经达到 60.60%（国家统计局，2020 年 2 月）。从全国来说，城乡公共厕所分布数量、质量发展依然不均衡。乡村民宅厕所的环境卫生以及室内人性化设施远不能满足人们日益增长的生活质量需求，尤其是在乡村卫生厕所的普及、厕所便溺的无害化、资源化处理上依然任重道远。另一方面，随着现代化冲水式厕所的推广，让人们对干净卫生的冲水马桶厕所奉为"理想之所"并习以为常时，人们也看到这种厕所带来的"自然水资源浪费污染、地下管网设施建设投入巨大、废污水处理成本高企、宝贵的有机物质丧失、江河湖塘水体富营养化"等问题。厕所系统的科技手段先进了，农田与自然水体的生态环境也恶化了！人们开始反思水冲式厕所对人类发展带来的严峻后果。

面对 21 世纪的城市人口激增、资源匮乏、环境污染、生态恶化等一系列城市发展问题——"厕所革命"已箭在弦上，便溺的资源化利用势在必行！"厕所革命"绝不仅是靓眼的建筑空间设计或表面干净无味的环境设计，而是从乡村到城市，更关乎人类生活起居的公共卫生、人性关怀、文化建设以及生态环境保护等多方面内容，涉及"土地肥力、水体净化"等一系列亟待研究和解决的复杂问题。所以厕所空间设计实际上是人与建筑、环境、生态和谐统一的整体系统设计。

如何推进"厕所革命"？如何能让从乡村不断运出的粮油蔬果在维持城市人们的日常生活需求之后，再以再生资源、能源和有机粪肥返乡归田、壮土肥苗？这是本著作研究的核心内容，更是"厕所革命"研究的方向。

首先，要突破现代水冲式厕所科学技术思维的桎梏，重新回顾审视中国传统乃至世界文明古国对旱厕堆肥、人畜禽便溺利用的文化遗产——从厕所源头对排出的固废液合理处理并物尽其用，契合厕所"天人合一"文化的大智慧。其次，依据国家《农村公共厕所建设与管理规范》（GB/T 38353—2019）的引导，在现有的厕所类型中，探索创新和原创的路径，把厕所建筑空间设计与便溺处理空间体系统筹考虑。最后，从如厕使用便器产品功能的源头探索便器与便溺卫生节能、无害化处理和提取利用再生资源与有机粪肥归田的整体系统设计。而要实现厕所革命的目标，则必须转变观念，视废为宝。打破以往"厕所建筑—便器产品—粪污处理"各自为政的封闭设计，通过厕所空间、便器、粪溺统一的资源无害化整体系统设计处理，提升城乡厕所环境的质量层次。让厕所成为促进人类社会文明发展不可或缺的"推进器"。

目　录

1 绪言

1.1 选题的缘起、价值与意义

众所周知，厕所的存在是因为人类文明社会中每一个人每日生活的生理需求。无论中外城乡、男女老少、尊贵贫贱，厕所是人人必须使用的最私密的也是最基本的空间存在。

把厕所作为选题始于作者每一次参与乡村建设必然碰到的村落环境卫生治理，即乡村厕所改革与建设的核心问题。多年来，无论哪一个项目团队的设计师、工程师为乡村做规划建设与环境设计，总会碰到一个棘手的村庄环境卫生问题，深入下去，必然面对村中许多污秽遍地、蛆蝇攀爬、臭气熏天的户外私厕和公共厕所。乡村厕所建设改革虽然经历了"人民公社、农业合作社、新农村和美丽乡村建设"等不同阶段，在乡村集中聚居的小镇、村落已经得到很大改善，但是乡村厕所的简陋和脏臭，依然是边远乡村以及散落在深度乡野空间农户的普遍问题。

真正让本书的选题确立并作为课题推进，始于2014年作者参与的中国农道（北京农道、上海农道）推出的乡村厕所空间系统研究项目，并在2015年国家推进的新时期"厕所革命"建设行动得到加持鼓舞。课题团队在对城乡厕所的不同类型、处理方式、成效后果、经济文明、文化习俗、生活需求有了整体、系统、深入的思考与探索目标，研究视野也从简单的厕所古今演化、厕所空间设计建设、马桶便器设计、景观环境整治工程设计上升为厕所空间系统优化、整体提升的探索。

认识视野的拓展与研究的深入推进，为本选题赋予了更高尚的使命和更为丰富的内容与意义。本课题团队的研究与实践开始把眼界从乡村提升到城镇、城市、大都市的厕所建设与市政污水处理系统，最终又把目光收回到大地水系、农田土壤肥力与水质安全上。研究目标聚焦定位在"厕所空间、便器功能、便溺利用""三位一体"的系统性研究上。

1.2 当代厕所研究的特征与趋势

2014～2015年，项目团队对古今中外厕所文献研究成果与实际工程案例资料进行了收集整理，对我国"东南西北中"不同地理方位的厕所现状考察资料进行了归类，发现早期关于厕所的专著、论文研究并不多，且主要集中在历史、文化、习俗以及厕所工程技术设计的研究与实践上，而乡村现有的厕所类型依然是旱厕、水冲式厕所两大类。具体类型有"三格化粪池式、双瓮式、堆肥旱厕所，以及水冲式厕所"等。类型、模式依然在《农村卫生厕所建设规范》的内容范畴之中。

随着2015年国家"厕所革命"建设行动的启动和拓展，让人们欣喜地看到，大量与乡村厕所改革理论与实践的研究开始呈现在学术期刊上，更有厕所设计、厕所建设工程的专著问世，学者和乡村建设团队研究与实践的改厕目标也从专题研究转向系统研究。这是因为，基于乡村卫生厕所的普及，城镇、大城市水冲厕所技术的成熟和城镇地下排污管网的完善以及污水处理设备设施科技含量的迅速提升，在人居环境条件得到普遍改善后，一个不可忽视的、沉积多年的问题浮出水面，那就是基本农田失去了传统农家肥的追肥保养，农田土壤的肥力不断贫瘠，病虫害频发而不得不在农田、农作物上施用大量的化肥、农药。经过污水处理厂的"达标"水被大量排入自然水系，使得内陆江河湖塘的水系水体不断富营养化，人们饮用水的安全受到威胁。水土污染和物种锐减、灭绝加剧，让许多机构和研发团队开始反思厕所空间设施功能，马桶、便器的处理功能，开始研究便溺固废的去向，这个研究趋势与本课题研究设定的目标不谋而合。

1.3 乡村厕所研究的思路、内容与方法

但是从现实已有的研究成果可以发现，对厕所改革与环境治理的选题更多是反映在厕所建筑空间与室内外环境、便器功能形态与便溺处理等问题研究方面。对厕所进行整体性、系统性、专业性的整合性梳理和"厕所革命"的前沿问题——便溺综合处理与利用对农田肥力、水系安全的创新研究方面则比较薄弱，而这些问题又需要专业研究人员对跨学科专业知识的统摄，对大量乡村厕所建设现状问题的了解，对生态环境闭环的深刻解读，更需要拥有丰富的乡村生活经验、乡村设计与工程实践研究人员的积极参与。

随着我国新时期"乡村振兴"建设的不断推进和我国"厕所革命三年行动计划"的落实，乡村厕所开始走向规范并进入高质量发展的新阶段。而"厕所研究"也随着

新时期社会文明发展的趋势成为城乡人人关注的常态。

　　由于人在空间中是活动的状态，而厕所则因为人在城市、乡村、农田、居家和野外有了城乡、公私、男女、母婴、残障的不同设置，也因为人的流动性需求，就产生了移动厕所。所以从本质上讲，厕所革命是围绕着人的观念、行为需求展开的，并不因为人居住在城市或乡村才有了分别，是因为乡村传统旱式厕所是自农耕时代以来人类活动场所中历史传承完整、原始的"化石"般的存在，在体系和类别上完全不同于现代城市的水冲式卫生厕所。所以基于当前文明社会厕所的公共卫生与安全需求，乡村厕所现代化改革的颠覆性、创新性革命势在必行。

1.4　预期达到的研究与实践目标成效

　　研究的终点是对目标的实现，而研究的成效则要求研究成果能对厕所设计、工程技术、环境生态、文化艺术、卫生管理有良好的实用价值和促进作用。

　　毋庸置疑，乡村厕所的研究当然是在对厕所的空间、便器、便溺的系统统一研究的基础上，围绕乡村厕所改革，促进城乡厕所革命。让卫生、安全、舒适的厕卫空间系统，正确解决排泄物的处理方式与乡野农田水系的肥力与安全问题。基于乡村振兴、城乡一体、民生健康的社会经济与文明发展需求，概括起来有三个方面：

　　（1）把厕所改革与厕所颠覆性创新革命当作长期的、整体的常态工作看待，并不断从现实成熟的类型和科技发展成果中总结精粹、研究趋势并创新未来。

　　（2）把人的"三生三宜"（"生命、生活、生产"与"宜居、宜业、宜游"）社会活动与如厕观念和行为联系起来，以自然环境生态平衡、社会文明和卫生健康为前提来提升全民认知，正确处理和利用厕所产生的固废液，使之有利于人类文明与自然和谐发展，确保农田水系安全和人的饮食安全，这是厕所研究的核心目标。

　　（3）为推进厕所革命，需要全社会重视厕所设计在工程、科技、文化、艺术、生态、卫生管理等方面的专业人才培养与储备。

2 概述：社会文明与厕所革命

乡村厕卫空间体系的发展随着人类社会文明的发展而进化。对于历史，人们可以从社会发展的各个角度切入，并能够有声有色地阐述其从原始社会到当今社会厕所的精彩历史发展阶段。而与其他重要的专门史和系统研究相比较，厕卫空间体系与人类个体的私密性密切相关，无论国界、民族怎样，抑或民俗文化、地方习俗的巨大差异，也挡不住人们对餐饮吃喝的津津乐道，而对拉撒排泄则讳莫如深，毕竟粪便让人联想的总是脏臭、污秽，令人难堪、避而远之。然而即使如此，人类自古至今总是无法回避它，毕竟它是在生理、心理上与我们个体人的每日生活息息相关，与健康寿命息息相关，与农业持续发展息息相关，与民富国强息息相关。所以，排泄关系健康、粪便连着农业、肥田牵动民生，民生影响国力。

2.1 世界文明的步伐

2.1.1 农耕时代的厕所空间

从历史记载和出土文物中不难看出，农耕文明的初始阶段，人们对于自己排泄物的处理已经考虑到安全、健康、私密、卫生，并做到粪肥归田，还能有效利用人的便溺物，让家养畜禽动物先摄取其营养，待充分消解、利用后，排出人畜粪便混合集中发酵，腐熟后清掏归田、壮地肥苗。

从原始社会到农耕时代的漫长时期，人类的厕所空间与粪便处理始终与农民生活、农业生产、农村生态密切和谐。人与家畜家禽已经形成农业生态自循环的完整系统。其中人们对厕所空间功能要求和便器使用的探索，已经有了对空间、气味的隔离，性别区分和公私隶属的分别；在使用模式上有了旱厕所、水冲厕所；在器物的造型设计上也有了符合人体功能需求的固定厕所与专用便器空间，同时也有了社会公共活动中专门用于当下内急需求的移动小便器和恭桶的使用。

2.1.2 工业时代的厕所文化

农耕时代后期，在工业化时代到来之前，人们对厕所空间的探索虽然已经丰富起来，拥有了旱厕、水冲式蹲厕、坐厕，或是与住宅相连的厕所、恭桶。但是对粪肥的收集、堆肥，依然保留着农耕文明中生态循环的最大特点，让粪肥归田，绝不会随意丢弃和浪费粪便（图2-1）。

图 2-1 清末北京拾粪人

当然，工业革命快速推进了城市的现代化，大量农民进城，并迅速接受了新的市民聚居生活方式。新兴的城市居民区实现了小区内设置公共卫生厕所，但是在城市中僻静的街巷、屋角、墙基、树下、草丛中依然随处可见人们随便的粪坨与肆意流淌的尿液，形成污秽遍地的恶劣环境。在水冲式厕所尚未普及、旱厕普遍存在的情况下，城市中每日产生如山的人粪尿堆积，环境卫生问题已经成为欧洲工业革命以后城市内主要的环境污染与疾病传播源。英国的伦敦、法国的巴黎，甚至是20世纪初的北京城，世界上几乎所有的大都市在城市快速膨胀时期，都涉及需要如何规划建立公共厕所的点位与数量，如何对待和治理城市居民随意大小便的问题，如何应对与传统习俗相悖、有伤风化、破坏文明的城市公共卫生治理问题。

工业革命浪潮促进了城市公共设施的变革，促进了雨、污、粪尿的分类收集与排放。1894年抽水马桶的发明，推动了世界性水冲式厕所的普及和20世纪初城镇住宅卫生间综合排放体系的完善，也由此拉开了从源头治理粪便对城市环境污染的序幕。

2.1.3 信息时代的厕所文明

工业革命以来的现代化城市化发展，越来越多的人进城工作，并过上了高度发达、舒适的城市文明生活。高速、智能化的陆、海、空交通，让人们在飞机、高铁、远洋邮轮中度过舒适惬意的旅行时光。更为重要的是这些交通工具已经设置有安全私密干净的卫生间，其中的坐便器、洗手盆和洗手水龙头甚至具有智能传感功能，为使用者提供消毒、清洗、烘干以及符合体温的自动加热等周到体贴的服务。这些智能化卫生洁具可以为旅途中的人们解除内急生理负担困扰。

当然，物质丰富的后工业时代，人们还在持续不断地探索，解决生理排泄问题也许还不是厕所设计的终端。更需考虑的也许是，公共厕所设置位置和数量的欠缺、男女厕所厕位的不均衡，排便异味处理等问题。

厕所，这个令人爱恨交织的空间，伴随着人类社会进步一路走来，虽然受到人类文明社会科学技术的影响而被提升了空间与便器使用的功能，但是也应当看到，因城乡的分化导致厕所空间环境与便器在使用安全、卫生、舒适度等方面的落差。厕所空间甚至是荒蛮与文明同在，便器更是高科技马桶与简陋溺器物并存。

2.2　城市厕卫文明与乡村茅厕文化

从自然环境中的乡村野厕到围合独立的农户旱厕，到民宅中设置的水冲式坐厕，以及当前因旅游、聚会、购物在广场、闹市、商业街设置的移动公共厕所，甚至是不分性别而共用的开敞式小便处——人们已经感受到社会的进步正在改变千百年来对于厕所、便器的认知，甚至是在颠覆传统对于男女排便私事需隐秘，不宜在公共场合谈论、更不能成为大庭广众之下的风景文化观念（图2-2 ~ 图2-7）。

英美北欧

图2-2　美国奥斯丁雕塑公厕（左）
图2-3　英国伦敦的温布利公厕（右）

图2-4　瑞士乌斯特公共厕所

亚洲东欧

图 2-5　日本广岛公园公厕（左上）
图 2-6　中国上海的公厕（右上）
图 2-7　波兰格但斯克的公厕（下）

2.2.1　科技进步中的城市智能水冲厕所

从当前科技进步对厕所便器发明设计所做的探索来看，近 30 年，也是我国厕所空间设计发展最快的历史时期。尤其是自 2001 年世界厕所协会成立以来，进一步促进了各国对厕所空间文明的关注，激发了人们对卫生间舒适性的思考，以及对便器造型在人体工学尺度、体感温度、冲水模式、冲洗器官方法以及静音、不挂污涂层材质等方面的探索。

俗话说："物质文明看厨房，精神文明看厕所"。厕所科技正在把水冲式厕所模式与方法创新引向极致的同时，也暴露出水冲式厕卫系统的不足。其一，水冲式厕卫体系不仅浪费水资源，同时被稀释后的大量粪便，很难再有效利用而做到肥田壮土。其二，在镇村一级电力供给不正常的时段，因为断电缺水，寻常干净无味的卫生间立马变回堆肥式旱厕，污秽狼藉，臭气熏天。其三，水冲厕卫系统的污物处理并非安全可靠，大量被污水厂净化后达标排放的水体，依然会增加自然河湖水体的富营养度。而在城市洪涝汛期，市政的厕所存储排污体系往往最先遭到破坏，导致洪水中混合着大量粪污，漂浮在城镇的大街小巷，给城市生态环境带来瘟疫、传染病的威胁。

现代科学技术正在为厕卫空间提供无水冲小便器和马桶，以达到节水、无臭、舒适的效果。而其他高科技智能感应马桶、小便斗，除了能够感应和提供如厕的正常功能需求外，还可以同时提供测量血压、体重、心率等健康数据，甚至通过奇异的造型和视觉错觉造就厕所空间的情趣和美感。当然，为了解决水冲式厕卫系统的先天不足，人们正在探索马桶气冲、泡沫除臭、低温冷冻便溺等方法，来分离便溺异味和无害化系统收集、处理。

2.2.2 千百年不变的农村有机堆肥旱厕

城市的厕所科技正在走向人性化、智能化。然而对于地域广大、居住分散，无法集中敷设市政给水排水管道的乡村而言，水冲厕所需要的设备在条件具备的情况下才可实施。而对于万千个单门独户的农户居住空间，最方便入手又接地气的厕所空间体系，依然是旱厕。因为旱厕的便溺收集和处理更有利于农村普遍拥有的养殖与种植。厕所连着猪圈，依然是农村厕所空间常用的模式。能否采取水冲式厕所系统，能否做到既干净卫生又能把粪肥集中腐熟后，综合利用沼气和农家肥，要看住户建筑的区位、地理条件和经济能力（图 2-8）。

中国的快速城市化已经让大约 8 亿多人口过上现代城镇文明生活，但是仍然有 5 亿多人口生活在欠发达、不发达的农村地区，他们对厕卫空间的使用既有农耕和工

图 2-8　新型旱厕（微水冲）化粪池

业文明交织下的改良厕所，更有后工业社会、信息智能时代普及提升的水冲式卫生厕所。对于许多零散的乡村聚落而言，则需要逐渐改变村民对厕所的观念，使其认识到厕所不洁、蛆蝇滋生、繁衍病菌和传播消化系统传染病的危害，以及开敞式的粪池、粪坑对老人、孩子及家禽家畜动物有可能造成溺亡的风险，所以厕所改革更在于提升旱式厕所的卫生、健康、安全，正确处理便溺粪肥归田，让粪便有机物成为可再生利用的绿色资源和能源。

2.2.3 厕所空间折射地方民俗文化特色

尽管社会科学技术的发展，令城乡交通便捷、通信发达，极大改变了城乡空间格局，也从根本上更新了当代农民的生活理念。人们可以在田间地头、在千里之外通过手机屏幕与亲朋好友进行感情交流，彰显本土民风习俗，更能够随时通过智能监控，关注田园生产状态、了解大城市的生活方式，更能从随时随地更新的科技研发成果中，汲取改变我们生活质量的巨大能量，并能让人脑洞大开地开创太空厕所、音乐厕所、厕所酒店，体验其中的魅力特色等。

五光十色的厕所空间让人目不暇接，但是兴奋下来依然需要脚踏实地去生活和劳作。对于传承农耕文明、支撑城镇发展，影响文明进程的乡村及其厕卫空间来说，该如何利用高科技文明，使之既符合农村、农业、农民环境生活之道，又能够规避传统旱厕方式给人们如厕带来的肮脏不洁、臭气熏天，蛆虫遍地，甚至会导致疾病传播的困扰？这是全社会都有责任需要认真对待的基本问题。

2.3 现实中的乡村厕卫空间与便器

当代中国的乡村经历了空间解构重构，正处于更新转型与振兴发展时期。村落户厕、公厕也因为乡村聚落的人文历史基础、资源、交通、经济与人文条件不同产生较大差异。

2.3.1 不同条件下的乡村厕所系统

本课题团队成员在对世界 10 多个国家和地区的考查走访，对全国各地 20 多个省市自治区、近 300 多个乡村、小镇的踏勘、调查中发现，不同地域、不同聚居规模和不同经济条件下的乡村厕所空间系统、模式大相径庭，但面临的现状大致相同，许多进入中国传统村落名单的村落和进入乡镇政府环境治理视线的村落，公共卫生间的设置与粪便处理正在得到改善。三格化粪池、双瓮式便器处理、直排深坑或缸式化粪池是普遍采用的几种模式，而便溺与养殖、沼气粪肥的综合利用也得到较好的普及。

其中对于水、电的利用，粪便的分隔处理以及对甲烷的收集、腐熟工艺技术却走向集成和现代化。当然，对厕卫系统的前卫科技成果和艺术设计的引进、利用，也成为乡村旅游文化产业中自觉采用的重要选项：

（1）传感器与自动化、尿液分集和尿素药物提炼、沼气综合利用系统处理。

（2）旱厕堆肥与草木灰、绿植茎叶混合沤肥系统处理。

（3）水冲厕所的男女隔间、干湿分离、过滤再利用的系统处理。

（4）大便器、小便斗经土陶器、竹草器具创意改良的民俗化艺术系统处理。

2.3.2　乡村厕所空间与便器的创新

传统村落建设中的难题之一是厕所空间与便器系统改造，在这方面，北京绿十字、上海农道和农道联众同苏州科技大学建筑与城市规划学院的环境设计研究所合作，共同梳理和研发了乡村厕卫空间系统的改革与空间设计，参考"孙氏乡村厕所改造流程"专利，吸纳了台湾建筑师谢英俊在河南信阳郝堂村小学校实验建设的公共厕所空间与便溺处理系统模式，结合当代农厕改造成熟技术的三格化粪池、双瓮式粪水发酵处理，对乡村公共厕所的改造设计与便器处理，做了积极有益的探索。

厕所空间与便器体系的创新探索，并不是简单的空间改造和单一的便器革新、发明。这实际上是一个庞大的生态处理体系。其一，它必须以人的生理需求为前提，从选址、围合、封顶的建筑空间考虑其交通、安全、卫生的外部环境，以及采光、通风、保温、隔声、除臭、清洁的内部功能。其二，便、溺器具造型与使用功能、模式的选择。其三，如何对便溺进行覆盖、冲洗、收集、处理与运输。其四，粪尿的集中储存与处理方式，能否做到高效利用（比如提取粪便的营养成分可否用来给家畜，家禽养殖利用后再进一步混合收集，做沼气、农家肥的中后期利用）。

这种寻常的乡村厕所便溺利用模式，配套修建的是排污系统处理、养殖空间组合与二次粪便系统的汇入存储：深坑、大粪池的固态、液态（水、废）分离模式与沼气气体的收集、管道敷设利用体系，以及终端的腐熟农家肥的保存与使用。目前，符合当代新农村厕卫空间系统工程的创新设计还需要有更大的跨越式，甚至是颠覆式的革命性创新探索。

2.3.3　厕所空间的健康卫生与安全

在我国当前新型城镇化进程中的广域乡村中，至2019年年末，还常住生活着大约 5.52 亿农民（2020 年 03 月国家统计局数字）在从事农业生产，而农村中的居家生活质量与状况却大相径庭，有一些乡村的交通通信资源、文化教育资源、卫生与防疫资源以及公共基础设施条件远远落后于城市，这种与现代文明对接的落差，仅仅是在厕所空间处理系统，就能看到农耕时期的厕所与后工业时代的水冲式卫生厕所的悬殊对比。尤其是处于偏远乡村的旱厕，恶劣的如厕环境，带给使用者的是窒息不安的感觉与想要快速逃离的心理。

厕所空间的环境卫生联系着人们的健康与安全，当代的公共厕所空间与民宅厕卫空间设计理念，首先必须解决人的如厕卫生与安全保障问题，在此基础上，系统解决粪便的综合利用才是农厕改造的难点。乡村厕所直接联系着农田表土生态肥力涵养问题，它关乎生态环境的保护；发酵处理后的便溺，作为庄稼最需要的农家肥，是生态有机果蔬、粮油的安全保障，是城市人眼中的生态食物——餐饮健康与安全的保障。

2.4　厕卫与便器革命的第四次浪潮

世界性的快速城市化发展过程，就是一个乡村土地流转、空间重构、生态环境巨变的过程，21 世纪的厕所建设也是世界官方认可的现实大舞台。

一个简称为"WTO"（World Toilet Organization，与世界贸易组织的简称相同）的世界厕所组织，于 2001 年新千年伊始倡议举办世界厕所峰会，在 2013 年 7 月经第 67 届联合国大会审议同意设置"世界厕所组织"（WTO），并将每年的 11 月 19 日设定为"世界厕所日"（表 2-1）。

据 2019 年 11 月 19 日世界厕所日发布报告数据显示："世界上约有 42 亿人生活在无法保障的卫生条件下，有超过 6.73 亿人不得不在露天条件下如厕，有超过 20 亿的人在饮用被粪便污染过的水，更有 43.2 万人因肠道感染而死亡。报告中还称，尽管地球上的每一个角落都有淡水资源，但是'落后的经济与基础设施'使得每年约 29.7 万 5 岁以下的儿童因腹泻而死亡❶。"

2020 年 11 月 19 日，主题为"可持续环境卫生与气候变化"的第八个世界厕所日，是在新冠病毒导致的全球性大疫情常态下，探讨与厕所息息相关的"气候变暖、疫情病毒、人类健康、可持续发展"等问题。

---

❶　2019 世界厕所日：仍有 42 亿人没有安全卫生设施 [EB/OL].（2019-11-19）中新网.

2013年 ~ 2020年 世界厕所日主题·峰会统计表   表2-1

时间	世界厕所峰会届次	世界厕所峰会主办地	世界厕所日届次与主题
2013 年	13	第 1 届 "卫生厕所与幸福生活"	印度尼西亚梭罗
2014 年	—	第 2 届 "平等与尊严"	—
2015 年	14	第 3 届 "发掘公厕历史，弘扬公厕文化"	印度新德里
2016 年	15	第 4 届 "厕所与工作"	马来西亚古晋
2017 年	16	第 5 届 "污水或资源"	澳大利亚墨尔本
2018 年	17	第 6 届 "当大自然呼唤时"	中国海口
2019 年	18	第 7 届 "不落下任何一个人"	巴西圣保罗
2020 年	—	第 8 届 "可持续环境卫生与气候变化"	—
缘起与宗旨	2001 年 11 月 9 日，来自芬兰、英国、美国、中国、印度、日本、韩国、澳大利亚和马来西亚等 30 多个国家的代表，在新加坡举行了第一届厕所峰会，并决定一年一次召开世界厕所峰会。2013 年，经联合国同意设置 "世界厕所日"，并确定 2013 年 11 月 19 日为第一届世界厕所日，每年举办一次		

    自世界厕所日宣告以来，每年一次的大会主题，都会总结经验，关注问题，举办厕卫空间设计、便器马桶设计，以及厕卫空间与给水排水、污废处理系统的竞赛，带动全社会性的关注。

    获得 2014 年德国红点设计奖的新概念 "绅士厕所" 案例。设计者推出的厕所概念设计是让峰时厕位紧张的女厕所 "因借共享"；新概念厕格设计在男女厕位两侧都开设有如厕 "感应" 门，只要如厕人从一边开启或锁上厕门，另一边的门就会自动上锁，自动感应判定厕所的使用和空置状态，避免误闯 ❶（图 2-9、图 2-10）。

    同时，一年一度的世界厕所日推动了世界乡村厕卫空间系统的变革，在我国，村庄户厕改造的力度正在逐年加强。

    2014 年，在 "国家惠农政策大全" 中，体现了对农户厕卫改造的政策性补贴。许多省相继出台了农村厕所改造的具体政策与指标，强化推进农村生活环境的清洁工程，因地制宜发展规模化养殖和户用沼气综合利用，为全面完成乡村无害化卫生厕所改造任务，拉开了厕卫空间改造的序幕。

    2015 年 11 月 19 日的第三个世界厕所日，国家旅游局、住房和城乡建设部等在首个 "中国厕所革命动员日" 上呼吁全体公民共同参与，把厕所革命推向城乡社会每一个角落 ❷。在国家层面推出 "厕所行动三年行动计划"。

---

❶ 郭晓霞 . 欧洲旅游厕所见闻与启示 [N]. 中国旅游报，2015-04-08.
❷ 李浩源、邹波 . 用文化推动洗手间建设 [N]. 国际商报，2016-01-15.

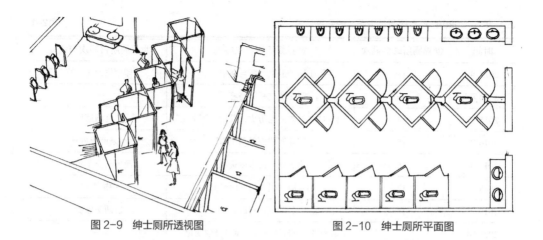

图 2-9　绅士厕所透视图　　　　　　图 2-10　绅士厕所平面图

2.4.1　基于生态环境保护的厕所系统创新

"小厕所，大文明"。近几年，自我国进入城乡统筹、融合发展建设以来，城乡公共厕所、住宅厕所改造与建设正从数量到质量大幅度提升。厕所的卫生、环保、生态，逐渐根植于民众的认知体系中，破除了以往"厕所就是脏臭之地"的世俗认知，改变了"将就凑合、能用就行"的行为，摒弃"太随意、不文明"的如厕陋习，让公厕成为城乡文明一道特色亮丽的风景线，成为实用美观、愉悦轻松之地。

的确，在人口高度集聚的欠发达城市中，厕所管理不善是危及人类健康与生命安全的重大因素之一。为了解决城市人如厕难、厕所卫生环境差的问题，发展中国家、欠发达国家正在努力改变公共厕所现状，并不断推出各类厕所创新活动，花大力气改造公共厕所在男女厕位设计的不均衡，探讨厕卫系统智能、生态处理的深层变革。

而推介和使用智能生态厕所，必须从源头就开始分离大小便，并让便溺进入不同的处理程序。经过固、液分离，通过搅拌大便、杀菌消毒、发酵蒸发、处理收集等工序，制成固态灰粉肥或生态有机颗粒肥。在这种智能化资源生态型厕所中，经过一系列的生态有机处理，可使小便排放达标收集，大便成为无臭、无菌、无害、达标的有机肥田资源（图 2-11）。

智能生态厕所正是利用了现代生物技术与传统粪池堆肥发酵的基本原理，引进当今世界上先进、高效的微生物技术从便溺物中提取资源与能源，提取后

图 2-11　厦门智能无水生态厕所

剩余的渣液再集中进入有机垃圾与粪肥处理系统，经处理后的有机腐殖土，则成为归田肥料，于是生态厕所成就了粪污处理行业的一次变革。

另外，在厕所生态环境安全的创新理念驱动下，无水冲厕所，节电、绿色能源厕所以及不同模式的微生物降解处理、冷冻、泡沫隔离等粪便处理的技术，正在通过厕所空间环境、便器功能和粪尿处理系统走向综合统一的创新革命。

2.4.2　基于公众卫生需求的移动空间内部设施创新

户外活动场所、旅游名胜景点的公共厕所设置、数量与粪便处理模式是惠民、勤政、环保、节能和市容市貌优化的重要举措。

过去，户外固定和移动的公共卫生间数量远远不能满足每年递增的出差、旅游大军的需求。业内人士坦言，"吃、住、行、游、娱、购"是外出、游览的六大要素。人们可以不在城镇、景区吃住，但是厕所却必定是要有的，城镇、景区厕所是非常必要的（图 2-12 ~ 图 2-14）。

图 2-12　长兴县龙山街道公厕

当今，国内仅景区部分的厕所就因设置不当的问题而饱受诟病。对于目前景区、集会等游客集中的地方，公厕的现状堪忧，需要花大力气加以改善。

有的移动公共厕所虽然外形还算时尚，但内部环境污秽、肮脏、臭气刺鼻，给游客带来不好的体验。

图 2-13　濑浦大河北公厕

旅游要发展，厕所要革命！厕所革命受到党中央、国务院的高度重视，习近平总书记多次就厕所革命批示指示，各地、各有关部门纷纷响应，计划要用 3 年时间（2015 ~ 2017 年）设计建设、改造和扩建 5.7 万座旅游生态厕所，解决旅游景点厕所数量不足、分配不均、管理不力的现实问题，尽快实现"数量充足、干净无味、使用免费、

图 2-14　长石村公厕

管理有效"的旅游卫生厕所建设的基本目标 ❶；并通过"抓认识、抓规划、抓标准"推动各地开展厕所革命。从各地完成的成效来看，到 2017 年年底已经总体实现厕所革命建设、管理、文明提升等三大行动目标，目前正着力于引入信息技术，推动厕所革命向农村深入发展，并通过全域旅游提升厕所革命的质量与进程。

在旅游厕所创新设计方面，需要以广域的视野，从现代时尚、方便实用、节能节水、保护环境等卫生健康与生态环境保护需求出发，体现出旅游厕所的特殊性与普适性，以人性化体验方便如厕的游客。在厕所建筑（产品）的外部形态设计方面，要尽可能做到与周围环境相和谐，以突出的民居建筑风貌与乡土特色文化品位提高旅游吸引力。当然，在土地紧张的市中心，大型临时活动的户外场所，如庙会、灯节、大型公益性文艺演出等特殊聚会，临时性地安置移动公厕，做到干净、整洁、无污、无臭，性别数量设置得当、运行顺畅、管理有方，则能确保聚会顺利进行。

虽然，自 2015 年开展中国厕所革命攻坚战以来，乡村卫生厕所改造和旅游厕所创新建设已经得到长足的进步，但是，在数量、内部空间设施与卫生管理、粪便收集处理上依然存在大量亟待解决的问题。其中，对于公厕中便器的使用模式革新，站立、蹲式、坐式、消毒、无接触等的公共卫生问题，厕所内部通风透气、无臭味问题等都是在当下城乡人群聚集处必须考虑的问题。

2.4.3 符合农策之道的乡村厕卫空间创新

在现代厕卫空间设计中，一个曾经是最大的、不容忽视的厕所空间系统——乡村厕卫空间与马桶便溺处理系统设计，是当前乡村建设中必须重新面对和亟须创新攻关的社会文明发展问题。

传统农耕时代的乡村厕卫空间与便溺处理模式已经沿循了几千年且便捷有效，对于农业经济时代经济落后、相对封闭、鲜有游人的乡村来说是没有太大威胁的，即便如此，由于跌入粪池而溺亡老人、幼儿和畜禽等伤害事件时有发生；而因为开敞式便池蚊蝇滋生繁殖和未经腐熟消毒的人粪尿直接施于农家瓜果菜园，直接导致肠道寄生虫传染病以及因为粪肥污染饮用水带来疾病等，为乡村的健康生活带来极大的隐患（图 2-15、图 2-16）。

而且，对于旱厕或水冲式厕所粪便处理形式的选择、改造、利用，一直处在无明显突破的局面。尤其是农村旷野的自然环境，人们选择户外自由排便的野厕方式积已成习。当今以城乡一体化为基础的全域景观、全域旅游的乡村旅游热背景下，

---

❶ 王彦. 公厕的文化品相与商业路径被我们忽视了 [N]. 文汇报.

图 2-15　老城区清晨倒马桶

图 2-16　倒马桶的老伯

乡村厕卫空间的设置与养成良好的如厕卫生习惯，已经成为今后乡村建设中关乎时代文明的大事。因此，随着城市厕所革命向乡村厕所革命的推进，一场暴风雨般的厕所空间与便溺处理系统的革命在所难免。而当务之急，则是乡村厕所空间的模式创新与便器的产品设计，还有关乎表土涵养，壮地肥田的人粪尿变为生态肥料的创新系统处理设计。

3 厕卫空间设计的现状与问题

厕所重要，世人共识，但却常常被忽视，也是过去时代的常态。人们可以看到，对厕所空间设施的更新、改造和创新设计力度远不及人们对厨房空间与设备器具的创新、发明设计。而这种问题只有在人们活动的环境中感受到内脏压力骤增，而厕所、厕位紧张和厕所环境恶劣带来较大的社会负面影响并引起社会的普遍关注时，厕所设计的重要性才浮出水面。

其实尊重厕所需求，等于尊重所有使用者的人格，这种尊重是全社会公众文明进步的主要表征。人的生活必定包括吃、喝、拉、撒、行、坐、卧，而厕所与其行为相关的占其二，这注定了厕所对人的生活具有"三分天下"的重要意义。

小小厕所牵连着巨大的人类生存与健康问题。当厕所问题酿成影响人们生活、生产、生存发展的严峻事态以后，厕所问题终于上升为"国计民生的大问题"，逼迫厕所革命势在必行。

3.1 厕卫空间现状

近年来，我国政府全面部署对城乡接合部、村落公共空间、风景区等公共厕所的设置，开展对厕所排污、居民生活废水排放等污水管网设施的系统化建设与管理，引进现代污水处理新设备、新技术，对农村农户旧茅坑拆除更新、使用抽水马桶、沼气池综合利用的方式对厕所进行改造与提升。厕所、卫浴空间系统的改良表明了政府对解决厕所问题、保障民众健康的态度。

随着现代厕卫水冲系统设施的采用，使得我国城乡公共空间和住宅私密空间的环境卫生有了很大的进步和提高。除了边远的农村中还存有开放式的大茅坑，大部分乡村已经很少会出现村口、路边、墙角、地头粪便和粪池臭气熏天的现象。城乡民众的生活质量正在逐年得到改善。

3.1.1 不同地域的厕所文化

厕所并不是人们寻常想象中的只是建筑内部空间设计与便器设计部分，它是一个包含了给水排水、粪污处理的大系统，是与城乡生态环境与社会文明进步相关的庞大体系。

过去，当很多人看到"厕所文化"这四个词语时会心生诧异！厕所还有文化吗？回答是肯定的，厕所当然有文化。厕所的名称，如厕人的观念行为、使用方式、粪尿利用和生物技术开发等，都属于厕所文化的一部分。厕所文化是人们社会生活文化的组成部分，彰显着人类文明发展的程度、层次和水准。"厕所"乍看乍听不雅，但是有时候它的确以文化符号昭示、代表着一个国家、一个民族、一个地方的形象，也代表着人们生存环境和精神文明程度。

从狭义的视觉层面方面来说，厕所文化是厕所空间的分类分隔、形貌样式与环境氛围，更是空间墙体界面上的一些高雅或低俗的文字、图画涂鸦——那些类似于健康文明宣传、自嘲诙谐的民俗图文等现象。

从广义的象征意义来说，厕所文化就是围绕大众生理与健康需求，做出厕所布点的规划建设等一系列行为与表现，它涉及厕所地下的排污管网系统设施，固体、废液的综合利用，厕所环境卫生的维护管理以及如何利用现有生态科技来有机开发厕所的资源、能源、肥源等问题。这些能充分体现社会文明的软实力。

由于世界各地的历史文化观念不同，各地民众对厕所不同的认知、关注度也造就了多样性的厕所风貌与文化。即使是在当今互联网上，人们同样可以看到世界各地的厕所设计、创新探索以及鲜为人知的"厕所故事"。不同地域厕所建筑的空间风貌，别出心裁的马桶形式和便器发明尝试，"故弄玄虚"、虚拟梦幻的厕所氛围给如厕的人们带来会心、惬意、惊奇各种感受。甚至厕所标示等都体现着现代厕所五彩缤纷的文化。

（1）中国人的"去去就来"

在中国传统中，"拉撒"行为被视为个人隐私，在公众场合谈论茅坑厕所是一种不礼貌的恶俗行为。人们拘谨，不屑于提及厕所，对厕所的称谓、态度讳莫如深，然而内急在即，只能匆忙告知："在下去去就来"，可意会却不可言传。所以厕所这个主题以及附着其上的技术问题在社会上经常被人们忽视。

但是随着经济发展，人们对生活环境质量的要求提高后，发现"厕所虽小，问题巨大"。厕所的地位也逐渐提高。先是城市公共厕所的大量建设，城镇宾馆、住宅的卫生间内部空间也就成为装修的重点。现阶段，我国正在大面积普及旅游景点、民宿农餐建筑和乡村民宅卫生厕所的更新改造建设（图3-1、图3-2）。国人对厕所的看法也与时俱进，转换成了风趣易俗的称谓。

图 3-1　民宿、农家乐厕所（一）

图 3-2　民宿、农家乐厕所（二）

在洛阳"大不同"饭店里,可以见到指示牌上写着"轻松花园"四个字。在合肥的"风波庄"饭店中,会有两个小门,门前写着"老虎门",乍看不知道这是什么,后来看到旁边的两个英文字母"WC",不由为这幽默的厕所标示牌会心、赞叹一笑。在威海市人民广场南端的一座公厕里,有一家开在管理间的花店,花店与厕所连在一块儿,也让人很是诧异。但是这一点儿也不影响花店的生意,而且隔壁的厕所环境也是明亮洁净、气息芬芳。

中国台湾省由于受到日本海岛文化的影响,已经形成自己独特的厕所文化。在台湾有很多地方建有"化妆室",那就是传统的厕所。追溯这"化妆室"的称谓应该是源于日本。不过,在台湾的机场或者火车站的公共厕所,指示牌上则是按照国际惯例标着"厕所"或者"盥洗室" ❶。

在中国古代虽然没有公共厕所的称谓,但如厕意识却很早就有。在战事纷乱的春秋战国时期,守城的军民注重厕所卫生,并且设置到位、方便如厕。《墨子》有云"五十步一厕,与下同圂。之厕者不得操。"《墨子》中所记载的"城头厕"或许可看作现代公厕的雏形。汉时期我国已经有了普遍意义上的公厕——"都厕空间"。唐宋时的民众崇尚洁净,忽视如厕卫生的人会遭到众人的嘲讽。到了唐代,各种"公厕"已相当完善,马可·波罗在他的游记中曾对这些卫生设施叹为观止。在宋代,杭州城甚至出现了专业的清粪人员,他们沿街过市,专门上门收粪。

中国这种悠久的厕所历史与千年的农耕文化传承有着深刻的内在关联,只是在明清时期出现了断层,导致厕所体系的破碎和管理的无序,发展停滞而落后。这也与封建王朝的更替与官方治理模式等因素相关。我国的厕所建设随着改革开放40多年有了质的飞跃。当然与发达国家的先进卫生厕所体系相比还有很大的提升空间,不管是

❶ 叶永烈.世界各地不同的"厕所文化"[J].传奇文学选刊,2008（12）.

硬件设施、软件建设，还是人们对厕所的认知、观念转变和厕所环境质量提升的期望，中国的厕所都需要努力改革发展。

（2）美国的"休息室（Restroom）"

美国的厕所被称为"休息室"，隐喻放松一刻。在美国的大街小巷几乎看不到公共厕所，但是走到哪都能上厕所。因为在美国凡是有建筑的地方，比如商场、饭店、办公楼、学校，就配置有"休息室"。当然，也有少数处于闹市区的餐馆，"休息室"不对公众开放；但是，急需如厕的人完全可以在附近找到厕所。虽然不是公共厕所，但是能对公众开放。

美国对于厕所空间设计的功能要求也是相当规范和严格的。几乎所有的公共厕所室内都设置有残障人的专用隔位（供坐轮椅者使用）。如果设置了单间残障厕所，那它必须符合残障人使用的设计标准，这是受法律保护的。在美国几乎没有蹲便器，只有坐便器。当然，在较大的厕所室内空间还会专门设置一间家庭厕所，里面设置换尿片台。空间局促的则备有为婴儿换尿片的可折叠台面。为了公共卫生，杜绝疾病传染，厕所里还备有一次性坐厕纸或马桶垫，垫在马桶圈上，避免连续如厕造成的接触性传染，以确保如厕卫生安全❶。

（3）日本的"化妆室"

日本人为什么会把厕所叫做"化妆室"？是缘于一个国家民族的生活习惯。在日本大多数厕所里，"洗手盆、镜子和梳妆台"是标配；如厕之后"整理衣衫、冲洗双手、梳理头发"是惯常动作；作为私密空间领域，也是许多女性可以借机进行补妆等形象维护行为。酷爱干净的日本人不仅从小就养成进屋换拖鞋的习惯，甚至还会为宅内如厕再准备一双卫生间专用拖鞋。日本对坐便器功能的创新探索那也是举世闻名了：自动加热马桶座圈，自动感应便后冲洗，自动调节冲洗流量以及中水节流的二次利用等智能化，几乎把当今的高科技智能化尽可能地运用于卫生间之中了。❷

日本知名的东陶（TOTO）公司于20世纪80年代开发了一款叫"音姬"的产品。这种体积比手掌略大的"音姬"出现在卫生间，掩盖了人们在公共厕所如厕时的尴尬声音，消除了如厕人紧张忐忑的心理纠结。如厕人只需轻触"音姬"的红外线开关，它就会自动播放25秒钟的流水乐声，如果再次触摸机器，乐声就会自动延长。

（4）印度固守的"随便"

印度是世界人口大国之一，也是亚洲最令人"印象深刻"的国家。虽然印度也建有厕所博物馆，宣传厕所文化和公共卫生文明，但是谈到人民卫生习惯和公共环境时，

---

❶ 姚鸿恩.美国人"方便"很方便[EB/OL]. http：//blog.sina.com.
❷ 叶永烈.人在旅途[J].太湖，2011（04）.

印度人则另有说辞。因为在印度许多地方的人们认为野厕是自然而神圣的，在自家室内建厕，则是污秽肮脏、不圣洁的。所以从首都新德里到经济中心大城市孟买，无论走在街道旁、铁路边，还是漫步海边沙滩、游憩湖塘岸线，经常出现旁若无人、泰然自若的随地大小便的人们。

为了改善现状，转变人们对文明如厕的认知观念和重塑厕所文化，印度北部哈里亚纳邦政府还发动了一场"无厕所，无妻子"的活动，旨在倡导女性拒绝不能提供带卫生间住房的求婚者，敦促男性为建设卫生厕所而奋斗。❶

（5）其他国家的"厕所特色"

在比利时的科克赛德有一个马桶博物馆，这个博物馆曾举办过一个主题为"厕所及其历史"的展览，展出了不同历史时期人们使用的厕所并反映了当时人们对厕所的不同态度。

在阿根廷的首都布宜诺斯艾利斯，人们虽然在街巷中找不到一处公共厕所，但是市政府则明确规定，所有餐厅、咖啡馆、酒吧、自助餐馆等商业空间，必须设立对外免费开放的男女厕所，而且确保厕所有专人打扫，保持洁净无味。

3.1.2 厕卫空间的系统分类

当代厕卫空间，它不仅只是一个方便和排污纳垢的地方，还需要保持空气清新、便池洁净、卫生安全、舒适体贴。厕所分室内环境和室外环境，室内环境提供人的如厕功能，室外环境则包括粪溺处理系统的化粪池以及连接粪污输送的管道传输网络与处理设备设施体系。根据厕所空间分隔和性别分属，厕所分为男、女厕所两类以及第三类的残障人士厕所或无性别厕所。如果按照厕所便器的功能属性和排出厕所的粪污集中、发酵、传输处理模式，又可以分为旱厕和水厕两大类。

旱厕，顾名思义就是没有水冲洗系统的厕所。传统意义上的旱厕就是坑厕，是一个贮粪尿的缸或是蹲坑下面都有一个贮粪池或粪缸等埋入地下，用来贮藏粪尿。由于旱厕没有冲洗设备、排污管道和能分解处理粪尿的设备，所以旱厕的贮粪池、缸里面的粪尿不能及时清掏，会滋生蚊蝇蛆虫，对环境卫生和人的身体健康产生不利的影响。

水厕，就是具有水冲洗系统的厕所。现代水厕的使用功能系统都是综合应用了连通器原理、虹吸现象和空吸作用等原理，通过水、气流的冲洗和压力将粪便冲离便器，以保证便器洁净和室内无异味，也免去了人工倒洗便桶的麻烦。水冲式厕所系统推动

---

❶ 颜佳华，方浩伟.清洁印度项目：动因、执行机制与运作逻辑——兼论对中国农村"厕所革命"的启示 [J]，公共事务评论（第一卷），湘潭大学公共管理学院专题资料汇编，2018.11.

了城市水冲式公厕的改革建设，大大改善了城市公共卫生。

我国曾经有过一段大规模农村传统旱厕改水厕的运动，旨在改善农村传统旱厕对人们生活和环境的影响，但是对于缺水地区和需要利用人粪尿做农家有机粪肥的乡村来说，水厕的缺点却也不容忽视。与此同时，为应对缺水乡村地区的旱厕改造，专家学者们也在努力创造发明新型的旱厕便器与粪便生态有机处理系统，在尽量极少用水或不用水的情况下，解决传统旱厕的弊端。新型旱厕与水厕孰优孰劣，这没有明确的界定，两者针对不同情况各具优势。对传统旱厕的改造应该根据具体情况具体分析，选用适宜的厕卫模式和粪便处理系统，才是解决厕所问题的正确方式。

3.1.3　不同类别的厕卫便器

便器，就是便溺之器。厕所中最核心的就是便器。便器的类型和使用方式不但影响着人们的使用情况，也影响着厕所卫生和粪便处理。综合现在市场上所有能见到便器产品，将其分类：

一是按盛接便溺类型分类。即大便器与小便器。但是有些地方还存在着木制马桶及砖石砌体的茅坑，这两者都属于盛接大小便的混合型，在农村也都比较常见。在家居卫生间中，坐便器（恭桶或马桶）也是盛接大小便的便器。

二是按便后处理方式分类。冲洗式、盛接式（茅坑、木马桶、"打包、泡沫、焚烧"等以及其他形式的旱厕便器）、分集式。前者开启了现代厕卫系统的新时代，可以将粪便及时从室内便器中排走，保证了室内环境的清洁和气味清新；后两者对传统模式有一定改良和提升，虽然处理粪肥会产生一定的成本，但是对于农村来说，却保留了很好的肥料。

3.2　空间与便器系统

对于厕所的空间形态设计，最基本的要求就是它的室内空间使用功能要符合使用者的生理与心理需求，同时还要通过设计程序解决厕所粪溺如何排出室外并安全进入化粪池或堆肥发酵场所。在风貌环境方面，厕所建筑与室内要获得所处地域文化下民众认同的"亲和、洁净、健康与安全感"。城乡独立的公共厕所建筑属于公共设施，因此厕所建筑设计应该具有绿色环保理念，充分利用建筑的自然通风、采光、保温、节能等绿色环保资源来调节厕所内部空间环境的舒适度。经济条件好的地区，应该充分利用光伏太阳能技术，为厕所提供绿色供电照明的电力系统。

从现代社会发展需求，人们生活需求、生产需求以及生态环境需求等方面来看，厕卫空间系统的职能已经不仅是简单地实现使用功能，而是包含了厕卫室内外环境的卫生、安全、舒适、美观，并尽可能地减少对环境生态产生的不利影响，甚至是化害为利，科学合理地利用粪肥资源，避免出现传统厕所"污染环境、传播疾病"等弊端。

3.2.1 如厕观念与模式

由于社会文明提升，科技、文化进步，推动促使人们如厕观念、行为与模式发生变革。人类的如厕行为从野外随意方便转变到现在作为一种私密行为。人们如厕便器也由"随地方便—土坑—便池—便桶—水冲马桶"，发生了从无到有、从低级到高级的进化。如厕模式及硬件系统由简到繁、由单体到体系直到融入城乡管网综合处理系统。

对于个体的人来说，如厕的行为是从自由到约束、简单变复杂，是个人行为转化为社会公德行为的过程。而在粪便处理方面由原来的多点分散、开敞式集运、堆肥腐熟、归田沃土，到现在只要轻轻一旋一摁，甚至是无动作的电子感应，粪便就被自动冲进管网系统了。

如厕观念的改变带来的是整个软硬件体系的变革，从研发新厕所、新便器、新功能，开始探索新外观样式、新处理粪便背后的新系统，并需要检测其能否适宜于人与社会、自然生态环境和谐的综合效用，需要在社会中被接受、被认知、被验证才具有生命的张力。就像抽水马桶刚刚发明出来投放市场前并不被人们接受，人们依旧习惯于使用便桶和旱厕。直到人们认识到水冲式厕所模式的种种优势远远大于传统旱厕后，人们的观念才随之改变。

3.2.2 如厕空间与器具

从如厕者直观感受来看，人们更在意厕所的空间环境和其中的便器器具卫生。如果一个厕所的空间环境脏臭杂乱，没有私密安全性可言；便器器具破旧、简陋污秽，毫无疑问这样的厕所只会越来越脏，最后被废弃。这也同时增加了其他厕卫空间的供给使用压力。所以厕所的空间环境和便器器具不但影响着人们对其使用的选择，也影响着厕所自身的存在。

（1）如厕空间及附属功能系统

对待现代厕所的空间设计，设计师需要从私人和公共两个角度去看。家居卫生间和公共厕所，由于使用对象与数量各不相同，所以功能与服务存在较大差异。家居卫生间，它不仅是用作如厕，还包括洗漱、沐浴、化妆等功能。对于如厕延伸出来的功能，可以将其进行多种组合，主要有三种，即独立型、兼用型和折中型。独立型卫生间就是如厕、洗漱、洗浴功能都具有独立空间的卫生间，设计中，会把空间进行干湿分离；三种功能全部集中在一个空间的卫生间为兼用型；折中型的卫生间是将一部分功能集中，另一部分独立。例如洗漱与如厕、洗浴分开，或者是洗浴和如厕、洗漱隔开。在生活中，设计师对于家居卫生间的空间设计不需要拘泥于模式，而是服务为本，实用安全、舒适体贴才是关键。

公共厕所空间可以分为独立式、附属式和活动式。根据最新的公共厕所建设规定，现代公共厕所在建设时，需要分为三个基本空间：厕所前室、男女厕所和无障碍厕所。对于现代人的生活需求，无障碍厕所在公共厕所空间中已经成为不可或缺的组成部分，它可以为残疾人、母婴等特殊人群提供服务，甚至用作第三卫生间。每一种类的空间中必须区分为如厕空间和盥洗空间。将一个公共厕所的功能空间属性进行空间分区块、分档次，乃至大空间套小空间，进行层级划分各个空间属性和领域，这样可以从属性与层级区分上满足不同人群的个性需求。

（2）厕所便器

坐便器，就是人们俗称的马桶。国内部分公共场所的厕所中会有坐便器的厕位，以照顾不便于下蹲便溺的人群。现代坐便器给予了人们一个舒适省力的如厕过程，也给现代家居厕卫空间创造了一个良好的环境。坐便器有很多种类，根据不同排污方式可以分为：直冲式、虹吸冲落式、虹吸喷射式和漩涡虹吸式；按出水口的不同分为下排水和横排水；按坐便器结构分为连体式、分体式和挂墙式等。

蹲便器，在使用时需要如厕人以下蹲方式排便的器具。蹲便器一般使用于公共厕所中，也会使用在家居卫生间中。蹲便器分为无遮挡和有遮挡（防止尿液喷溅外流）；蹲便器结构有返水弯和无返水弯，是利用一个横"S"形弯管，造成一个"水封"，防止下水道的臭气倒流。但是传统的蹲便器会有滑倒、卡脚的安全隐患，所以我国有人发明了翻盖式蹲便器，有效控制了意外事故或异物落入便器堵塞下水道的情况发生。现在有些乡村旱厕也使用新型配套的蹲便器。

小便器，就是专用于站立着小便盛接尿液的器具，一般常见的是专供男士使用的小便器，现在也有女士借助辅助导流器使用站立式小便器。小便器多用于公共卫生间，有的家庭厕卫空间富裕的，也安装小便器。小便器按结构分：冲落式、虹吸式；按安装方式分：斗式、落地式、壁挂式；按用水量分：普通型、节水型、无水型。

大便槽，是所有蹲位共用一条较长的便槽。人们取下蹲姿势如厕；大便槽由一个水箱出水，将整个便槽进行冲洗。这种便槽一般出现在建成已久的公共厕所中。这种大便槽用水量大，冲水噪声大；如果水箱发生故障，那么整条便槽都会很脏，臭气迅速弥漫于厕所室内，很容易影响厕卫空间环境。而且这种便槽冲水系统一般有自动控制和人工操作系统两种，在单人使用时，整条便槽都会被冲洗，可以说是极度浪费水资源。现在公共场所新建的厕所都不会采用大便槽，而是采取使用隔间式蹲便器或坐便器。

小便槽，只出现在男厕所，是长条形的槽状小便器，可供多名男性同时站立在台阶上小便，并由传感器控制冲水系统统一冲洗便槽。小便槽与大便槽有同样的缺点，传感器故障就会导致整条便槽肮脏，也极度浪费水资源。

便器的形式、使用方式等对厕卫空间的使用、运营、发展、生态持续都是很关键的影响因素。农村厕卫空间要向新型绿色可持续的方向发展，就需要在便器功能、模式方面进行颠覆性突破，选择或发明适合于新型农村厕卫空间的便器。

（3）盥洗器具

由于家居厕所的盥洗器具种类繁杂，甚至延伸至烘干机、吹风机、操作台等，故不做赘述。这里主要介绍公共厕所中的盥洗器具。在公共厕所中的盥洗器具就是洗手池和拖把池。洗手池就是为人们如厕过后洗手、整容梳妆所用，而拖把池则是为保洁人员清洗拖把所设立的。洗手池的水池或台盆不论其形态结构不同，其功能都是为了盛接洗手后的污水后将之排走，洗手池这一设施中重要的是它的水龙头和处理系统。水龙头以何种方式出水以及多大出水量适合使用者洗手又不浪费水资源；而洗完手的水进入排水管道应该如何处理或者如何再利用？这些都是设计师应该关心的问题，因为它可以直接影响到厕所的绿色环保属性和功能。

接触式厕所器具为病菌的交叉感染带来可乘之机。近年来，在厕所器具设备中，出现了电子感应开启、闭合冲水、龙头和烘干机，避免了多人使用时因手触而造成的交叉传播感染。而在一些高档的公共厕所中，通常都会使用一次性马桶座圈纸、感应式自动冲洗厕所器具，感应式出水龙头、自动烘手器等。这样可以做到一定程度的节约水资源，而且还能有效切断交叉传染源。

3.2.3　不同人群的便器设计

厕所中的便器产品种类繁多，便溺处理模式各异，却没有城市和乡村的便器分类。因为，无论居住在城市、乡村，那只是人们生活的空间环境不同，但是人的如厕功能需求却从来没有本质差别。

3.2.3.1　不同性别的便器创新设计

便器的基本功能是满足如厕排便需求，除了根据人们的如厕习惯设计了蹲便器和坐便器以外，还根据男女性别排便的不同方式研制了男性小便斗以及女性便后专用的妇洗器。当今，由于外出旅行已经成为人们日常生活的常态，因此，各类供男女使用的移动便携式小便器、车载大便器等产品也应运而生。

（1）男性小便器创新设计——免冲水小便器

免冲水小便器顾名思义，就是方便后不用冲水的小便器。免冲水小便器是当今世界推行"节能减排、低碳环保"的绿色产品。随着环境污染，生活、生产缺水形势的日益严峻，免水冲小便器的研制是响应生态环保倡导的绿色科技产品。这种类型的小便器非常适合设置一些公共空间中，比如公厕、酒店、医院、高速公路服务区等（图3-3）。

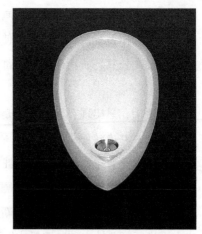

图 3-3　免水冲小便器实物图

这种类型的小便器因为不需要水进行冲洗，自然也不需要普通小便器一样的冲水装备和配套的预埋水管和供电线路，也不需要人为地进行触碰和操作，拆除置换也非常方便，更不需要为其修改现有的排污管网。人们曾担忧免冲水便器会产生异味、细菌和污垢等，但是根据目前使用现状来看，普通冲水小便器中留下污垢主要是由于冲洗用的水中含有超标的钙、镁等元素，结垢同样会带来病菌的过量出现，还会堵塞下水道。而免冲水小便器则具备以下优势：

①憎水抑菌、易清理。一是在高级陶瓷表面实施银系纳米级抗污防菌技术，使其瓷釉形成细致表层，达到较高密度和光洁度，吸水度＜0.025，使污垢、病菌不易滞留，有效抑制细菌的滋生且无异味。而便器陶瓷表面光滑特殊的抗污材料，让污垢容易清洗，变相地节约用水。二是各部位间的密封性。一种新型的名为"薄膜气相吸合封堵"的专利技术被运用到了这种免冲洗的小便器上，这种技术运用气压差来使得包裹在排尿口下端的薄膜套压紧，从而避免了下水管道有异味飘出来；专门的无接口设计使得其不会残留尿液形成的污垢；三是下水道的接口部分使用软管，软管多道水封插挤密封的方法也让清理下水管显得更加方便。保洁只需做到"一天一次清水冲刷陶瓷体、一周一次清水冲洗隔臭装置、一月一次冲下水管口"的"三个一"，即能保持便器洁净如初，可谓简单易行。

②可观的经济与社会效益。免冲水小便器的节水量按照100人/天的月、年计算，其社会与经济效益相当可观。

一天：100人×4次×3L=1200L=1.2t；

一月：1.2t×22天=26.4t；

一年：26.5t×12月=316.8t；

年节约开支：318t×5 元 /t=1584.00 元。

另外，免冲水小便器耗材更低，若人流量 300 人次 / 天，半年更换一次隔臭装置，而人流密度低的公共厕所，更换间隔时间更长❶。

③小便器陶瓷外观设计。设计时把小便池进行加宽，让人使用时更加轻松，少了一点紧张、局促的感觉，这也是人性化设计的一种体现。造型上主要选用轻薄型、水滴式等，对于排尿管道的位置主要分为在墙内设置或是在地下设置（图 3-4）。

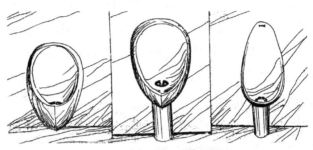

图 3-4　小便器的不同造型设计

（2）女性的便器创新设计——女性站立式小便器

根据统计得出，使用普通的冲水式便器时，女性平均每 300ml 的尿液需要消耗的冲水量是 3 ~ 6L，而同样情况下男性需要 1 ~ 3L，光是这类冲水，女性每天都会使用比男性多 10 ~ 12L 的水量。而且女士出差、外出旅行找厕所难、女士小便排队费时也是一大普遍而长期性的社会问题。

在此背景下，一种女性小便方式的新概念——站立式小便器正在酝酿和推行。女性站立式小便器有许多优点，比如很大程度解决女性如厕交叉感染的风险；对下蹲不便的老年人、残障人士比较友好；极大限度缩短排队时间；更加节约冲水量也更加环保卫生。但是女性使用站立式小便器需要借助一种女用导流器的小用具。这种用具大小相当于一个手掌，分为两层，一边大一边小，类似漏斗两边开口。选用材料一般是防水纸或是硅胶，在尽端还会设置吸水用的材料。

这种小便器可以称之为女性厕所设计的革命。这种小便器在美国、荷兰等国家已经很常见；在我国的香港、台湾地区也有推广。英国的警方就会给女警分发这种小便器，以便执勤时的不时之需。美国明尼苏达州举办的创新博览会上展出了硅胶制造可重复使用的小便器。据了解，这种小便器用硅胶制作，不管如何挤压都不会发生形变，非常有利于带在身边并且多次使用。

据了解，在我国首先尝试这种小便器的是时年 72 岁的叶甘霖女士，她曾是一名高级工程师。叶甘霖说，她之所以会选择这么做，主要是因为自己年龄越来越大，选用蹲厕已经不再方便，身体也不允许，所以她开始接触这种站立式的小便器。2004 年，她自己自费开发设计了一套男女共用的小便器，并且在西安的市区内进行投入使用，每天都会有大概 200 人在这个公共卫生间如厕，同时她还设计了一次性的女性导流器供人免费的使用。

2010 年 4 月，陕西师范大学在两个校区分别建造三个站立式的小便器供学生使用。陕西师范大学教授屈雅君一直致力于推广女性站立式小便器，她表示，现在对女性站立式小便器的推广难点还在于女性自身，女性对站立如厕的不习惯与心理上还存在一定排斥期，需要观念上去适应并接受这种新型的如厕方式。

（3）无性别公共厕所及其设施

①中性厕所。男女厕所之外的"第三空间"。一个值得推广的是现代无性别的，抑或是第三性别的公共公厕，也叫中性公厕。"中性厕所"的出现，让目前还停留在对"残障与母婴人士专用厕所"的认知上的人们心理上感到不太适应，但其实好处很多，尤其是在我国男、女厕所人流不均，女性厕位紧缺告急时，这种不同性别的人都可以使用的厕所，就成为十分人性化的公共设施，老人、小孩也可以在异性亲人陪伴下进入如厕，能够充分利用公共厕所的资源，避免了资源浪费。

②无性别公共厕所。在我国，无性别公共厕所也可以看作是当代的男女均可，先到先用厕所。如果以标志限定，则也可成为残障、母婴与中性使用的专门厕所。

女性等候如厕、排队时间过长已经成为一种全球性的问题。在景区常常看到男厕很空闲，然而女厕却人满为患，排队等候如厕的队伍拉得非常长。这个时候如果设有无性别公共厕所就不会存在资源效率利用不充分的问题，这对于公共厕所厕位不足的地区不失为一种解决问题的手段（图3-5、图3-6）。

图3-5　无性别公共厕所空间环境

图3-6　重庆无性别公共厕所

无性别公共厕所的每个厕位都需要进行无障碍设计，增设无障碍扶手等一些保障安全的设施则是必不可少的，所以平均下来单个厕位的空间、尺度面积比普通厕位要大许多。无性别公共卫生间一般设置在男厕和女厕的中间，虽然独立对外开门，但是内部缺乏走道和一些私密空间，所以女性如厕会觉得没有安全感也是缺点之一，而在内部设计走道就可以有效缓解这种不安全感。在内部的设计上，无性别公共卫生间应该避免室内设施高差的存在，卫生间的门应该和水池或是对面墙体保持距离，相距不小于1500mm，考虑到残疾人或者老年人使用，需要设置无障碍设施，有时还需要为婴幼儿设计特别的护理室。

3.2.3.2 婴、幼儿使用的便器设计

设计婴、幼儿便器时，既要充分考虑低幼儿童的生理及心理需求，更要考虑年轻父母对便器产品造型与功能的认同，设计生产出适合儿童和成年人喜爱的便器和卫浴产品。

（1）低幼孩童固定式坐便器设计

①子母马桶盖设计。对于低幼儿童来说，由于普通坐便器是以成人尺寸为参照设计的，所以便器开口较大，与儿童的臀部尺寸不相符合，导致儿童在普通的固定坐便器上根本无法正常使用，甚至有掉落马桶中的风险。而蹲便器的坑位宽度也会让婴幼儿产生跌落坑池的如厕风险，即使是年龄较大的儿童使用成人便器也比较困难。所以，具有针对性的坐便器盖板的"子母盖板"的选择性设计就出现了。这种坐便器座圈盖板在结构设计采用上、下两层，上层可在大于90°~120°之间打开、盖上，进行成人/孩童使用选择。马桶本体基本保持了原有坐便器的高度。这种马桶以适合成年人使用为主导，低幼儿童需要在成人的帮助下坐上马桶如厕（图3-7）。

②新型旋转方式的马桶设计。市面上常见的坐便器一般分为水箱和主体两个部分，其使用功能常常以成人为主。为使成人、儿童都能安全无害地使用坐便器，通常是以调整马桶坐便圈内径的大小，来确保儿童如厕不跌落马桶，所以，便器设计了2~3层不同尺度的坐垫圈，供成人和儿童选择。目前有一款将大人和儿童分开设计的坐便器，将坐便器的下端设计成儿童使用的高度并固定住，上下层采用两套不同的控制系统来控制冲水量。在儿童如厕时只需要把上层的便器主体旋转到方便儿童使用的角度即可，使用

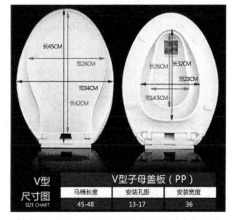

图3-7　成人—儿童子母马桶盖的叠合与尺寸

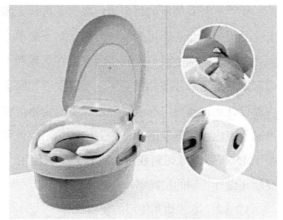

图 3-8　坐便器创新方案设计　　　　　　　　　图 3-9　幼儿坐便器

完再将其旋转复位（图 3-8）。

（2）幼儿便携坐便器

除了部分固定的坐便器设计与成年人的便器相联系以外，专用的婴幼儿便器多设计成为便携的、可移动的且不受使用空间的严格局限。相关的产品设计比较丰富，在造型上围绕婴幼儿的视觉心理和行为特征，便器形态灵活多样，偏向卡通和抽象的设计；在材料选择上，则以彩色塑料制品为多。由于采取移动的方式，所以便溺处理没有独立的排出设施体系，仅以收集盒、打包盒、抽屉斗等形式收集粪便，并送至成人用的卫生间倾倒并清洗消毒（图 3-9）。

3.2.3.3　中、青年使用的便器设计

中、青年人使用的是已经比较成熟的便器设计，从产品市场上分析，便器产品系统大概包含：坐便器，小便器，水箱等设施设备。

（1）便器个性化设计

一般坐便器的坐高为 380mm，男性（18 ~ 60 岁）成年人在 99% 的坐姿膝高约为549mm，大腿厚为 160mm，坐姿高度即为 389mm，此设计的坐便坐高 380cm 符合成年人的坐姿尺寸。按外观形态坐便器可以分为三类：座椅式、整体式和壁挂式坐便器。

①按外观形态分类。座椅式坐便器其形式类似于带靠背的座椅。它的组成有水箱和坐便器，水箱位于坐便器之后，位置较为突出。水箱部分采用多个部件组合的形式，而坐面的过渡部分则采用整体一次成型的接合方式（图 3-10）。

整体式坐便器。坐便器外部形式没有特别的地方，区别主要在于这类坐便器把本体与水箱部分做成一个整体，或者不设置水箱而直接使用水泵进行冲水。因为这种类型坐便器是一体式，所以造型上比较简单大方，更具设计感（图 3-11）。

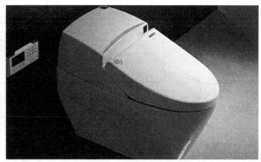

图 3-10　座椅式坐便器　　　　　　　　　　　图 3-11　整体式坐便器

壁挂式坐便器。这种坐便器是最近几年才流行起来的，它造型简单大方，尺度小不占地方，方便清洁，都是它越来越受到欢迎的重要原因之一。这种类型的坐便器将水箱设置在墙体中，易于打理。坐便器的水箱开关一般也是设置在墙面上。墙体天然地把水箱和便器隔开，所以进水排水的噪声能够很好地降低。在设置水箱位置的时候要先合理规划卫生间的空间，一般埋设水箱的墙面都会比正常墙面下凹 50 ~ 100mm，所以外露墙体的部分会比其他类型的坐便器短很多，也能更好地利用空间。

②按冲水箱组合方式分类，分为连体、分体、内藏三种坐便器类型（图 3-12）。

分体坐便器的特点就是水箱和坐便器不是一个整体，两者安装时需要用螺栓将其水箱和基座底部相连接（图 3-12-a），其操作过程稍为复杂，并且在这两者连接的部位也很容易藏污纳垢，不易清洁。这种坐便器一般采用冲落式下水，冲劲虽然大噪声也会很大。由于水箱和基座分为两个部分，所以占用面积也比较多，但是相对于其他坐便器，价格比较低。

连体坐便器，顾名思义就是指基座和水箱相连的坐便器（如图 3-12-b），其优点就是安装方便，占用面积小，不容易藏污纳垢。而且造型比较简洁大方，高档且不失时尚。缺点就是连体式的坐便器水箱要比分体式的低一点，所以用水量会相对多一些。连体式的坐便器采用虹吸式的下水方法，冲水造成的噪声较小。因为生产工艺较为复杂，所以价格相对会高一点。

内藏式便器，是指将其水箱藏入墙内，在墙外留下控制键或者控制面板。所以这种坐便器的优点之一就是方便清洁，不容易藏污。但是相对的，这种坐便器非常不方便维修。因为它的水箱内置于墙内，所以内藏式坐便器的水箱质量要求也是最为严格的，特别是水箱里的零部件耐久性、稳定性要求非常高，这也导致其价格较高。但是因为其造型时尚而且占用空间小，越来越受到大众的喜爱（图 3-12-c）。

③蹲便器类设计。这种类型是根据人们进行下蹲排泄的特点进行设计的。因为舒适性很差，而且老年人或者残障人士使用的时候会非常不方便，所以现代卫生间坐便

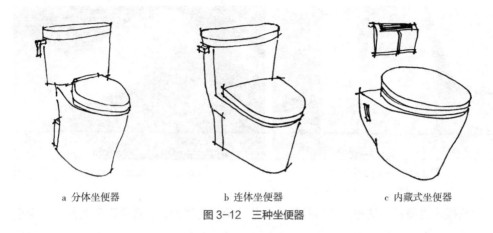

a 分体坐便器   b 连体坐便器   c 内藏式坐便器

图 3-12　三种坐便器

器已经基本取代了蹲便器。但由于在使用蹲便器时，便器不和人进行直接的身体接触，所以基本不存在交叉感染，它被当成是一种比较卫生的便器方式，所以公共卫生间还是普遍使用蹲便器。家庭使用的话，这种蹲便器一般多在南方地区使用，一般用在小型卫生间和冲凉房中使用（图 3-13）。

　　蹲便器如果按照供水的方法来分类，则可以分为挂箱式和冲水阀式。冲水阀式的供水是从水管网直接提供，这种形式的蹲便器没有设置水箱。而挂箱式的蹲便器则是使用一种挂在高处的水箱进行冲洗。目前市面上常见的一种红外线感应的蹲便器，人们上完厕所起身的时候，感应器会自动打开冲水阀门，按照固定的水量进行冲洗。

　　（2）便器功能改进设计

　　①节能环保受推崇。节能环保是公众关注的一个重要话题。这也成就了现代卫生间器具设计的一个重要的方向。当然，另一个方向就是环保材料的使用了。国家也通过出台一系列的政策来限制卫生器具的用水量，以达到节水的目的。所以现在大部分的卫生间洁具的设计都会考虑节水和使用环保材料。

　　②现代简约的风格盛行。新一代人的生活方式开始追求简约化、轻奢风，更加多元的个性化的设计已经成为现代便器设计的主要潮流。体型庞大笨重的坐便器已经被时代所淘汰，越来越多的消费者开始注重卫生间的空间利用。

　　（3）科技智能的时代引领

　　从几十年前开始，智能化的便器产品已经走进中国，从一开始的遥不可及到现在变成人们

图 3-13　冲洗阀式蹲便器

日常生活的一部分，智能化的便器走出发展推广的艰难阶段开始迈向快速发展新时期。科技类的新型产品和人性化的新产品成为潮流，人们带来更舒适、更人性化的体验。这类的坐便器产品让人们的如厕体验更加舒适便捷，使人们的生活品质再上一层台阶，也是未来便器设计的趋势之一。

新型便器的设计运用同样会带来新的如厕方式产生，现在市面上的坐便器已经开始运用温水进行冲洗从而代替卫生纸的使用。在不久的将来，无纸式的坐便器将越来越普及，从而基本取代卫生纸的使用。还有些坐便器产品可以通过传感器来分辨排泄物，从而调整需要的冲水量。

3.2.3.4　老病残孕特需的便器设计

（1）无障碍便器设计

随着社会经济的不断发展，我国针对残障人群需求的无障碍设计也开始在各个领域进行探索。有关老、病、残、孕、幼等弱势群体所接触的生活环境中，包括接触到的公共空间乃至各类设施都需要社会作出回应，以满足需求。尤其是在厕卫设计与实施阶段就要充分考虑无障碍设施的建设，从而营造一个安全、便利、舒适、和谐的现代生活环境（图3-14、图3-15）。

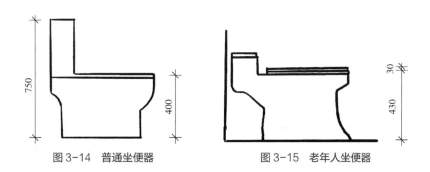

图3-14　普通坐便器　　　　图3-15　老年人坐便器

①坐便器的高度。市场上标准的坐便器净高为380mm，而在其高度加上坐垫圈之后达到了400mm，这对身体健康的普通人来说基本能够满足使用要求，但是对于腿脚不方便或者是坐轮椅的老年人和残障人士来说，市面上的坐便器高度却不能很好地满足他们的要求，需要在这个基础上有一定的提高，保持坐便器的高度和轮椅的高度基本一致，以降低轮椅和坐便器高差带来的转换难度（图3-16）。

当前市面上很少有专门给老年人或者残障人士使用的460mm的坐便器，一般还是以380mm的坐便器为主。为了能使腿脚不方便的、使用轮椅的老年人和残障人士能够更加安全、方便地使用坐便器，可以选用为老年人特别设计的坐便器，或者把坐垫圈垫高，使得马桶圈的顶部距地面高度在460mm左右。

图 3-16　无障碍卫生间

②便器的扶手设计。老、病、残等行动有障碍的人士在如厕时的久站、下蹲、站起或转身都非常吃力，需要借助扶手移动身体。在进行扶手设计时要分别考虑老年人或残障人士在如厕站立小便斗处或使用坐便器时双手分别能触及的位置和范围。尤其是他们从坐便器起身、向轮椅转移过程的时候需要借助扶手使用较大的力量，而扶手就要能够承受这样的拉力和压力。所以在设计小便器、坐便器两边的扶手时需要选用高强度的扶手材料来满足使用的安全。

在对卫生间的扶手设施进行设计时，需要单独对男性老年人专用的小便池扶手进行设计（图 3-17）。为了帮助老年人来支撑身体，在小便器的两边 200mm 处都要设置双层的水平扶手。为了进一步方便老年人抓握，在水平方向的扶手上方还需要设置一个横向的扶手栏杆。双层扶手一般距地净高在 900 ~ 1000mm，上下层的扶手相距 180mm 左右，这种高度便于老年人和残障人士在不同体位时助力站起来的时候使用。

当坐便器不靠在墙边的时候可以设置成对称的双层扶手（图 3-18），如果坐便器的一边靠墙的时候，则可以设置一个 L 形扶手和一个双层的扶手（图 3-19）。为了可以提供足够的拉力，垂直设置的 L 形扶手要安装在墙面上。水平方向的 L 形扶手高度要根据老年人如厕时手的活动范围来设计。老年人或残障人士使用的坐便器的坐面一般净高 460mm，手臂能够轻松抬起的高度大概在 700 ~ 800mm，所以水平方向的扶手高度一般在 700 ~ 800mm 较为适宜，水平扶手一般在坐便器前端前伸 30mm 的距离，可以使老人起身前倾的时候保持身体平衡。L 形的扶手在垂直方向上的高度要充分考虑老年人起身站立状态下的身高，一般顶端净高不小于 1700mm。为了防止老年人手臂划入扶手，也为了方便抓握，所以 L 形扶手的内侧距离墙面 40mm 较为适宜。

坐便器除了需要在墙上安装 L 形扶手之外，在另一侧也需要安装一个双层扶手。双层扶手的净高一般在 700mm 比较适宜，一般用来给老年人如厕时提供支撑作用。扶手到坐便器中心线的距离 300mm 左右，方便老年人使用。

选择合适扶手的直径也十分重要。一般控制扶手的直径在 30 ~ 40mm 之间为宜，并且进行防滑设计。安全扶手设计不仅能为残障人士提供安全上的保障，同样也可以把安全扶手用来挂凉毛巾，以节省空间。

在色彩的选择上，扶手一般采用方便辨识的颜色。鲜明的颜色能够帮助老年人和残障人士更快地找到辅助设施，比如说厕所的扶手的颜色上，就可以选择使用黄色这种暖色系，不仅不会像红色一样让人过度刺激，同时可以更好地吸引老年人的注意力。

图 3-17　男性老年人小便池安全扶手

（2）人性化功能倍受关注

从狭义的角度来说，便器就是用来解决个人卫生和解决生理上的需求。将如厕空间和人的需求最大化地结合起来，发展的重点就是便器自动化和智能化。一个外观造型时尚的坐便器，除了通过人的视觉传达第一要义的心理吸引力外，其本质功能还是能解决人的生理需求。聪明、人性化的设计总是很巧妙地提升便器的附加价值，把坐垫加热器、便后冲洗器、按摩器以及视听、音响等设备融入如厕使用便器的过程，把自然清新、洁净芬芳的空气源源不断地输送到厕卫室内，提高了如厕体验舒适度的层级，消除了如厕过程单调、无趣和焦虑。

图 3-18　老人、残障人士使用的双层扶手

图 3-19　老人、残障人士使用的单边靠墙扶手

①健康理念唱主调。目前市面上的卫生洁具品牌的主流就是更健康的产品，从浴缸、坐便器，到装饰装修用的瓷砖等，各个方面都体现着健康的设计。科技的进步同样体现在能够节约水源和抗菌除垢的各个地方。比如当下流行的配有温水清洗、红外传感、加温坐便圈的多功能马桶，都会加强健康保健的功能，因此，健康将成为近几年坐便器设计的主流课题。

②新材料、色彩层出不穷。现代便器的创新不仅局限于其形式的创新，在其材料

上也变得时尚和多样化,比如现在流行的不仅有陶瓷,而且有玻璃、不锈钢以及木材等。多种材料的混搭也越来越受到大众的欢迎,没有了风格上的束缚,坐便器开始从其他设计行业中汲取流行元素,加快便器器形的更新换代,从而吸引消费者。

③中国设计风潮涌现。近年来,很多便器品牌相继推出了具有中国文化情结的便器产品,比如将现代的陶瓷工艺和设计美学相融合的"景德镇风系列",通过细腻的质感和复杂的工艺,兼容传统却又不失时尚,完美的表达东方文化,满足了精神层面逐渐走向成熟的国人审美追求。"景德镇风系列"一举拿下首届"世纪金陶奖"金奖,证明了"只有民族的才是世界的",坚持本土设计、民族设计,创立民族品牌,才能完美再现中国传统"四大名瓷"的极致美感。这种设计将传统的中国陶瓷艺术的文化之美与现代科技两者相结合,彰显出中国洁具设计向世界的自信与张力。

3.2.4　粪污的处理系统

从整个厕卫空间系统来看,粪污排出厕所建筑室外,纳入市政管网体系,这只是一个收集厕所粪便的子系统。而在广阔的农村,由于村落民宅分散,人的粪尿收集处理也只能是分散的,方法也相对简朴自然。可见,对于城市、集镇、乡村、聚落,粪污处理系统也因人口聚居规模不同而不同。但是应当看到,真正影响到人类生存环境的是人对粪污处理的观念模式,即如何看待和处理粪便?粪便到底是"废"还是"宝"?处理的"固液产物"形式以及何去何从?这些都会直接或间接影响人类生活质量、生态环境安全以及生态环境圈的和谐完整。通常我国城镇和规模较大的村落,普遍采用的粪污处理系统有三种模式:

（1）单独的无害化处理体系

在城镇地下排污管网公共设施不完备,没有生活污水处理厂配合处理固液废污的情况下,会采取单独的无害化处理体系,这是对粪便污水进行无害化处理的基本选择。处理的模式是:粪车抽出厕所里的粪便并运输至处理厂,将粪便排放到收集池集中存放;经过固液体沉淀分离以后的粪便污水,才能够对其作二级生化系统处理;经过处理和过滤分离出来的粪便固渣则被送入专用的垃圾场填埋,留下的粪便污泥则经脱水浓缩后才能进行堆肥与厌氧发酵腐熟处理;污水被输送进入污水处理系统处理达标后排放;而污泥厌氧产生的沼气可回收利用,其余可做农家粪肥回田使用。该处理方式能对粪便进行完整的无害化处理,处理后各项指标均可达到国家排放标准。但其建设投资及运行费用均比较大,后期管理也比较复杂。❶

---

❶ 周杨.城市粪便处理系统浅析[J].环境,2008（06）.

（2）与城镇污水处理厂联合处理

经由厕所排出的便溺，先进行固液分离，分离出来的粪渣经压榨脱水后运至填埋场进行处置，而把高浓度有机污水送入城市污水处理厂处理。广州、深圳、佛山等许多大城市的粪便处理系统均采用该模式。该模式在投资或节省运行费用上都优于前者，并且管理简便。当与城市生活污水处理厂的设计、运行配合较好时，可大大降低粪便污水处理的费用，并且各自提高运行效率。尤其对于广东地区大部分城市生活污水处理厂来说，由于市政污水 BOD（Biochemical Oxygen Demand 的简写）浓度较低，适当增加粪便污水量，适当提高有机物负荷，反而有利于维持污水处理厂生化处理系统的良好运行。而该模式要求城市生活污水处理厂具有一定的富余受纳能力。所以通常，城市生活污水处理厂会事先对接收粪便污水进行综合评估。❶

（3）与生活垃圾卫生填埋场联合处理

这种处理模式是先对厕所排出的粪便污水进行多级隔渣处理；接着将隔渣分离后的高浓度有机污水输送进城市污水处理系统进行处理；之后将分离出来的粪渣经脱水后作为固体废物运至填埋场进行处置。该模式对城市生活垃圾卫生填埋场没有特别的要求，同时由于填埋场中后期的垃圾渗沥液往往氨氮含量较高，碳氮比失调，加入粪便污水后可以改善渗沥液的可生化性，有利于渗沥液处理生化系统的稳定运行。

以上三种处理方式具有一个同样的流程模式"生物除臭 / 固液分离—粪便处理间 /污水处理厂—废渣填埋 / 排向河流"。这样的处理模式确实解决了一定的问题，也降低粪便处理的建设投资与运行成本，但是这样的方式基本上就把粪便当作垃圾处理，而不是尽可能将其转化为其他资源，还带来了天然有机肥料流失、水资源浪费、农田有机质永久流失等弊端。

3.3 设计问题研究

当今城镇与乡村的公共厕所建设的布局条件和功能，大部分尚能够满足使用人群的需求，也就是说，还有部分地区的公共厕所无法满足人们的需求，甚至还有些地区没有公共厕所，迫使人们回归野厕。这样的现状说明我国的公共厕所建设良莠不齐，空白和死角依然存在。这里边有政策的、经济的、社会的问题，也有厕所建筑与便器设计的问题，以及针对一些地区特殊情况变化导致厕所的布点与建造不能满足变动后的需求。

---

❶ 城市粪便处理系统浅析 [EB/OL].https：//m.taodocs.com/p-375562710.html.

现实中，公共厕所建筑设计的内容并非局限于建筑空间本身，它甚至包含了环境卫生管理、疾病预防、母婴残障关怀、公共与旅游设施完善度等问题，反映了城市形象及文明程度。在进行公共厕所建筑设计时必须要在解决这些问题的同时把人们对公共厕所的认知和需求加深并提高到一个层面上来，否则再好的建筑、再智能的设施设备，也会因为与如厕人无法达成供需合宜而导致于事无补，使得高科技、高文化附加值的设备设施反而成为无关紧要的东西。

3.3.1 厕所设计的基本问题

对于我国现有的厕所建筑，从使用功能设计方面看，基本可以满足。因为有国家、地方的规范，有省地政策的约束，更有民间约定俗成的习惯。但是厕所设计还包括内部空间营造、设备设施配置以及使用人的行为素养等方面，以这样的内容要求厕所设计，则厕所设计质量、层级引领还有很大上升空间。与一些发达国家的厕所设计相比，不仅在厕所的人性化设计方面不够细致全面、体贴入微，在厕所环境的清洁、维护与管理问题上，也存在良莠不齐的现象。厕所设计的人性化、人格化与使用管理效率低下，是我国公共厕所设计以及乡村厕所设计的最大短板。除此之外，厕所排污处理系统的污染、破坏环境的问题长期存在，而不能获得有效解决的模式与途径。对粪污处理系统设计来讲，无法很好地做到固液粪肥资源的有效利用和无害化处理。究其原因，主要问题有以下几点：

（1）不同使用人群的细分设计不合理

①女性。由于先天生理差别，女性在如厕时体态姿势、使用厕位的单位面积和使用时间方面都与男性不同，且用时较长。所以在进行女厕空间与便器设计时，应该区别对待，相应增加女厕厕卫空间的隔间、蹲位以及马桶的数量。男、女厕的厕位数量比应该在 1 ：1 ~ 2 ：3。由于照顾婴幼儿多由女性承担，所以在女厕中还应该根据厕所所在的地理位置、人流与使用频率来设置一定数量的儿童座椅、婴幼儿厕卫以及可供换婴儿尿布的操作台等。此外，由于女性的心理中先天就会缺乏安全感，所以在对女厕设计中既要考虑能给人一定的私密性，同时还不能有视线死角以消除隐藏犯罪的地带。灯光设计需要明亮，甚至可以为女性配备一些防卫的器具。

②婴幼儿。在镇以下的乡村中，绝大多数的公共厕所没有为婴幼儿提供单独的如厕设备设施，这使得幼儿进入成人厕所空间面临失足便池、落入马桶的风险。未考虑幼儿的专用便器，从而造成的漏尿和外泄，为厕所的维护与管理增加了难度。低龄儿童随异性父母出入如厕空间，不仅是给其余共用如厕空间的成年人带去尴尬，也不利于儿童的早期性别意识的建立。为了避免这样的情况发生，在进行公共厕所设计时，

设计师应该注意加设提供给婴幼儿使用的设备设施，或者增加第三卫生间，有条件还可以专设母婴室。

③残障人士。残障人士其实不是一类人群，而是指有残疾、有行为障碍的人群两类组成，当然，有障碍人群当中还包括老年人、带婴儿车的家长、孕妇等行动行为能力受限制的人群。供这类人使用的厕所，被称为无障碍厕所。公共厕所的设计不但要满足健康、行为能力完整的人群，还要满足这些特殊人群，两者都满足了，那才是真正好的厕所设计。在城市与乡村环境中，对于这种特殊需求的无障碍厕所设计，设计师应该注意厕所室内空间设备设施空间、尺度的人性化便利设计：厕内墙面的物品挂钩、扶手把柄、置物架和婴儿护理台、应急拉手、紧急呼救按钮等设计，除此之外还要考虑到陪同如厕的照顾者、同伴、配偶等陪伴空间环境设计的尺度。

（2）公共厕所设施的规划管理问题

①设备设施配置问题。在现有的公共厕所设计中，空间比例尺度、设备设施配置不完备，蹲位数量、比例不合理是一个普遍存在的现象。就厕位分配而言，厕位的配置几乎不能达到现实所需的要求，从公共聚会到旅游景点的公共卫生间，女性排长队等待如厕的焦急场面几乎成了普遍存在的现象。依据《城市公共厕所设计标准》，公共厕所中的男、女蹲位比例宜为 1 : 1 ~ 2 : 3 之间，然而在现实需求中所看到的男、女厕所比例基本维持在 2 : 3 比值之上，依然难以解决这种反差。❶但是在乡村，由于城镇化导致的乡村人口流失，公共卫生间的建造和使用则会因为常住人口流失或旅游人口的增、减带来不同使用量的变数。

在公共厕所内配置坐便器可以满足年纪较大的或是特殊体质人群的需求。但是在对厕所便器使用调查中发现，我国很多地方的厕所使用者其实并不愿意使用坐便器，即使是干净的坐便器，如厕者对其使用也比较抗拒。在国外，恰恰相反，绝大多数人选择坐便器。对于坐便器的数量选用，以及座垫圈的隔离消毒方式，卫生间管理者则需要考虑服务人群的配比用一次性隔离纸、消毒垫圈来选择、对应。

在我国，人们上完厕所要洗手是一个普遍的现象，然而洗完手大多数人会随即甩掉手上水珠，以致洗手池区域的地面总是湿淋淋的，甚至比厕位区还湿，这为厕所湿滑跌倒致伤带来隐患，所以公共厕所会设置烘手机或擦手纸。而对于使用干手器和擦手纸而言，干手器存在烘手时间长，需要等待等弊端，且设备还需要维护。而使用擦手纸无需等待，只要配置废纸篓就好。那么国内可以根据厕所等级与服务环境配置选择适合的干手设备与物品。

---

❶ 国内城市公共厕所设计现状与问题的研究 [DB]. 学术论文联合比对库，2014-03-11.

②卫生条件差。我国公共厕所的卫生条件良莠不齐，有的甚至环境恶劣、有目共睹。内陆边远镇村、公路道旁的公共卫生间"不卫生"，是人们对这类卫生间的深刻印象。所以，这也形成了人们使用惯性的认知，人们对于上厕所是抱着快进快出的态度，即使是公共厕所的卫生条件有所改观，也难于去除这种固有的印象。公共厕所环境与卫生的好坏，就像城乡精神文明建设风貌的一个窗口，反映了城镇、村落的建设与治理成效，外地游人对当地的直观感受在很大程度上受公厕建筑形象与环境卫生的影响。所以解决厕所问题的关键是解决厕所卫生问题，而厕所卫生问题又与使用人、保洁人、管理人的素质相关，只有厕所卫生条件过关了，并长久保持洁净的卫生状态，厕所环境的整体印象才会改善。

③存在犯罪的可能性。人们常常把公共厕所与垃圾、污秽、病菌、犯罪等词语联系在一起。到了晚上，很多女性不敢单独上公共厕所，这些皆因公共厕所的安全隐患问题被高度集中地反映在媒体、文艺和影视作品里 **❶**，现实中也的确如此。

其实，公共厕所拥有的基本功能，就是把人的生理隐私需求带入到公共场合并相对私密地解决。在公共厕所设计中需要把握好私密设计的度，特别是对女性隐私的特殊考虑。设计需要特别关注的就是在这样一个公共空间中如何解决隐私问题并避免犯罪隐患问题。所以，设计应该从女性的安全需求入手，可以考虑公厕的入口门既远离公众视线，又能够得到呼救时的及时救援；可在女厕所入口和窗口周边栽种高度适中的树木来装点环境、遮挡视线。

（3）公共厕所的地域文化不明显

中国地大物博、历史悠久，沉淀积累了丰富的地方文化特色。人们有必要在现代化建设中传承传统文化、发扬地方特色，并将地域特色和风土人情纳入公厕设计中，建设成具有地域文化特色的现代舒适卫生的厕所。然而在我国城镇、乡村厕所建设中能够较好地彰显地域特色的厕所并不多。在乡村，许多公共厕所丢弃了地域、本土的环境条件因素，不能因地制宜、因势利导地做出适宜性、前瞻性的厕所规划与设计，依然有"贪大、攀高、炫富、崇洋"等不切合现实需求的设计；而在民居建筑体系中，厕所的功能、风貌也难于两全。在功能设计、设备设施配置以及粪污处理体系的科学运用、在文化传承和地域特色上，均有较大的质量提升空间。

要改变目前的乡村公厕建筑与环境现状，应该从观念上变革，在设计中注入本土文化、地域风情要素；紧扣传统文化，并紧跟时代步伐，充分挖掘地域的特色资源，找出区域共性、本地差异独特性。地域的个性越突出，厕所功能价值的潜力就越大。

---

❶ 李蓉蓉 .T20091801006_ 美术学 [DB]. 学术论文联合比对库，2014-03-21.

因为有质量有特色的厕所设计，一定是对厕所内涵做了深入研究，并能够出人意料地拿出与众不同的厕所建筑形态、营造舒适的室内空间环境，并合情入理、打破常规地处理粪便尿液："三农"当前，变"废"为"宝"。当厕所设计放大了厕所特性，突出了创新品质，才能破解厕所问题，找到厕所的个性和魅力。

（4）对环境资源的不利影响

据统计，厕所用了99%的清洁水冲洗了1%的污物，产生了100%的生活污水，这样的方式极度浪费水资源，加大了粪污处理成本，对环境生态也十分不利❶。截至目前，人们还没有真正找到可以替代水冲式厕卫空间的好模式。如果避免不了用水冲洗便池，那么可不可以不用清洁水资源来冲洗，改用中水甚至使用尿液处理后的水体？或是改变厕所排污设计方案，来一次颠覆性的厕所革命，采用粪便无害回收，有效利用便溺中的有机营养物质，再把提取营养后的废渣废液等污物发酵处理成有机粪肥，从而符合多途径资源循环利用的方式来设计厕所。

3.3.2 水旱厕卫设计的难题

千百年来，人们围绕厕所展开的奇思妙想的创新设计从来就没有终止过。这其中，虽然有不少创举令人耳目一新，但也只是"锦上添花"而并未成为常规做法。真正能够做到颠覆性的全球创新革命，也只有18世纪冲水马桶的出现和之后与之相随的粪污水处理系统。这个发明逐渐走向成熟，让之前以旱厕为主导的掏粪体系，逐渐从现代化城镇厕所中退居其次，甚至仅仅成为部分村镇中水旱厕卫并行使用的"古典"模式。

其实，在这场百年巨变的人类第三次厕所革命中，人们享受到了因冲水马桶系统带给现代生活的洁净健康、安全卫生和生活便利，但是伴随着城市化的快速发展和全球近60%的人口背离乡村而举家迁居于城市，城市粪污的处理方式和经过滤消毒处理，富含营养的"清洁水"被大量排放于江河湖海，这带给下游人们生活与生态的潜在影响却从来没有被长期跟踪和检测。

（1）厕卫空间与便器系统设计变革

进入21世纪，现代设计学科的独立，让现代艺术与工程设计的结合走向成熟。"设计改变生活"，让设计逐渐成为人们熟知和认可的一种超前性、推进性、变革性的"时尚"驱动力。

人们围绕着人的生理、生活、生态等各种心理行为特性需求，对厕所空间与便

---

❶ 国内城市公共厕所设计现状与问题的研究 [DB]. 学术论文联 合比对库，2014-05-20.

器做了造型改良、材质探索、色彩变幻以及在形态与风貌等方面的创新设计研究与实践；在便器产品的使用功能方面，对蹲式、坐式的便器造型、功能与智能的探索；对旱厕、水厕的堆肥与水冲处理排运系统的优化；对男女性别分类空间与同一空间的厕位以及私密性分隔处理；对人性化关怀、满足个性化猎奇、搞怪、刺激等不同类型的风情厕所探索性创新设计。但是，通过观察、汇总这些探索性的设计不难发现，所有设计的创新性都是基于一种既成的模式，即，都是在水冲模式下的男用小便斗，女用妇洗器，以及现在通用的蹲便、坐便器具的更新改造形态设计以及节水型、智能型技术提升设计。

换句话说，将这些创新性的设计纳入专利体系，就会构成人们所熟知的价值层级。在创新性的专利申请中，有创新难度层级、价值逐渐提升的三个梯级，即"外观专利""实用新型专利"以及难度最大的"发明专利"。即使是发明专利也有孤立"部件"改进、单一"产品"研发、系统模式创立的革命性创新设计的不同层级分别。而在这些发明专利中，能够被接纳、吸收而进入量产和普及性的发明设计，才是设计创新追求的最高目标——打破旧藩篱，创立新模式，创建新体系并让其成为人们社会化生活中不可或缺的组成部分。

（2）创新与原创设计的难题解析

众所周知，真正的设计价值在于原创，原创的价值在于开辟新领域、创立新模式、创建新体系，也就是近年来我国政府所提倡的具有颠覆性、革命性的自主原创设计。由此可以让人们明白，创新性设计的价值与内涵是有大小和层次差别的。因此，才有"模仿、借鉴、推进、改革等的原始性、革命性"创新的不同层次。如果把人类的如厕行为革命进行阶段划分，则可以看出，从"野外随便"到"茅厕室内"是一次革命性变革的无厕变有厕；而站立式男用小便壶、蹲便（坐便）式堆肥、粪坑的非水冲式旱厕粪肥归田的第二次革命；从坐式恭桶（马桶）到使用冲水坐便器以及连接室外的粪污管道输送体系，直至污水处理厂的过滤—净化—排放的厕卫空间、便器水处理系统就是厕所的第三次革命。

当代城乡生活的主流模式，是后工业社会的现代农业向自动化、智能化生活过渡的互联网信息时代，人们面对大量城市、乡镇粪污的"无害化固废污水处理"，过滤后的渣滓被作为垃圾填埋，污水被降解、清洁达标后排放入河流水系，这种模式让整个粪污处理形成闭环，过程可控，但是农田再也无法得到有机粪肥的反哺涵养，导致农田土壤日益严重的板结贫瘠，因虫害而过度使用化肥农药而生产出品质低劣的蔬果粮油。这种农耕地—农作物—农产品趋于低劣颓废的恶性循环苦果，最终还是循环到了人们的日常生活中，成为人的盘中餐，并由人们自己来品尝承担这一后果：体质下降、癌症高发、不孕不育、精英逃离等疾病与社会现象。

尽管人们不愿意直接承认是冲水式马桶投入使用后的粪污处理方式惹的祸，但是随着对高质量生活的追求日益觉醒的人们，还是清晰地认识到，人类的健康、可持续生存已经到了危急时刻，是时候推进人类厕所的第四次革命了。

（3）顺自然、合时宜、适生存的创新设计

尽管人类社会文明高度发达，厕所空间与便器的质量、舒适度条件提升到了与往昔不可同日而语的地步。但是鉴于人的自然属性不曾改变，人在内急迫切需要如厕的时候并不能按照通常的社会文明观念和一般的逻辑来约束自己自然的生理亟需，如厕的紧迫性、即时性、便利性导致自身处于城市街道、公共区域、高速公路和公共厕所建筑覆盖不到的地方的人们，未免焦虑无比，身陷尴尬。

其实，围绕人类生理需求展开国家公共设施建设的公共厕所推广普及早就开始了，只不过是国情不同，宗教信仰不同、生活观念不同导致对厕所的认识、建立也不尽相同。到了 21 世纪，人们开始对于厕所革命的创新设计进行有组织地倡导，我国政府在这方面执行力度在世界上有目共睹，公共厕所体系的建设已经从城市渗透到小城镇、乡村聚落甚至是田间地头。而在对厕所中的便器设计和粪肥处理体系的设计变革，则一直是处于优化、附加值的提升探索阶段，厕所空间系统设计的革命性创建能否超越现实，还有赖于设计师、发明家以及社会民众的共同参与。

当前，人们在设计研究的诸多领域有了不错的发展，在空间上，人们围绕如厕的心理、生理、个性需求，在男女性别、年龄、行为障碍、如厕时间的长短、男、女蹲位数量、男士尿斗的利用频次方面展开了针对性的设计研究与实践；在便器的发明创造中，有设计师研发出解放女性，让女性站起来，像男性一样使用尿斗和小便槽，于是外接式女用小便转接导流器应运而生；在厕所粪肥处理体系上，对乡村的堆肥系统进行了干湿分离，尿液分流收集于容器，大便固体物以干粉覆盖，积存够一定量后做集运堆集发酵处理成为有机粪肥；而对于冲水式便器设计，设计师尝试做尿粪分隔，采用泡沫式、节水式、生物降解式等无害化办法处理粪体。这些办法虽然有成效，但是成本较为昂贵。要想无害化、便利性、低成本、普及性推行厕所的真正革命，还需要假以时日。

3.3.3 距离厕所革命性设计有多远

中华人民共和国成立以来，城乡的厕所建设有了天翻地覆的发展变化。从农村蹲坑粪池一体的茅厕，到小便入池集中至尿缸、大便滑落入粪池，经厌氧粪池腐熟后以固液混合的有机粪肥施浇于耕地农作物，再历经革新后修建的三格化粪池、双瓮式化粪池、三联沼气池式化粪池，直到水冲式厕卫空间体系的普及和分集式厕所便器的使用，让固、液废物在处理厂进行无害化处理的厕所变革。人们感到，粪便对人类健康的威胁、对环境污染的影响正在得到有效控制，卫生厕所的普及提升了乡村生活的品质。但是，当人们回顾往昔的粪肥处理做法带来的无公害绿色食物时，人们不禁感慨，社会进步了、城市发展了，文明提升了，乡村土地却贫瘠了，水体与环境却污染了，粮食果蔬的品质严重卜降，甚至其中的有害成分让人望而却步了：厕所的第三次革命是进化了还是退化了？人们不禁陷入沉思！

（1）三农需要粪肥归田的农道设计

近年来，随着现代化文明不断进步，生物和科技手段的不断提升、加强，人们对农业生产的转基因情况的报道已屡见不鲜，而针对耕地的不断贫瘠，土壤中重金属含量不断超标，病虫害频频发作、变异，抗药能力不断增强，使得农作物的增产保收不得不依赖加大化肥和农药的剂量时，人们才真正开始担心进入厨房的粮食果蔬、禽鱼肉蛋等农产品的生态有机情况以及无公害的质量安全了。

农业产品质量断崖式下滑，致使人们的生活、生产以及生态面临极其危险的境地。这是一个完全闭合的安全生态链，若要周而复始地永续发展，则需要从农业的自然属性，农产、农村的系统整体发展规律看待农村以及城镇厕所空间与粪溺处理的总体设计。

（2）厕卫便器系统创新设计的重要意义

在世界城镇化快速发展的今天，发达地区人口的城镇化率不断提高，截至2019年年底，中国的城镇化率已经达到60.6%，而长三角、珠三角的城镇化率也已经超过70%。在人口从乡村向城镇快速转移的情况下，城乡厕卫空间人粪尿的收集方式、处理模式以及排放与利用途径就显得尤为重要。一方面，中国人多地少，农业耕地面积正在快速缩小，农田因缺少有机肥涵养导致肥力不足而不断贫瘠化。另一方面，城市中每天成千上万吨人类排泄的有机固液废料因忽视生态有机规律而无法真正有效利用。更重要的是由此产生了环境与水体的严重污染。这就不断加推了人类社会第四次厕所革命的迫切性。所以，无论城乡，一种更加符合生态可持续的厕卫系统的颠覆性创新有待出现。这不仅仅是解决乡村"三农"有机生态系统的闭合完整性，而是它的确关切到人类是否能够健康、安全地生存与可持续发展的大问题。

（3）乡村厕卫空间设计的目标与原则

乡村是人类聚居的起点，是城镇的母体，即使是文明发展到今天，在我国中西部一些边远的村镇聚落，依然保持着原始、传统的农业耕读文明方式。而现代城镇本质上是乡村有机增长、更新或新建的规模性聚居环境，它脱胎于乡村，与村落有着割不断的血脉传承关系。所以，对村落、城镇的厕所改造、革新和革命，本质动机是遵循原生态农道规律的需求，在当代城乡统筹规划设计创新的核心命题下，以农村厕卫空间为载体，以厕卫空间系统创新与便器发明为需求，以满足城乡人们健康生活、永续发展为远大目标。在"遵循自然规律、坚持有机循环，突出空间营造、重视产品发明，保护自然生态、推行环保节能，传承历史文化、促进社会文明"的设计原则中，探索适合我国乡村农户使用的厕卫空间体系，同时破解城镇粪污无序排放，使这一体系适应"三农"需求并反作用于城镇乡村生活；力求做到厕卫建筑空间舒适美观、人畜粪肥多用归田，为化解当代土壤板结贫瘠、城乡环境卫生恶化、粮食安全危机四伏等社会与环境问题，提供健康、安全的乡村振兴农道策略，为新型城镇化的健康发展，提供指导和借鉴。

4 中外厕卫空间系统发展演化

厕所是一个特殊的建筑类型,它作为"建筑物",涉及地域、场所、空间、形态、结构、材料、技术与设备等问题。重要的是它解决"人"的问题,是"人化之物",即所谓的人文化 ❶。因此在研究厕所的演化史时,其实是包含了"物"和"人"两方面,"物"涉及厕所空间体系的内容,"人"则涉及厕所建设设计、工程技术、文化卫生管理等内容。

乡村厕所建筑的空间简单、结构设施简陋,卫生条件不良,管理机制不健全。在当今推进国家新型城镇化,落实城乡统筹规划中,乡村振兴建设坚持"以人为本",旨在加快"生态人居""生态环境""生态经济""生态文化"四大工程建设,使农村环境不断得到优化,农业产业逐步现代化,农民生活质量日益提升。农村垃圾、污水得到有效治理,村容村貌、绿化美化水平不断提高。

乡村厕所空间问题作为最容易被忽视的部分同时又是乡村环境治理的根本,需要得到系统性的质量提升:一是村落厕所直接影响村落卫生状况的好坏。二是乡村厕所体现村容村貌。三是倡导生态设计,提倡开发使用新能源,利用处理粪便获得可再生能源并加以开发,实现绿色生态保护目的。四是转变思想,提升村民的环保意识,解决厕所不洁问题。因此研究中外厕所的演化史有利于为建设者在厕所空间设计、功能与产品设计上提供依据,也为乡村民居设计提供重要参考。

4.1 国内厕卫空间与便器设计演化

4.1.1 远古时期(先秦时期)

(1)原始的便溺解决方式

在原始社会,人类文明进化缓慢且不完善,改造自然的意识和能力低下,对于人的生理排便认知未能重视,因此并没有形成真正意义的厕所。人们法天象地,遵循自

❶ 冯肃伟,章益国,张东苏.厕所文化漫论 [M].上海:同济大学出版社,2005:6.

然规律，大都找一处僻静之地解决排泄的生理需求，或者找个远离住地的僻静地方因地制宜地解决。

原始时期人的生存才是王道。在食不果腹、衣不蔽体、饥寒交迫，用石制武器与野兽搏斗的时代，并不需要过多地思考方便问题。但是当人类开始建造固定居住场所，让个人生活走向私密化以后，如厕也就成为一件隐而不宣的私密事了。

（2）最早的厕所及记载

考古发掘最早的厕所遗址位于 5000 年前西安半坡村一个氏族部落的遗址。当时的厕所只是一个土坑，极其简陋。在北京郊区的房山区董家林村发掘的燕国国都的遗址上，也发现了厕所遗迹，距现在也有 3000 年了❶。

在河南省商丘市芒砀山汉墓考古中发现的一间 2000 多年前建造的厕所，是目前世界上最早的水冲坐式厕所。这间厕所是西汉时期第三代梁王刘买墓室中的附属设施之一。厕所面积约 $2m^2$，采用岩石建造而成。从技术上讲，这个厕所体现了人体工程学的基本原理，而绝不仅仅是盛放、掩埋污秽的坑。如图 4-1 所示，"在用石头打造而成的坐式便器一侧，还有一个宽大的扶手。在坐便器后方的墙面上，厕所修建者还凿出了可以冲水的管道槽沟，其构造和原理与现代水冲式厕所极为相似"❷。

根据史料记载，我国最早的公共厕所在夏商时代的城市、集镇之中就有了；而殷墟出土过洗沐工具和牙签，则从生活实际需求状态表明，至少是在殷商时代人们注重沐浴和个人卫生已经成为生活中的日常。

图 4-1　芒砀山汉墓的水冲坐式厕所

❶　周连春.雪隐寻踪——厕所的历史、经济、风俗 [M].合肥：安徽人民出版社，2004.
❷　世界最早的坐式冲水厕所 [J] 中国建筑卫生陶瓷，2004（07）：44.

《周礼》是中国古代最早提到公共厕所的文献。《周礼·宫人》记载："为其井、匽。"郑玄注解说："匽，路厕也。"周代出现的公共厕所，因为是在官道、大路边上修建的厕所，就叫"路厕"，也叫"官厕"。

墨子记录官道边上民用公厕的形制："于道之外为屏，三十步而为之圂（秦代 1 步 = 6 尺，1 尺 =0.231m），高丈。为民溷（读音：同混 hùn），垣高十二尺以上。"即在大道之外设一周长三十步左右的圆形屏障，围墙的高度应在十二尺以上。

（3）早期厕所的名称和特征

在中国，厕所名称的"厕"字包含两部分："厂"，小篆字形像山崖，可以住人，表示与房屋有关；"则"是侧也，所以厕所就是建在正房旁边的小屋❶。另一种说法是"侧，旁也。"泛指"厕"是建在宅旁偏僻的地方。

上古的厕所又叫"偃"，有遮掩之意，也叫"溷"，指的是猪圈，这是因为以前厕所和猪圈常常是一体的。厕所也叫清，因为必须经常清扫以保持干净的地方，清字同古字"圊"。

早期厕所空间拥有的基本特征：

一是原始而粗简。人类早期的厕所非常简陋，只是区别于纯自然的随地便溺而言。大多就是平地上挖一个圆形或方形的土坑以贮存粪便，防其四溢漫流而已。讲究一些的，在粪池边或者之上，放置两块木板或是其他硬东西垫垫脚，以免尿液湿脚。考古学家在江苏邗江甘泉二号汉墓中出土了陶制厕所（模型），内有长方形蹲坑，蹲坑的两侧都有做成足形的踏脚板。这种厕所形式一直沿用到今天，成为中国厕所最通用的基本形式❷。

二是厕坑大且深，没有安全设施。虽然当时厕坑的形制大小无法详考，具体尺寸也无历史记载，但一些材料可当佐证。春秋时期的晋成公因拉肚子匆匆忙忙去厕所，一不小心脚下踩空，掉进粪坑淹死了，由此可见厕坑之大。

三是厕所常常与猪圈比邻。东汉人许慎的《说文解字》解释："溷，猪厕也。从口，象猪在口中也。"所以溷有"浑浊、肮脏"之意，与猪舍、茅厕粪便相联系的厕所在先秦时期就已经出现了。

周朝至秦汉时期，在百姓中广为流行的厕所形态是建在猪圈上面的厕所。厕所排粪口有管道通进猪圈，待人的粪便拉下来后就通过管道滑落到猪圈里边。据说其目的是为了积粪（图 4-2）。在后来的演变中，和猪圈相连的厕所有两种发展趋势，"一种是建在猪圈上，还有一种是建在猪圈旁边"。当时城市的普通百姓应该已经开始使

❶ 世界上最早的水冲坐式厕所 . 历史 [EB/OL]/http: //www.hxlsw.com.
❷ 周连春 . 雪隐寻踪——厕所的历史、经济、风俗 [M]. 合肥：安徽人民出版社，2004: 8-11.

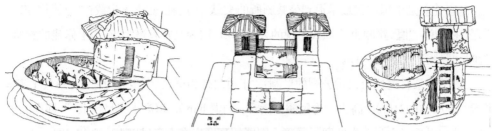

图 4-2　出土的东汉时期厕所与猪圈的几种制式（陶制）

用马桶,而有钱人家则可以掘坑造厕所❶。《梦粱录》文献记载可以验证这种厕所形式。《史记·项羽本纪》"沛公起如厕",颜师古有注:"厕,养豕圈也。"

《周礼·天官》中有宫人管理厕所的相关记载。尚秉和先生也认为在厕所问题上,"古厕溷制度,周制与洋茅厕同"❷。即周朝在清洁卫生的标准上很先进了。

（4）便器形制与管理机构

清器——周朝发明的可以随意移动的"盛尿"器具,它是后来马桶的始祖。据《周礼·正义》记载,清器又被叫作行清,木制容器,形状有点像木墩子（也有人说是以一段木头凿空为桶一样的东西）。它最重要的特点也是优越性,就是人们可以随心所欲地移动自己的方便之所。

兽子——目前出土的周朝或周朝前的尿壶,这是因为它被制造成野兽的形状。在安徽省博物馆馆藏文物中就有春秋时期人们使用的陶制溲器——兽子。兽子外形粗放,工艺古拙,其基本原理与形制构造与现代民间使用的尿壶相比已无差别❸。

在周朝的官僚机构中,已设置了专门的职官来管理周天子的吃喝拉撒睡等日常生活,这个官被命名为玉府,属于天官系列。玉府负责掌管王室金玉珍宝和兵器的收藏,料理周天子的衣服冠冕、床铺枕席,其中当然包括便溺之器即亵器。一旦周天子有什么活动,亵器就由内监拿着跟随左右,以备不时之需。

4.1.2　农业时代（秦至清朝）

（1）厕所的类型、形制与演化

厕所的类型可以按照使用对象、使用方式、使用属性进行分类。

①按使用（或建造）对象分类。秦汉时期,上至皇宫贵族下至普通民众的居住处乃至军营等绝大多数建筑物或居处都配置厕所。另外,值得一提的是,考古发现表明,

---

❶　马桶的由来 _ 茉莉花开 [EB/OL].http://blog.sina.com.

❷　尚秉和 . 历代社会风俗事物考:卷二十八 [M].北京:中国书店,2001:323.

❸　李晖 . 文化底蕴深邃的溲器——器用民俗文化探索之一 [J].淮北煤炭师范学院学报（哲学社会科学版）,2003（06）.

秦汉时期比较大的船上可能已经配置了厕所。因此可以划分为宫廷、官府、民居、军营、船上厕所五类。

②按使用方式分类。从使用方式，可分为坐式厕所和蹲式厕所。坐式厕所在汉代就有出现。埋葬西汉梁孝王刘武之后（或妃）的永城保安山二号西汉墓中有一坐式石厕，便座由两块石制靴形坐垫组成，下有圆形坑。坐垫四周有石栏杆，坐垫上刻有菱形田字纹和常青树等图案。但总体来说，蹲式厕所是中国传统最普遍的厕所。

③按使用属性（公私）分类。历朝以来，厕所按使用的属性可以分为公用和家用，即公共厕所和民宅厕所（或称家用私厕）。这种分类方法虽然在使用场地和对象有所重叠交叉（如宫廷、民居之中，可能既有公用又有私用），但在厕所形制、私密程度和器具设施，两者具有较明显的区别。对此在后面另作介绍。

（2）公共厕所的形制与演化

从文字记载来看，公共厕所最早出现在军营或城池❶。上古时代人口并不稠密，对公共厕所的需求并不广泛。但是军事行动中有大量兵士的聚居和集中行动，因而人口密集，居住集中，对公共卫生也就尤为重视，公共厕所随之产生。

①城头厕所。《墨子》中说守城的军民必须在自己的驻地建立公用厕所，并详细记载了城防工程中对厕所建筑、布点距离、厕所围墙和高度有具体要求，以遮挡公众的视线。凡守城军民男女都必须到公厕去大小便，而不能随地大小便。城下与城墙上相对应，也是五十步建一厕所，两厕之间有管道相通，以方便城上厕所的排放和清扫。为保证厕所的清洁卫生，清扫工作有专人负责❷。

②军旅厕所。三国时代，对军队行旅的卫生设施也是非常重视。足智多谋的军事家诸葛亮对行军打仗的露营地厕所有明确设置标准的要求，并且把厕所和锅灶、营寨、屏障、藩篱等一起，详细地写进了军人条例，这在陈寿《三国志·蜀志·诸葛亮传评注》就有记载。

明代抗倭英雄戚继光在他的重要军事著作《练兵实纪》中，也不厌其烦地记载了不同兵种、不同人员的建厕要求，对厕所卫生的处理办法，对上厕所的士兵也规定了不同时间、具体限制。

③男女不同厕。古时厕所，大多数男女通用，以先来后到为原则。但从考古出土物来推断，最迟在汉代，厕所已分男女。在陕西汉中市汉台区出土的"绿釉陶厕"即可证明。这座陶厕有房顶，山墙一侧有两个门，门里以墙分隔，门外亦有短墙一道，

❶ 冯肃伟，章益国，张东苏.厕所文化漫论[M].上海：同济大学出版社，2005：22.
❷ 周连春.雪隐寻踪——厕所的历史、经济、风俗[M].合肥：安徽人民出版社，2004：31-32.

以便区分男女 ❶（图 4-3）。河南南阳杨官寺汉画像石墓出土的陶厕，堪称精品，却在一个厕院内看到了两所形制不同的厕所，其中一个不但有便坑，还有尿槽。学者断言，这两个厕所无疑是男女分用的 ❷。

（3）民宅厕所的形制与演化

秦汉的厕所大致分为三类：与猪圈兼置的厕所；与猪圈分设的厕所；居室内的厕所。在漫长的农业时代一直固定延续这三种类型，甚至在当代农村地区仍然可以看到，形制上一直没有太大的变化。

考古中发现的厕所与猪圈，其中厕所与猪圈合二为一的建筑形制最多。全国各地汉墓出土的明器中有不少是厕所模型。例如湖北云梦出土的东汉陶楼，在厕所底下设有猪圈，圈内卧有陶猪，正偎依在厕所流淌粪便的洞口下（图 4-4）。而江苏徐州市铜山出土的陶猪圈为长方形，由小院、圈棚、厕所组成，圈棚与厕所成拱角之势，均为悬山式两门坡顶，厕所靠院墙一侧有小门，靠院内一侧有一椭圆形洞孔与院内相通。❸

图 4-3　汉代分男女绿釉陶厕

图 4-4　东汉陶楼

①北方南方的溷厕。厕所与猪圈结合的建筑方式至现代乡间民居仍有采用，只是各地区多少有些差异。大体可以划分为两类，北方一些地区常将人类的粪便作为猪饲料之一，因此在他们的二合一建筑中，人用厕所通常高于猪圈，粪口在猪嘴可及的地方，甚至常常就是猪食槽的一部分。南方许多地区的二合一实际上是人厕和猪厕的二合一。这种建筑一般是用砖头砌一个大而圆的茅坑（有的地方叫箍或衮），猪圈和茅坑之间

❶　古代中国的厕所往事 [N]. 羊城晚报，2012-10-31.
❷　冯肃伟，章益国，张东苏. 厕所文化漫论 [M]. 上海：同济大学出版社，2005：22.
❸　彭卫. 秦汉时期厕所及相关的卫生设施. 寻根 [J]. 1999（04）.

有一道稍有坡度的便槽相连，这样，猪小便就可直接流入茅坑，猪粪则要由人用铲子铁锹等工具推入粪坑。至于人们自己则是在茅坑边上再开一蹲坑，有斜槽通入茅坑中。简陋一些的甚至蹲坑也没有，如厕时人就直接蹲在茅坑边上❶。

②与猪圈分离的厕所。汉代出现了厕所成为住宅房屋结构的一部分，标志着厕所与猪圈的分离。譬如淮阳于庄西汉前期墓出土的院落中的一间厕所设在中庭庑殿附近，已与后院的猪圈分离。在河南桐柏西汉墓、浙江龙游西汉中期汉墓等地出土的陶猪舍不带厕所，这可以反过来说明，当时这些地区的一些人家中，厕所与猪圈也是分开的。

③建在居室中的厕所。汉代还有一种建在居室中的厕所类型。从地域上看，此类厕所主要出现于东北和南方的偏远地区。《后汉书东夷列传》称居住于东北地区的挹娄人"作厕于中，环之而居"则"臭秽不洁"。原因是他们居室厕所的选址不佳。而南方边远地区也一样，珠江流域干阑式房屋的特点，就是厕所设在室内某一处。广西北海出土的东汉前期干阑式陶屋，屋内底部后左侧有小厕所坑穴。广州出土的西汉陶干阑模型室内左后方有长方形洞，一陶俑蹲状如厕❷。

④厕所建筑与细部设计。厕所与居室的各类房间相比，属于空间结构最为狭小与低矮的一种。根据考古发现，徐州北洞山西汉前期楚王墓室系乃当时宫室建筑，在其中发现厕所的建筑面积约 5m^2，高度约 1.9m，空间显得非常狭小低矮。❸即便如此，这方寸之地，古人对其空间营造也依然要花费很大的心血。在厕所建造中最受重视的是排污通风、防污、防滑设施。

在住宅厕所的空间构造、室内装饰设计中，能够清晰地反映出使用者的阶级地位。徐州驮蓝山西汉楚王墓的厕所就是由打磨细致的青石板构筑而成。该厕所的功能设计中已经呈现出蹲坑、踏板、靠背、扶手与下水道一套完整的粪溺排出体系❹。而在室内的装饰也反映出汉代贵族厕所的装置是颇为精致的。例如梁孝王后的石厕屋顶与墙壁界面，采用朱砂涂抹，色彩鲜艳。安徽寿县出土的汉代陶楼建筑中厕所四周设置围栏，以菱形方格纹、重环纹及十字形镂孔装饰，顶起庑殿顶亭阁，四面开有天窗，属于"豪华装修型"厕所了❺。

⑤便器的名称演化。

"虎子"——名称出处较多，有来自于神话传说和民间故事，其中还有《西京杂记》的重要说法。文中陈述了李广与兄弟一起于冥山之北打猎的经历，见到一只卧虎就放

❶ 周连春.雪隐寻踪——厕所的历史、经济、风俗 [M]. 合肥：安徽人民出版社，2004：14-15.
❷ 广州市文物管理委员会.广州南郊石头西汉木椁墓清理简报 [J]. 文物参考资料，1955（08）.
❸ 彭卫，杨振红.中国风俗通史秦汉卷 [M].上海：上海文艺出版社，2002：381.
❹ 龚良.汉更衣之室形象及建筑技术考辨 [J].南京大学学报，1995（01）.
❺ 冯肃伟，章益国，张东苏.厕所文化漫论 [M].上海：同济大学出版社，2005：24.

图 4-5　铜虎子及青瓷虎子

图 4-6　木质马桶

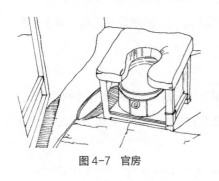

图 4-7　官房

箭射之，"一矢即毙，就断其髑髅（骷髅）以为枕，示服猛也；铸铜像其形为溲（排泄小便）器，示厌辱之也。"这是说"飞将军"李广射死卧虎后，就下令让人们铸成虎形的铜质溺具，既方便了行旅之人，又表示出对猛虎的蔑视。"虎子"名号由此而来（图 4-5）。

"马子"——唐朝时期，因为开国皇帝李渊的祖父名叫李虎，官员们便将这"大不敬"的"虎子"名词改成"兽子"或"马子"，从此"虎子"一称谓便再无广泛使用。

"马桶"——从"马子"演变而来。"马子"作为便器，就其使用行为来看，处于两腿之间，有"骑、坐"之含意。"马桶"称谓最早要追溯到北宋时期欧阳修的《归田录二》中的"木马子"，那个时候是制成马的形状的，而后借鉴了木桶盛水的功能用途，为了方便改为圆桶状，所以叫"马桶"（图 4-6）。

"官房"——清代宫廷中使用的便器称谓。与现代普通马桶相比，除不能冲水外没有太大差别。李阳泉先生在《中国文明的秘密档案》一书中描绘说"官房分为长方形和椭圆形两种形式，用木、锡或瓷制成，有软包座垫❶"（图 4-7）。

⑥便器造形、材料工艺与民俗。便壶、尿壶在演变过程中形体变化不是太大，只是造形越来越精致美观、工艺越来越讲究，使用的材料有银、铜、瓷、锡，制作工艺更加多样化❷。马桶的形态变化很少。从外形上看，大致上不是圆口桶形拎式，就是椭圆口四方形挟腰式。很多人认为马桶和恭桶是一回事，其实两者外观造型、材料与工

❶ 李阳泉. 中国文明的秘密档案 [M]. 天津：百花文艺出版社，2005.
❷ 周连春. 雪隐寻踪——厕所的历史、经济、风俗 [M]. 合肥：安徽人民出版社，2004：22.

艺都有很大区别：一重方便实用，一重气派庄重。恭桶小巧玲珑，马桶稳实厚重。恭桶形状如鼓，有一铁制提梁，木板比较薄，形体也比较小，一般用打制的铁箍箍就，铁箍宽 1cm 左右。马桶的外观看上去由上下两个圆柱体组成。常见的一种是中间鼓起来形如腰鼓，上有一大一小两个盖，小盖置于大盖中间的圆洞上，使用时揭去小盖，人就可以坐在大盖上方便了。

当年乡下闺女出门送陪嫁，要以马桶陪嫁，谁家如果陪嫁的是恭桶，新娘是要被人看不起的 ❶。因为在民俗中，马桶还有一个名称叫"子孙桶"。据《中国民俗辞典》记载：陪嫁送子孙桶，近代在浙杭某些地区仍很常见 ❷。旧时代新人结婚，女方家庭一定要送一只马桶（子孙桶）作为嫁妆。马桶通常是使用红色油漆漆得红红的，上写着"百子千孙"字样，再贴上大红"喜"字，考究一点的上面还雕有各色花纹。马桶里盛装红枣、花生、桂圆、瓜子，当然还有喜蛋喜糕，寓"早生贵子"之意。新婚之后把马桶塞进床底，不能扔也不能借，说是子孙桶，无子求子，有子则保子孙平安 ❸。

（4）厕所管理与粪便处理

①厕所管理。文献记载在周代就产生了管理厕所的官僚机构和专门人员。汉代官府还配置了专门的管理人员来管理公共厕所。《太平广记》上说，淮南王刘安成仙升天之后，有些飘飘然不知天高地厚，对天仙不恭不敬，说话肆无忌惮，粗门大嗓，全无仙家气度。于是被同僚一状告倒，被罚去管理都厕，"谪守都厕三年"（都厕，城市里的公共厕所）。这是神话对现实生活的反映。

南宋临安，经济与城市建设都已十分发达，市井繁华，百业兴旺，城市公共卫生也得到相当程度的重视。《梦粱录》中便有记载，市井小民居住地大都比较狭窄，房舍内普遍不设坑厕而用马桶。这就孕育了一个新兴的专门行业——倾脚头（每天挨家挨户上门倒马桶收集粪便的人）。由于公共卫生管理有方，从业人员敬业，宋代城市的干净卫生是举世闻名的，有"花光满路"之美称。

明清两代在厕所的卫生与管理上没能有效继承宋朝的良好风尚，大街上、胡同中、巷子里的公共厕所都非常少，偶尔有之也要收费进入。造成这种现象，往往是因为厕所由粪霸掌控着粪场子，其主要目的只是为了方便收集粪便而有利可图，公共卫生、环境与如厕的隐蔽等问题并得不到重视。在同一时代，南方的公共卫生状况和设施很有特点。公共厕所既有公办也有私设,各显神通。在广东一些地方,公共厕所纯属私有,

❶ 周连春.雪隐寻踪——厕所的历史、经济、风俗 [M].合肥：安徽人民出版社，2004：29-30.
❷ 文滔.快乐的卫生间（男生版）[M].南昌：百花洲文艺出版社，2003：22-23.
❸ 周连春.雪隐寻踪——厕所的历史、经济、风俗 [M].合肥：安徽人民出版社，2004：24-26.

有经济头脑的人选择闹市区人流汹涌处建造公厕，然后再把它出租给经营肥料的商家。在商业利益的驱动下，承包的业主自然将厕所打理得干净卫生。

②粪便处理。在《孟子》中已有使用粪肥的记载。五代有人捡粪维生，在城市里有专门的掏粪工清扫街道及粪坑。临安的"倾脚头"每天挨家挨户上门倒马桶收集粪便，出售给农民。自古以来，中国人视屎尿为重要的经济资源，甚至可以围绕"粪宝"形成一种行业和职业，并以此为生。而在农村，从先秦之后的厕所形态，因为有积肥的需求，粪便亦然是很珍贵的，所以厕所是和粪坑连在一起的，方便农民取用。到了清末，官府对粪便的管理开始走向系统化，有专门备有装载粪便的车辆走街串巷，以摇铃为号，广泛收集粪便，所以才有："粪盈墙侧土盈街，当日难将两眼开。厕所已修容便溺，摇铃又见秽车来"❶。

③厕筹与厕纸。厕所的产生，带来"厕筹"的发展。"厕筹，也称厕简"，是在大便后用来刮净、擦拭秽物和净洁便处肌肤的木条或竹片。古代中国人早期用厕筹擦拭，但这种使用厕筹之法却疑似是随着古代国际宗教文化的交往而传入中国。在东汉时期输入中国的佛教经律中，就有关于释迦牟尼指导众比丘使用厕筹的事情。而中国人使用厕筹的最早记录也始于三国。可见国人使用厕筹是由印度传入的说法还有其典律依据❷。直到20世纪20年代中国和日本的某些地区还使用这种厕筹。

唐宋时期，是我国古代造纸技术发展的鼎盛时期。唐代高僧道宣所述《教诫新学比丘行护律仪》记载了僧人的日常规范，其中上厕法要求僧人"常具厕筹，不得失阙"甚至明文规定："不得用文字故纸"❸。据《元史·后妃传》记载，元世祖忽必烈的媳妇（元成宗铁穆耳的生母）裕圣皇后非常孝顺，侍奉太后"至溷厕所用纸，亦以面擦，令柔软以进"。这是关于纸张用于厕所的最早记载。据明代大科学家宋应星（1587～1663年）所著《天工开物》中的记载可知，那时纸因原料不同而分为皮纸、竹纸和草纸等，纸有精、粗之分，精者用来写字，粗者大多用来祭神驱鬼，其余作为日用品之用。

④干枣与澡豆（皂角豆）。古人对于如厕拭污洁身也有其他地方的习俗。《世说新语》记载，西晋时期就有大臣官宦人家如厕时用干枣来塞鼻子防臭气，便后用"澡豆（今日肥皂的功能）"❹洗涤去污。由此可见，早在晋朝时对如厕之事已比较讲究了。

---

❶ 引自（清）兰陵忧患生《京华百二竹枝词》其一。
❷ 冯肃伟，章益国，张东苏. 厕所文化漫论 [M]. 上海：同济大学出版社，2005：43-44.
❸ 道宣《教诫新学比丘行护律仪》上厕法。
❹ 引自（清）永瑢、纪昀等主编《四库全书》所记载的南朝刘义庆所编的《世说新语》中的一则故事。

4.1.3 近现代工业时代（清末至 20 世纪 70 年代）

（1）清朝晚期的厕卫状况

在明清两朝的北京，大街上胡同里的公共厕所都非常少，人称"京师无厕"。城内胡同中大多公共厕所内部的空间与设施显得非常简陋局促。而且此类公厕建筑在配置上多为露天，设有半人高的矮墙，里面挖六七个坑，坑中埋着大粪缸，缸前用砖头砌一道一砖宽的尿槽，将排出的尿液集中于缸或池中。这些公厕一般不分男女（那个时代女人很少在外抛头露面），事实上公共厕所的确是为男人准备的。

我国东南、南部地区妇女普遍使用卧室马桶，而男士则到路边公厕中解决问题，公厕一般为挖于墙角的深沟，放置 2 块 6 英尺（1.8m）长、4 英尺（1.2m）宽的木块于沟的两侧，使用者借助木块蹲伏溪流上方，隔板将厕所包围，保护隐私，只要溪水经过厕所，一切都将安然无恙❶。

（2）西方水冲式卫浴产品的传入

自从英国人哈灵顿（1596 年）在英国女王伊丽莎白的宫殿里安装了世界上第一个抽水马桶并投入使用，由此翻开了近代卫浴文明的新篇章。这个具有现代系统特质的水冲式坐便器，最初由于缺乏通风排污隔臭系统，故没有大规模推广。直至 18 世纪它被改进成具有完善通风和排污隔臭系统的水冲坐便器，随之推广至其他国家。而具有现代意义的坐便器最早在中国出现于 19 世纪中叶的上海黄浦江上的外国轮船上。从此，上海、广州、北京等国内几个大城市开始逐渐流行；直到 1917 年，唐山市的缸窑路德盛瓷厂生产出的中国第一个坐便器，开辟了水冲式坐便器国产化新路径。之后，随着城市基础设施的完善，坐便器迅速进入百姓家中。❷

（3）公共卫生设施的建设

西方厕所的公共卫生改革传到中国，最早是在 1921 年国民党政府，当时的广州市长孙科草拟了《广州市暂行条例》，设公安、财政、教育、工务、公用及卫生局，开始由政府进行公共卫生工作❸。1923 年公布粪溺专收专卖制度，同年透过穗义及保安两个粪溺行会向居民征收粪捐，此举引起了市民的抗议，抗议的关注点完全在于粪捐❹。广州政府改良厕所的计划，塑造了一套如厕文化与厕所文明的新准则，开始改变着人们对城市文化生活方式的构想❺。

---

❶ （美）朱莉·霍兰.厕神——厕所的文明史[M].徐世鹏，译.上海：世纪出版集团，2006.
❷ 中国卫浴发展史：从盆形马桶到智能马桶[J].大粤家居，2011（11）.
❸ 潘淑华.民国时期广州的粪秽处理与城市生活[J].中央研究院近代史研究所集刊，2008（59）：67-95.
❹ 唐何芳.商办抑或官办：试论近代广州粪秽处理变迁[J].社会科学研究，2014（03），168-176.
❺ 马红梅.民国时期南京城市环境卫生管理（1927～1937）——以粪便管理为例[D].南京：南京师范大学，2013：3-7.

1927 年 4 月，南京国民政府成立，随后成立了卫生行政机构并制定了一系列卫生管理法规，限制市民随地便溺的行为，加强公厕私厕和下水道工程的建设，很多城市的卫生规划蓝图中有女厕的规划设计，为厕所赋予了男女平等的意义。

（4）现代厕所的发展

到 20 世纪 30 年代前后，"在上海、天津等地出现了一批洋派的更现代化的新式里弄住宅、化园式住宅、公寓式住宅……其中居室布置崇尚欧洲的生活习惯……又添设'马桶间'（厕所）、浴室以及汽车间、储藏室等。设备有壁炉、煤气、水电、大小卫生（有抽水马桶、浴缸、洗脸盆三件套的，俗称'大卫生'；无浴缸或只有抽水马桶的则称'小卫生'）"❶。

4.1.4　20 世纪 80 年代至今

（1）20 世纪 80 年代至今厕卫状况

改革开放给中国带来了快速发展的大好时机。随着社会经济快速发展，人们生活水平不断提高，为卫生厕所普及与改革提供了基础，也提出了新的要求。厕所的全面推广也正式拉开序幕。

1987 年当时的城乡建设环境保护部颁布了《城市公共厕所规划和设计标准》，于 1988 年在全国实施。这个标准要求将公共厕所的规划建设同时纳入城市新建、改建、扩建的详细规划中，同时规定位于主要繁华街道的公共厕所之间的间距为300 ~ 500m，位于一般街道公共厕所的间距为 750 ~ 1000m。至 2003 年，全国 660座城市共建有 107949 座公共厕所。城市居民平均每万人拥有 3.18 座公共厕所❷，在厕所类型、空间形制、产品功能、审美质量和舒适度上产生了天翻地覆的变化。此阶段的家庭厕卫空间随着技术的进步，正在逐渐转化功能和优化空间设施。

时至今日，厕卫空间已经不仅仅是解决个人生理需求的简单场所，而是结合沐浴、理疗的信息、智能化系统空间。

而在广大乡村，现代厕所可分为两类，一类是由于经济发展较快而生活接近城市，厕卫空间发展也就跟进城市化；另一类则更为普遍地处于原生状态，或在其基础上保持、延续和更新形制和模式。在农村边远村庄聚落，旱厕是普遍使用的类型，人们更多地使用粪肥浇灌农田菜地。公共厕所和户外独立的厕所仍然是村民的主要选择。

❶ 仲富兰. 图说中国百年社会生活变迁——服饰、饮食、民居 [M]. 上海：学林出版社，2001: 212.
❷ 曾哲. 有关厕所 [J]. 北方人（悦读）. 2009（12）：62-63.

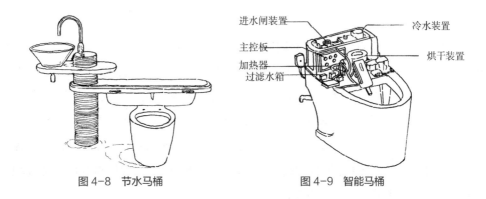

图 4-8　节水马桶　　　　　　　　　图 4-9　智能马桶

（2）厕卫发展趋势

现代居家生活方式令消费者对健康的关注度急剧提高，新健康生活消费模式随之崛起。人们对"接触传染、粪口传播、病毒吸入"等疫情传播途径有了全新的认知，对绿色环保、公共卫生、健康安全概念有了深刻的理解，对卫浴空间与便器产品的舒适卫生、安全健康也有了新要求。伴随消费者需求趋势的转变，更多卫浴产品在节水控制、抗菌涂层材料和预防交叉传染等方面融入卫生健康、节能智能及环保功能（图 4-8、图 4-9）。生活在现代化快节奏的人们在如厕短暂的闲暇时光里，寻找到放松身心的休闲场所，而这个可以短暂拥有的私密空间，便很好地承担洗涤疲劳、康复理疗等功能。设计师基于需求设计出多种多样的智能掀盖加热、自动冲洗马桶和冲浪按摩浴缸，让人们能在多功能卫浴的同时拥有视、听、触等多重感官享受❶。

4.1.5　专题——乡村厕卫空间特征小结

（1）乡村厕所演化历史总结

中国厕所的演化史，是一部从乡村聚落向市镇城市、都市圈进化的发展史。考古中发现和文字中记载的厕所，大部分都是以城乡公共厕所、宫廷或者官宦府第的庭院、宅内厕所居多，这些厕所和便器更具典型性。从近现代回溯古代则会发现，由于传统农耕时代生产力相对落后，乡村聚落与集镇城市在厕所空间与便器使用模式上并没有本质性的差异。近现代以来，城市化快速发展和生活方式变化促进了厕所的快速发展。人们的生活正在进入现代化信息与智能时代，乡村生活质量普遍提升，让厕所革命促进乡村卫生厕所改革提升和全覆盖，依然是一个多维度、深层次的持久攻坚战。

❶ 李智敏. M 公司新产品开发流程再造 [D]. 广州：华南理工大学，2011.

（2）特征演变

①空间特征。千百年来，农村厕所一直没有太大的变化。在经济落后地区，厕所的基本特点：一是原始性。一间简陋的草房，围上破芦席或者土墙，一个连通化粪池的粪坑，加上两块垫脚的木板或者石块，这就是农村厕所的活化石，古今差别不大。二是脏乱臭。农村的厕所与城市有所不同，蚊蝇滋生，蛆虫肆虐，厕所与猪圈相结合的方式仍然存在，环境卫生依然是个大问题。经过近年来的现代卫生厕所改革与普及建设，乡村厕所虽然有了本质性的改变，但是与城市厕所相比，农村厕所在空间、设施、维护与管理上依然有很大的提升空间。

②便器特征。20 世纪 80 年代以来，我国政府为改善农村的卫生条件，同时又结合资源能源的综合利用（引导粪肥的有效利用），改进、新建了许多针对乡村的公共厕所和户厕。对便器延伸的粪便处理与储存进行了系统化改进，拥有完整下水道的水冲式、自来水水冲三格化粪池式、污水冲三格化粪池式、三联沼气池式、双瓮式等几种模式。最基本的要求是粪便密封发酵，至少不要明流暗渗、日晒雨淋，以免影响肥效或是传染疾病。基本的卫生厕所标准是有屋顶、有门、有围墙、储粪池上有盖、池不渗不漏、蹲位处有便器，厕所内基本无蝇蛆、无臭味，粪便进行无害化处理并定期清除。

随着城乡公共设施的发展，各类现代旱式、水冲式马桶以及公共卫生设备设施在城镇、乡村逐渐普及和完善，不少农户也改进了厕卫新产品和设备系统，但要达到卫生厕所的普及和质量提升，尚需假以时日。

③相关设施。中国传统乡村厕所设施简陋，从古代至近现代，直到城镇给水排水系统逐渐成熟和完善，才开始向农村普及。由于给水排水功能的优化，融入了户内厕卫空间，为如厕、洗浴功能的提升和资源能源利用也带来了变革。在农村地区，农户通常会优先选择绿色节能的沼气能源设施设备供日常生活所用，不仅能为人们提供照明、取暖、做饭的能源，还干净卫生，安全环保。这一做法，一度在农村广为流行。

4.2 国外厕卫空间与便器设计演化

4.2.1 欧洲古希腊、古罗马时期

（1）古希腊时期

①古代厕所设计。据考证，西方最早的冲水厕所源于古希腊。公元前 2000 年左右，在克里特岛上发现了一种室内厕所，有稳定的水流不断地冲走排泄物。在

图 4-10　古希腊时期厕所遗址

图 4-11　古希腊时期厕所内部

克诺索斯废墟，人们可以看到世界上现存最古老的冲水厕所。看似在水渠上的一只石椅，里面装有水管。据地质学家们判断，附近有一只大桶来提供冲刷粪尿的水源 ❶。

在土耳其一个名叫埃菲斯的希腊殖民城邦遗址里，有一间古老的公共厕所，有一半已经坍塌。但从残存的一半中，可以推测：厕所建在一个高台上，沿着四壁是一圈单级台阶。台阶由一竖一横两块陶板所搭成，内部是空的（图 4-10、图 4-11）。而在这一竖一横两块板材相交的棱角上，隔一定距离开着一个个尺寸划一的孔穴，内部深度达两三米。据说当年这底下终年流水不断，随时冲洗，卫生条件很好。

②厕所管理。古希腊时期为农耕生产时期，并未出现专门的厕所管理人员或者厕所管理条例法规，粪尿处理也较为原始，公共厕所多选择在水源充沛的位置，粪尿通过自然水冲刷排入河中。

（2）古罗马时期

①厕所形制。在古罗马，下层百姓的住宅中没有任何卫生设施，使用的是公共厕所。此类厕所内部有诸神或英雄雕像，均设有大理石厕座位。此外，移动厕具也是当时常见的形式。在索福克勒斯和伊斯奇拉斯的一些剧本中曾提到，一些醉酒客人将便壶四处乱丢。

②厕所管理。古罗马除了继承古希腊时期的相关管理条例法规，还颁布了更加严苛的法律，在泰伯里亚斯统治时期规定戴着刻有皇帝头像的戒指（或者手拿硬币）如厕便要被杀头，有一位醉酒的贵族差点因此掉了脑袋，幸好他的奴隶在如厕前帮他拿下指环，当时甚至有告密者为了赏赐已经开始编写起诉报告了。

---

❶ 冯肃伟，章益国，张东苏．厕所文化漫论 [M]．上海：同济大学出版社，2005：64．

4.2.2 欧洲中世纪（公元 400 ~ 1500 年）

（1）环境背景

中世纪的欧洲社会黑暗，同样卫生条件也极差。在 14 世纪中叶暴发的黑死病就是由泛滥于街道中的污秽物、极差的个人卫生状况和中世纪城市拥挤不堪的环境所致 ❶。短短几年之内，整个欧洲有 1/3 的人口死亡。

在德国的纽伦堡城市，人们将生活垃圾倾倒入下水道，通过下水道汇入河流，而河流无法承载如此多垃圾时，人们就将垃圾倾倒至城外，故当时河流环境不佳，低潮时期更是因为水的短缺导致污物肆意漂流河面，景象惨不忍睹 ❷。

（2）厕所形制

①巴黎的"人力流动厕所"。中世纪巴黎存在一种"人力流动厕所"，类似今天的流动厕所，但是负责的主体是人，经营厕所的负责人身披斗篷，左右各放置桶，右边小便桶，左边大便桶。有客人来时便张开斗篷围住，保护客人隐私（图 4-12）。作为贩卖服务的行业，当客人情绪不佳时也会掌握时机贴心问候，并且准备调试客人身心状况的肠胃药或痔疮软膏，以此提高收入。

1730 年路易十五时代，布兰维兰在其著作《巴黎人》中记录了"折叠式厕所"景象。流动式厕所负责人将正在方便的客人用布包住，有时叫喊："只要 2 苏，大家都懂的吧。"当锡制马桶盛满了排泄物，就随即倒入塞纳河。

此类景象在英国也有记录：在伦敦、爱丁堡当地，有肩披宽大披肩，手提大桶的男子在大街上大声喊道："有没有人要办大事的吗？"等客人坐上桶后，立马用披肩将其身体包裹住来保护隐私。据说此类行业直至英国的 19 世纪初、西班牙的 19 世纪中叶还存在 ❸。

②夜壶。夜壶在世界上的存在具有上千年的历史。据记载，中世纪用陶瓷或锡制作夜壶，但是做工粗糙，底部和开口处比较宽大，颈部狭小。当时的居民还将自己使用的便壶称为"原始物"或"夜壶"。因为有的罐子上还附带制作有装饰物，这令历史学家很难判断某些罐子是用于

图 4-12　街头人力流动厕所

❶　李娜，解建红. 中世纪后期英国黑死病爆发原因新议——环境史视野下的中世纪后期英国黑死病 [J]. 学海，2008（01）.
❷　（美）朱莉·霍兰. 厕神：厕所的文明史 [M]. 许世鹏，译. 上海：上海人民出版社，2006.
❸　海外文摘 [EB/OL].http://www.china.com.cn/zhuanti2005/txt/2002-08/21/content_5192372.htm.

日常煮饭还是用来方便（图 4-13）。直至 16 世纪，随着中国瓷器的传入，精美装饰的夜壶开始流行。

中世纪末，封闭式便器在贵族阶层大规模流行，其将便壶放置木箱，如厕者可以坐着，而非长时间蹲伏（图 4-14）。

图 4-13　苏格兰国王詹姆士一世用银子制作的夜壶　　图 4-14　法国封闭式便器

③ "私室"——城堡里的厕所。在欧洲中世纪，"私室"是城堡中厕所的简称，除此外，厕所还有五花八门的称号，例如"舒适之所""祈祷室"以及"小教堂"等。之后"厕所"这一称谓逐渐流行，其起源于拉丁语中的"隐私"一词。城堡中的厕所通常建在火堆或者厨房的暖管旁，以此吸收厨房的热量来温暖冰冷的石制座圈。而排泄物则通过管道落到下面的护城河内，避免"来自后方的泼溅"问题。不幸的是，在排泄物被大量倾倒入护城河几年后，护城河中散发的气味使城堡生活变得不再令人心旷神怡。

（3）粪便管理

中世纪城市处理粪便的方法主要有：将粪便倒入河流、埋入土坑、用船运出城外。城市中大量生活垃圾被收集运至乡村做肥料，城市容纳能力不足时，人们就将废物直接倒置大街，导致街道堵塞。传染病暴发使政府责令人们开始使用粪坑，但是人们对这些忠告不以为然，直至 1522 年巴黎警局发布命令，要求市民安置和使用排水。

中世纪英国收入最丰厚的行当莫过于功弗莫（Gong-fermor）或者说肥供了。功弗莫于夜间清理城中的粪坑。功弗莫这一名称源自撒克逊语（古英语）中的"Gang"，意为合伙行动，以及苏格兰语中的"Fermor"，意为清洗。功弗莫将粪坑中的粪便卖给乡下农夫们做肥料。这份让人无法羡慕的工作包括把坑中粪便铲到桶中，送到城外将其处理掉，响彻大街小巷的"夜车"声持续了好几个世纪 ❶。

4.2.3 欧洲文艺复兴时期（公元 1500 ~ 1700 年）

（1）环境背景

中世纪对信仰的严格控制，致使文艺复兴后不少国家依旧认为洗漱排泄等对人体过度关注行为是亵渎神灵。马桶未能在 16 世纪大规模流行的现实原因可能缺乏支撑该装置正常运转所需的用水系统。

（2）厕所形制

到了 16 世纪，室外独立厕所的出现标志着上流社会的隐私观发生了重大转变。16 世纪早期的厕所为装有密封式马桶或便壶的小屋；达官贵人偏爱封闭的小门所提供的私人空间。16 世纪后很多人不愿将这一令人不快的罐子藏匿起来，倒用它来吸引众人的目光。封闭式马桶的制造者们会用黄金甚或白银来雕刻飞禽走兽，自然风光，以及中式花纹（图 4-15）。

图 4-15　18 世纪的封闭式马桶

17 世纪城市处理生活垃圾与排泄物的方法变化不大，人们依旧将这些垃圾冲倒至街上，欧洲城市的居民们保留了罗马时代的习俗，将夜壶倒往窗外以处理其"内物"。所以具有绅士风度的男士走在大街上时往往走在女性左侧，以保护女士免受窗内水冲的厄运，这一习俗传承至今。

（3）厕所管理

清道夫的出现。市政府会聘请一名"卫生管理员"来清理街道的粪便。远在都铎王朝，人们选出公众健康官员，或者被称为清道夫，负责清理街道，调节纷争。清道夫们对历史最为显著的贡献莫过于 1666 年瘟疫期间日常的街区清扫了。

4.2.4 欧洲的公共厕所时代（公元 1700 ~ 1900 年）

（1）环境背景

这个阶段，夜壶、便坑、封闭式马桶成为处理人们粪便的首选装置。伦敦的街头到处都是动物的死尸、人畜粪便以及生活垃圾。在街道上，原有的垃圾刚被清理干净，新的垃圾立马被生产出来。清洁工会用车把垃圾运到郊区，以欢迎来伦敦的游客们。

---

❶ （美）朱莉·霍兰.厕神：厕所的文明史 [M].许世鹏，译.上海：上海人民出版社，2006.

图 4-16 亚历山大·卡明发明的冲水马桶

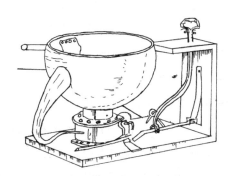

图 4-17 布拉默设计的水阀

维多利亚时代是英国工业革命逐渐走向鼎盛的大时代。回应自然之需的隐私处理技术在 18 世纪的西方社会始终占有一席之地。越来越多的房屋和伦敦的排水沟相通，不少富贵人家装上了原始粗糙的抽水马桶（同下水道相连的室内厕所）。最终，18 世纪末，第一个带有转动阀的"现代"抽水马桶诞生了（图 4-16）。

（2）冲水马桶的演化

人们通常将托马斯·克拉伯认为是冲水马桶的发明者，其实托马斯只是将冲水马桶进行了改进，方便人们的使用。真正的马桶"创始人"应该是约翰·哈灵顿先生。

1775 年英国钟表师对哈灵顿的抽水马桶储水器进行改造，使得储水器里的水每次用完能再次自动灌满。此后 3 年，伦敦工匠布拉默将储水器改至马桶上方，并安装把手，用来控制出水，同时在便池上装盖（图 4-17）。

1778 年这种马桶又被普罗瑟加以完善。在普罗瑟的设计中，马桶安装有一个弹簧压力阀，一个翻板活动机构作为它的封水阀。这种马桶一般情况下要装一个木制护罩。这种结构在后面 150 年里几乎丝毫没有改变[1]。

（3）马桶的材料

制造马桶的原材料一直都是一大难题。最初的马桶使用木头，但是由于硬度不够，容易漏水，不宜打磨形状等缺陷，且长久使用残存的粪便易滋生病菌，传播疾病，因此被人诟病。

后来马桶曾尝试使用石头和铅。将石头烧热，用沥青、松脂和蜡来密封缝隙，解决渗漏的问题。但是这样的马桶制造麻烦，笨重且不方便，加之桶体寒凉，冬日使用不便。

随着欧洲人逐渐掌握瓷器的制作技术，瓷器从奢侈品转变成马桶的制作原材料后，

---

❶ 中世纪欧洲大城市的厕所资料 [EB/OL]. 地域文化溯古追风世界历史论坛，2012.

开始使用陶瓷作为马桶原材料。陶瓷马桶既结实又轻便，不易漏水，冬暖夏凉，容易清洗，不会残存病菌，是马桶发展史上的一大里程碑。1883 年，托马斯·图里费德让陶瓷质地的马桶实现了市场化，成为使用最广的卫生用具。

（4）管理机制

中世纪中期是欧洲历史上的"黑暗时期"，人们对卫生工作毫不重视，所以人们大都躲在树后面解决个人问题，或者将排泄物从窗口倾倒在大街上，即使是贵族也是如此。1606 年亨利四世曾下令禁止贵族在卢浮宫的角落里大小便。1843 年，维多利亚女王参观剑桥大学曾问陪同的校长："那些河流中的纸张是怎么一回事？"校长为了不让女王难堪，只好回答道："陛下，那是禁止在此游泳的告示。"

因为没有合适的厕所，大多数人们更愿意在家中常备便壶。尽管便壶在一定程度上给人们生活以便利，但是将便壶内的排泄物毫无限制地倾倒至大街上则对人们生活环境造成极恶劣的影响。人们也期盼着能够有妥善处理排泄物的方法，而这种情况持续了几百年，抽水马桶才款款而来（图 4-18）。

图 4-18　1876 年一体式活塞马桶

当年，达·芬奇也曾在日志中记录了城市环境所面临的拥挤、杂乱的问题，并提出解决对策。他对粪便的解决之道是"大件重组的公厕"。厕所座圈可旋转，亦可运用平衡力使其归回原位，屋顶满是通风小孔，以利排出异气，方便人们呼吸。

1855 年英国公共卫生部门要求所有住房均安装马桶卫生洁具，尽管马桶带来了个人与如厕环境的卫生，但是水冲出的排泄物依旧是倾倒至河流中，所以导致水体环境严重污染，传染病泛滥。1858 年夏天伦敦泰晤士河爆发了著名的"大恶臭事件"，人们才深刻意识到厕卫系统对于人类生命与健康的重要性，下决心对下水道进行系统建设。

19世纪早期，欧洲普通民众开始使用冲水马桶。至少能够在房屋外的一间木棚中几户人家共用一个"便桶"，尽管如此简陋的设施不比床底放便桶强很多，距离如今的管道系统也有很大差距，但是冲水马桶最终还是继4000年前的丑陋雏形之后重新登场了。直至19世纪晚期，欧洲各个城市基本安装自来水管道与排污系统，冲水马桶系统才算被世人真正广泛地认可。

4.2.5　亚洲的日本及其他地区

（1）日本厕所的发展

①厕所形制

日本历史上的厕所形式有"掏取式"厕所、冲水式厕所和茶院内厕等。

"掏取式"厕所。"日本最古老的厕所"的遗迹于1992年被发掘于奈良县高殿町的藤原京遗址。该厕所遗坑，位于藤原京遗址的外侧，面积约为1.6m×0.5m，深度约为1m。坑内对称钉有4根木橛，上面堆积着黑色的粪土，粪土中存在一些未被消化完的食用植物籽实。有学者认为，这是"掏取式"厕所的遗址，该遗址被认为是服务于官府之外的公共厕所。

福冈市发掘的鸿胪馆遗址中发现一处厕所遗址，该遗址最后使用年限在公元720～730年，遗址是3个大小不一的坑穴，间距1.8m左右，深度4m左右，平面约为4m×1.1m的长方形，北侧两个坑约为1.3m的圆角方形。生化学家曾经检验过坑内的物质后确认，南侧大坑是男厕，北侧两个小坑是女厕。鸿胪馆是平安时代初期日本朝廷设立的国宾馆，为了接待从唐朝和新罗来的使节，故推测女厕是为了接待服务来使的侍女。

冲水式厕所。冲水式厕所是日本古代厕所的另外一个类型。京都山城町的大山岳寺院和光明寺的镰仓时代中期（13世纪）僧院遗址就曾出土过这样的厕所遗迹。该厕所遗迹中发现一条贯通内外院的石渠，院内院外分明渠与暗渠。院内的明渠长大约4.2m，上宽大约0.2m，下宽大约0.3m，院外的暗渠大约9m。该石渠总长大约13m，由三四层石块砌成，发掘者认为这是水洗式厕所的便槽，并从古文献和日语中找到了支持这个判断的证据。根据《古事记》中记载，神武天皇"其大便顺沟而下流"，暗合了水洗式厕所的特征，日古语中"厕"的语源是"河屋"，也表明早期厕所是建在河边或溪边的。但是此类厕所遗迹目前只有少量被发掘，仅限于寺院遗址，故学者认为日本古代及中世纪厕所仍以掏取式为主流❶。

茶院内厕。除了厕坑的改进，厕所环境的营造也逐渐引起16世纪的日本贵族的

---

❶　张建林.日本古代厕所的发现与研究[J].文物天地，1998（04）：28-30.

图 4-19　日本古代厕所内部模型　　　图 4-20　日本古代公厕

注意（图 4-19）。佐贺县名护屋城址中发掘诸侯木村重隆宅邸时就发现一处颇具匠心的厕所遗迹。该厕所地处宅邸东侧，面积大约 2m×1.8m，中后部有一块石制踏板，面积大约 0.6m×0.5m，厕所周围铺设一层细沙。该厕所遗迹临近悬崖，沿崖处有 6 个柱洞，推测此处原有木结构的棚顶（图 4-20）。整个厕所呈现质朴自然的气质，有学者推测该厕所用于茶室院内的厕所，因为它暗合茶道对环境的要求。无怪乎江户时代的"狂歌"（一种俗语的滑稽歌谣）中唱道"茶会的主人用什么待客？美酒、饭食和厕所"。厕所成为体现主人审美品位的场所之一。

　　②厕筹

　　在中世纪的日本，纸张属于奢侈品，并不会用于上厕所。根史料记载，人们使用木条、竹片等作为便后拭净排便的材料。这些木条被称作"厕蓖（bì）""筹木""合木"，并大量出土于日本遗迹中。譬如藤原京右京七条一坊厕坑中被发现厕筹 150 余根，福冈市鸿胪馆遗址厕坑中被发现大量筹木，岩手县平泉町的柳之御所遗址出土筹木 5000 根。这些 11 ~ 12 世纪的筹木大多为木条，长 24cm 左右，宽度集中在 0.5 ~ 0.8cm 之间，厚度大约 0.5cm 左右，木条边缘被削成圆棱状，一端被削尖。这些厕筹被集中发现于几个灰坑中，这些灰坑被学者认为是废弃厕筹的填埋场。根据文献记载，13 世纪道元在《正法眼藏》第五十四"洗净"条中记有："便后须用筹。等分净筹，触筹。筹长八寸，三棱形，壮若指。净筹置便坑侧旁之筹架上，触筹投筹斗"。直至 20 世纪中叶，岩手县偏远的飞弹地方还在使用筹木。日本最早的专用厕纸制造于大正十三年（1924 年）[1]。

---

❶　张建林. 日本古代厕所的发现与研究 [J]. 文物天地, 1998（04）: 28-30.

③开发新产品

洗肛马桶。数年前日本东陶公司生产一种合并了坐浴盆（Bidet，译为洗肛器似更准确）和热厕板的厕缸，轰动一时，其后不断改良，新出产品已有专用喷淋清洗水管，这就是说，当如厕完毕，性别不同的人按不同的按钮，厕中便伸出不同位置的水管，喷水"洗肛"。

节水马桶。日本人不但在坐厕设计上动脑筋，节约用水亦有创新。现在的新式厕所都有分别冲大小便用水的装置，以免浪费。东陶数年前的新出品是厕所水箱之上加洗手盆，即洗手后的污水可用来冲厕，不但省水而且省了装设洗手盆的地方。在厉行节约用水的当代，这种设计也可作为一种参考。

（2）其他地区

①西亚的土耳其厕所。从土耳其西部到东部，西方文明的色彩渐渐被伊斯兰文明取代，期间还夹杂着一些奥斯曼或拜占庭时代残留下来的东正教遗迹。到了黑海港口城市特拉布松，当地那座建于悬崖绝壁上的苏麦尔修道院里的厕所也是一道风景。

在修道院的废墟中，有一间石屋，走进门，迎面扑来一股陈年老厕特有的味道——不是臭味，是馊味。似乎一直到不久以前，这个厕所还在使用。厕所是蹲式厕所，并排三四个位置。这间厕所的特点，是建在山坡陡峭的斜面上，透过地上的孔穴，人们可以看到底下的悬崖。这样做的目的，当然和选择高台建厕所的希腊人一样，就是要尽量远离污秽。对排泄物的这种处理方式，不但清洁而且百分之一百地回归了自然。

土耳其和伊朗边境的古代库尔德王国王宫遗址里，也有一处古老的厕所选择了半山腰一个大角度的斜坡。这是库尔德王专用厕所，偌大一间屋子，正当中孤零零地放置着一方开着椭圆孔穴的大石头，气势不凡。

②南亚的印度河流域。摩亨佐·达罗遗址（Mohenjo-Daro）发掘出的一个哈拉帕人村落显示出一个砖砌的类现代城市的雏形，其砖石已坚固到足以用来建造两层建筑物。很多人家将家庭排水管与地下街道排水管相连接，将生活污水排入那些管道中，为了阻隔污水臭味，哈拉帕人将街道排水沟掩盖起来。哈拉帕人为了表现对清洁的尊崇，在市中心打造了一个巨大的浴缸。每家每户均装有一个沐浴台，这样看来第一个现代浴室已经雏形初现了。厕所装有砖砌或木制的座圈，为长时间的如厕打造舒适条件。厕所中的粪便经由斜槽流入街道的排水沟中。鉴于某些斜槽没能完全延伸到下水道里，其气味想必令人作呕。如果房屋建于道路后面，则斜槽中的水先排入桶或粪坑中，然后进入下水道❶。

---

❶ （美）朱莉·霍兰.厕神：厕所的文明史 [M].许世鹏，译.上海：上海人民出版社，2006.

③东南亚的越南地区。2012 年，在越南南部一个新石器时代的考古遗址中，考古学家发现了被认为是东南亚最早的厕所。这个公元前 1500 年左右的厕所，给研究东南亚社会提供了重要线索。有超过 30 份人类和狗的排泄物被保存下来，这些排泄物中有鱼和碎的动物骨头，给研究饮食提供了重要线索。❶

4.3　中外厕卫空间演化总结

4.3.1　厕卫空间体系

厕卫空间从定义上来说包括厕所和洗浴空间。中世纪以前，厕、卫两者一直是分开设置，直到近代供水系统的出现为空间整合提供了条件。因此厕卫空间体系的演变可以大致分为三个时期：古代、近现代和当代。在聚居地区别上，可分为城镇和乡村厕所和洗浴空间。类型包括公共厕所、家用厕所和其他厕所。

"古代"，是指近代抽水马桶发明之前的漫长历史时期。洪荒时代无厕；远古时代，厕所简易；中世纪以后，厕所的建造材料、规模、样式虽然因时因地而异，但其空间体系基本无大变化。在古代中国公厕和私厕形制上并无明显差别，一般都是远离其他建筑的独立建筑。常常与猪圈并行建造，有的合二为一，有的相邻而建，有的各据一角。洗浴的设施用具另置一房，并不与厕所相关。公厕一般不会设置太多坑位，有时也会有男女之分。家用的私厕鲜有在居室内设置粪坑的，通常是使用尿壶、马桶等来解决夜间如厕问题。这些器具常放于床下或屋角，讲究的放在有屏风幕帐之后，形成相对隐蔽的空间。

而在西方，古罗马时期的公厕具有典型的特点。有为其单独建造设置的建筑，屋内并列设置的整排坐式便槽，并无隔墙阻挡视线，排泄物落入孔洞通过水冲排入排污管道。家用便器主要也是尿壶，少数权贵阶层会在庄园或城堡内设置单独的厕所，那是放有封闭式马桶或便壶的私密小屋。

近现代，冲水马桶的发明和推广，对厕所的空间发展产生很大的影响。便利的冲水装置使得马桶更加清洁和卫生，也使得厕所的环境得以改善，同时更是间接影响着给水排水系统的发展。这个时期，城市和农村在厕所的发展上逐渐展现出差异。城市中自来水管道和排污系统逐渐建立使得抽水马桶得以广泛使用。无论中外，在住所中开始更多出现室内厕卫空间。而且这种厕卫空间不仅包括了放置坐便器或蹲便器的厕所空间，也出现了洗脸池和可放置浴盆或淋浴的洗浴空间。公共厕所方面，城市地区

---

❶　来自维基百科。

大都是有多个坑位且男女分开的厕所，有水冲系统可及时清理排污，也有单独的洗手池集中地设置在入口附近。农村地区除少数与城市接近外，更多的是延续以前的厕所方式。各家各户或几户共用一个带有化粪池的厕所，单独建造在住宅之外，并不使用水冲。较大的公共厕所坑位较多，有时有水冲系统，但也有不用水冲而用化粪池收集粪便以作农家肥。

当代，西方国家由于现代城市化发展较早，城镇现代化建设进程领先，乡村厕所在跟进现代文明发展后，基本与城市接近。而中国城市和农村的厕所则有一定的差距，2015 ~ 2018 年在厕所革命行动计划的推动下，中国城乡厕所得到大幅度改善。

4.3.2　粪尿处理方式

在中国古代，先民的粪尿主要是作为肥料用于农耕种植。集镇、城市地区或是通过化粪池或是通过马桶尿壶等收集便液，贩卖给农民。各朝代通常会有一些专门从事收集或管理的机构和人员（如宋代"倾脚头"）负责这些事务。但也有管理不当或不严的时期（如清末），人们随意地排泄在街头巷尾、路边河道，严重污染了环境。

西方古代的许多国家更是疏于对人类粪便的疏导与管理，除了乡村有作为农家肥使用外，很多地方是将粪便排放到道路上或河流中，造成肮脏恶臭的环境，这也是导致瘟疫横行的一个重要原因。

近现代，由于水冲马桶的发明和使用，以及城市地区自来水管道和排污系统逐渐建立，粪尿主要通过水冲进入了排污系统。政府对公共卫生的重视，使得更多的公共厕所涌现，城市的卫生状况也逐渐改善。中国的部分农村地区已与城市接轨，处理粪便方式也是相同，然而更多的乡村仍是把粪便作为农家肥在使用。

当代，现代化的公共设施不断普及，城市地区粪尿基本都排入污水管道进行集中式处理了。而在农村地区，则出现两极分化的粪尿使用状况。有的与城市一样，水冲流入排污系统，有的不用水冲，不定期地清理集运送至堆肥处。还有的则衍生出更加科学的利用方法，例如粪尿分离处理，提取、利用，建造沼气池综合利用等。卫生厕所生态节能的处理方法不仅减少了疾病的传播，加强了卫生状况的改良，而且还提高了能源的使用效率，既环保又经济，为厕所的发展提供了良好的方向。

5 城乡环境中的厕所文化

人类文化的内容是人类生存、生活方式的总和，而与人类生活相随的厕所自然是人类社会文化的组成部分。社会文化从厕所一隅也可窥探人类最基本的思想行为、伦理道德、审美情操以及民风习俗的变化与进程。有的学者甚至认为人们便后清洁行为的出现标志着人类进入真正的文明时代，人的"方便行为"也自然衍生出丰富多元化的与"厕所文化、厕所文明"相关的传闻、故事。

5.1 厕所的文化现象及内涵

厕所是解压轻松之地，也是溺亡危险的场所。中国关于"厕所轶事"早在《左传》中就有所记载：春秋晋景公贵体有恙，请巫师来占卜，巫师大胆预测晋景公恐怕吃不到今年新麦。晋景公大怒并决定，如果能吃到今年新麦，就治巫师死罪。晋景公的病虽然越来越重，一直拖到夏天，直至当地人献上新麦。于是晋景公就将巫师召来说："你说寡人吃不到新麦，你看这不是新麦吗？"于是，巫师被推出去斩首。而当晋景公在准备吃麦粥时候，突然感腹胀，急去如厕，竟不小心跌入粪池溺死，当年的新麦终究还是没有吃上。

厕所伤人，也善待人。远在欧洲的德国，至今还保留着国内第一座加入女性厕位的公共厕所。这间始建于 19 世纪的厕所位于柏林，取名为"阿赫台克咖啡馆"（图 5-1）。绿色的厕所外观，屋顶上安装了玻璃，里面的设施一应俱全；厕所原来只有男厕位，因为当时不准女性进入公共厕所，后来在法律修改后加上了女厕位 ❶。而厕所被命名为"咖啡馆"，则是为了吸引人们进去使用公共厕所，以此改变当时人们随地方便的不文明陋习。

---

❶ 赵义湘，赵鲁军，唐宝民. 德国 "厕所游" [J]. 建筑工人，2015（02）.

图 5-1　阿赫台克咖啡馆

除了与厕所相关的典故，还有许多与厕所有关的诗文。清代学者魏善伯曾提对联："文成自古称三上，作赋而今过十年。"虽然内容均指向厕所，却未有不雅之词出现。上联化用北宋欧阳修在《归田录》之语，"余生平所作文章，多在三上，乃马上、枕上、厕上也。"其中"第三上"就是在"上厕所"；下联则借用晋代左思《三都赋》之典，左思曾花费十年创作千古名文《三都赋》，家中处处有纸笔，厕所也不例外，偶有所得，立即记下。

在韩国的洛山寺院里的方便处则悬挂一块精雕木匾，上书：解忧所。将方便行为转化为"解忧行动"，既符合寺庙的具体环境又充满了幽默感，不禁让人莞尔一笑。韩国还有专门的厕所协会，属于民间性质，致力于韩国厕所文化的推动，改善公共厕所政策以及倡导为弱势阶层建造厕所的运动。

在日本静冈县伊东市，则把公厕作为城市和社区与众不同的景观"门面"。而仓吉市政府在市内的公共厕所内修建了等候室与电话室，还出版了专门的《市区公共厕所地图》服务旅客。

5.1.1　厕所使用者与厕所文化

（1）厕所习俗禁忌

在中国传统文化里，厕所是泄泻排污场地，因此千百年来，对于厕所的选址、形制与粪污处理模式已经形成约定俗成的建筑风貌与场所的文化。人们在修建厕所时，从远离住房、到住房后方、侧后方建厕，以及遵循水文地质、地理地势、气候风向来趋吉避害地选址，已经成为基本常识。对建在室外的厕所，通常的要求是厕所入口不能正对大路；不能正对院落、厨房或主房的入口和主门，更不能对着邻居家的门或窗；厕所不能高于主屋。而在室内的厕所除了入口不能对着厨房、大门外，更不能对着主卧门和床。

厕所因人而建，如厕者就是厕所的直接使用者和评价者。如厕者在厕所环境中体验到、联想到并表现出的行为，理所当然地成为厕所文化的主要承载者和传播者。调动如厕者强烈的厕所意识，让他们意识到厕所即生活的一部分。厕所形态风貌、室内的私密性、舒适度以及尊重他人隐私都可引导人们的习惯走向公众文明。厕所建筑、室内空间、外环境的设计与建造质量自然也会直接影响到如厕人的生理与心理健康，从而影响到人们的日常生活质量。

除了从公共厕所可持续使用的角度出发，对使用者提出规范行为、爱护公物的要求之外，也应当站在使用者的角度，对公共厕所的产品供应端提出设计更合理方便、更人性化的厕所和便器的要求。设计与制造者需要设身处地、感同身受地解决厕所内部空间与便器的舒适度、便器处理便溺的功能模式的合理性以及与厕所行为相关的延伸功能的关爱。所以厕所使用者既是如厕文化习俗、文明禁忌的缔造者和执行者，也是最大的监督者和受益者。

厕所文化之一是厕所健康。2006年"世界厕所日"的主题是"快乐厕所，健康生活"。整洁卫生、轻松愉悦的如厕环境，是人们放心如厕、健康生活的前提条件。研究表明，每人每日的如厕次数、时间甚至姿势等，不仅反映着当前如厕者的身心健康，同时又影响其下一阶段的身体状况。有日本的研究者甚至发明了一种检测仪器，通过监测和分析如厕者的排泄物，判定其健康状况。可见，厕所里的科技文化已经超越了如厕行为，并向着杀灭病毒病菌的健康安全之路进发。

厕所安全也是厕所文化的重要组成部分。厕所由于其封闭潮湿等特点，是室内安全隐患最多的地方之一，也成为引发猝死的频发地。常见情况包括：久坐后起身太快导致头晕摔倒、久置于闷热潮湿的环境导致人缺氧休克、久憋后一泄如注或是排便过程用力过猛导致血管破裂、昏厥猝死或沐浴后地面潮湿导致摔跤滑倒骨折等。因此，厕所安全作为直接影响人们生命健康的重要因素，必须得到重视。

（2）厕所里的时代文明

如果说关注厕所卫生、健康和安全是出于人们的"自我意识"，那么注重如厕文明和礼仪则是人们"公共意识"的体现。❶

①如厕礼仪。随着社会经济的发展，国际交往和旅游正在向平民化方向拓展。大量的国内外旅游人员伴随着每日如厕需求，凸显如厕人在国内外的公共厕所礼仪品位和文化素质。"如厕需排队、厕门需轻闭、排便需冲洗、便纸需入筐、便后需洗手"已经成为如厕者"五需知"的基本礼仪。如厕礼仪已经成为一种国际公共文明的规范，"公共意识"是礼仪灵魂，也是社会秩序的保障。

②如厕文明。无论是再简陋的公共厕所，只要是人在厕位隔间，那这段时间的小隔间就属于如厕人暂时拥有的私密空间。这时候如厕人的行为并不受监控，精神放松。但是如厕人的排便方式和行为却尽显如厕人的文明水准与品位，可能会为下一位如厕者，甚至是厕所卫生的维护者带来不便。此刻的"他人意识"则是约束如厕人自觉行

❶ 徐淑延. 对"厕所文化"内涵及其构建途径的思考与探索 [J]. 柳州职业技术学院学报，2017（02）.

为、彰显文明程度的关键。为了提高厕室的文明条件，厕所建造者也为如厕人提供更加人性化的设备设施，例如增添衣帽钩，置物平台。而在日本的厕所里，两样东西不可缺少：一样是音姬，一样是有隔断能反锁的门。音姬是日本一种用于厕所的发声装置，可以发出流水的声音，来掩盖如厕时的尴尬声音。而隔断和门形成的一个个独立空间，可以遮挡隐私，使人可以更加放松愉悦地如厕。

③曲径林隐。即使是在高度发达的文明社会，厕所建筑依然是从属建筑，并因为涉及私密，而被有意识消隐，或者通过艺术造型的手法用新形象消隐厕所和便器的印象。日本文学家谷崎润一郎曾在《阴翳礼赞》中对公厕描述："虽然日本式的茶室也很不错，但日本式的厕所更是修建得使人在精神上能够安宁。它必定离开母屋，设在浓树绿荫和苔色青青的隐蔽地方，有走廊相通。人们蹲在昏暗之中，在拉窗的微弱亮光映照下，沉醉在无边的冥想，或者欣赏窗外庭院的景致，此情此景，妙不可言。"❶

5.1.2 厕所建设管理者和厕所文化

国家旅游局 2015 年发布的《全国旅游厕所建设管理三年行动计划》（以下简称《计划》）中提到，2015 ～ 2017 年，全国计划新建、改扩建的旅游厕所数量共达 5.7 万座。2018 ～ 2019 年间，中央农村工作会议，以及 2019 年初出台的中央一号文件中把城乡改厕作为今后乡村振兴、生态和谐、民生工程的重大举措来对待。在政府各层级相关计划中则确定了"如厕""厕所设计""施工建设""运行管理"等内容，为厕所革命的顺利开展提供了具体的落实依据。在厕所文化的建设过程中，管理者应该积极主动担起职责，因为管理者工作范畴内的厕所建设管理理念、方法策略、技术应用等是丰富厕所文化内涵的主导要素。

（1）厕所作为社会文化符号

"公厕的文化内涵就在于它是社会的一种文化符号，公厕作为一种文化符号，是因为它作为一个重要的侧面反映着、表现着人们对生活质量和生存方式的态度，也表明城市的建筑设计认识水平、社会风气、思维特征。"❷城市建设公厕文化发展的进程往往涉及相关政府行为的全方位管控，民众环境资源方面的认知水平、相关法律法规的贯彻执行程度等。

的确，透过厕所文化的历史演变，可以令当代人了解厕所文化在不同时期、不同地域的具体特征。在世界上一些厕所建设和管理较好的国家和地区，他们的先进性不仅体现在为人们创造出了干净整洁，甚至富有地域特色、能引发人产生共鸣的厕所环

---

❶ 谷崎润一郎. 阴翳礼赞 [M]. 刘子倩，译. 南京：江苏人民出版社，2020.
❷ 李露. 浅议公共卫生设施设计的两个基本原则 [J]. 现代商贸工业，2007（07）.

图 5-2 日本广岛公园厕所

图 5-3 创意厕所

境；更体现在他们热爱钻研、善于创新，致力于厕所的新技术研发和厕所的可持续发展研究。他们的孜孜不倦体现着履行职责的责任担当和用心程度。厕所建筑空间硬件系统、厕所环境风貌与视觉标示软件系统的设计创新，更像一面镜子，映衬着厕所的文化与文明程度（图 5-2、图 5-3）。

（2）厕所作为科技文明象征

①时光交错的科技厕所。有的国家和地区的厕所管理者将厕所定位为城市旅游观光的景点或吸引物，最著名的当为德国柏林，由于公厕常年处于亏空的困境，德国柏林尝试以拍卖的方式转让公共厕所的经营权，而这一举动为后来承包该项目的瓦尔公司将柏林公厕打造成特殊的旅游项目埋下伏笔。柏林的公厕旅游内容中，既有建于 19世纪的古老厕所，又有高科技元素浓厚的现代公厕，还有公共艺术厕所，更有"看与被看"的互为景观厕所，让浏览厕所之人恍若穿越时光隧道，往返古今未来，领略到离奇科幻的厕所世界（图 5-4）。

图 5-4 德国观光厕所

图 5-5　德国健康检测厕所

②智能厕所的健康检测。厕所作为脑溢血、心绞痛、心肌梗死、供血不足导致的昏厥等突发性疾病的高发地，需要引起重视。现代科技的发展将先进的健康检测仪器和便器、扶手相结合，通过对人体体重、体脂、肌肉比重等身体数据的监测，给出相应的提示，并即时给出饮食上的建议和治疗方案。同时将检测出心率、血压风险，及时向使用者发出警告，避免危险情况的发生（图 5-5）。

虽然这些精心设计的现代公厕是免费使用的，承包方为了平衡收支而通过出租广告位的方式获得收入，营业收入相当可观，从而实现建造者、运营者、使用者共赢的局面。

5.1.3　厕所维护者和厕所文化

在乡村，公共厕所的维护者是在村民中产生的，庭院、宅中私厕的维护者则是家庭中的成员或村中的专职人员，他们为厕所通风换气，通过打扫卫生、便器清洁、杀虫灭菌、粪池清掏、粪尿集运、堆肥处理等工作确保厕卫空间正常运行。在城镇中的环卫工、保洁员与乡村中的厕所保洁性质相同，但是，城市厕所人流密度高，使用频率与节奏快，这使得厕所的维护者为确保厕所环境卫生、整洁、无污无臭工作更辛苦。可以说，厕所的维护者是厕所设施和环境卫生的保持者，厕所舒适安全、正常运营的卫士。

中华人民共和国成立后，我国政府在不同历史时期对厕所改革与卫生厕所建设做了不同的政策导向和治理。尤其是改革开放以来，我国的城镇卫生厕所建设，已经让农村居住环境产生巨大变化，对厕所进行维护的环卫工、洁厕人的辛勤劳作，已经得到社会的普遍认可和尊重，他们让厕所环境包括如厕行为进入当代社会文明新体系。我国正处于"乡村振兴"建设新时期，政府更是通过各种渠道，把厕所革命与环境卫生当作乡村振兴重中之重的工作来抓，争取让厕所赶上世界先进水平。

图 5-6　厕神战队

图 5-7　厕所卫生、健康、舒适的质量与标准

　　在国际上，日本厕所的清洁、智能的人性化关怀是世界公认的。新加坡作为世界上最早开始成立相关组织关注厕所问题的国家，一直走在解决厕所问题的前沿，从 1989 年开始，新加坡环卫管理部门就推出"便后必须主动冲厕"的公共道德行为规范，对如厕者"踩马桶圈、不冲便"等不文明使用厕所便器的行为施以重罚。这些规定交由公厕纠察员监督并执行（图 5-6、图 5-7）。

　　1996 年时任新加坡总理的吴作栋提出：清洁的公厕是一个文明国家的重要标志。该口号一经提出便得到了新加坡民众的热烈反响。此后，新加坡每年都会举行清洁公厕活动并举行公厕的星级评选，真正将这项运动落到实处。

　　为了配合厕所文明行动，新加坡世界厕所组织的创始人沈锐华在当地开设了世界上第一座公厕学院，培养厕所维护者的职业素养和技术职能。新加坡最大的中英文报纸曾刊登过一项调查："模范公厕应该是什么样子的？除了卫生纸、清洗液和烘干机，你认为模范公厕还需要什么？"问题下方附了三种选择：一是冲洗过的抽水马桶、潮湿的地面和肮脏的坐垫；二是冲洗过的抽水马桶、干燥的地面和整洁的环境；三是干燥的地面、整洁的环境，堵塞的便槽❶。毋庸置疑，大多数人都会选择第二个选项，因为没有人会愿意选择肮脏的环境。

　　与新加坡形成鲜明对比的则是印度。印度作为经济发展极不平衡的国家，长期存在严重的公共环境问题。2014 年就任印度总理的莫迪发起了"清洁印度"计划（图 5-8），大刀阔斧地推动公共厕所的建设，力图一改国人数千年来随地便溺的陋习，要在 5 年内将印度打造成一个卫生、清洁的国家。

图 5-8　清洁印度计划

❶　晨南. 清洁的厕所——新加坡的骄傲 [J]. 前线，1999（01）.

印度政府的计划得到了世界银行的经济支持，政府呼吁民众在家中修建厕所，仅印度东部的奥里萨邦就建造了 130 万个厕所。这个原本是可以为民众造福的举措，却因为忽视厕所建设过程的监督、维护环节的设计并疏于运行的常态化管理，导致有的厕所工程质量不达标，尿液、粪便直接渗漏进入河道水系，暴露在外的粪体滋生大量蛆蝇，加剧了外部环境卫生的恶化，导致民众、畜禽传染病频发，使许多厕所成了环境肮脏、病菌毒害的污染源。

出现这种现象，直观地反映了厕所后期管理的重要性，究其本质，则是社会群体对厕所环境卫生与粪污处理体系认识不够深刻，没有从社会文明发展的长远利益来处理厕所与环境卫生问题。厕所革命的技术引进可以人为推进，但是人的观念更新、改变民族文化与生活习惯，却要假以时日，甚至是几代人的努力。

5.2　城市环境中的厕所文化

城市是一个人口高度聚集的社会群体，建筑林立，环境优美，基础设施相对完善。从城市空间看，城市包括道路交通、街坊分区以及其中不同属性的建筑组团，而在道路网络交织的街巷空间，户外公共厕所的布点规划建设是否妥帖，厕所内部设施是否齐全，厕所环境是否管理得清洁卫生、无异味、有情趣，则犹如一扇窗，揭示了城市的文明程度与文化水准。

5.2.1　城市厕所硬件系统

19 世纪后期，全球范围内城市化进程加速，公共基础设施和厕所建设跟不上城市发展的速度，尤其是厕所便溺与城市下水道污水处理系统建设不完善，城市自净能力不堪负荷，生态遭到严重破坏，城市中无法及时有效处理的生活生产垃圾成为细菌病毒的培养基，进而为传染病暴发埋下隐患，其中排泄物占据很大一部分。19 世纪之前，人们普遍认为水的清洁能力是无限的，并不能认识到水体作为污染传播载体的作用，甚至有时城市管理者责令居民直接将粪秽等生活垃圾倾入河中。不健全的厕卫设置系统引发了当时城市中大量的传染病，人们很快意识到这个问题，开始对公共卫生防疫检疫机制反思，催生了政府对城市公共厕所建设与环境卫生管理的全面改革。以下分别从城市公共厕所和住宅厕所两个方面来陈述城市厕所的硬件系统。

（1）城市公共厕所设计与文化

①公共厕所建筑与外观设计。影响城市公共厕所外观设计的因素有很多，地理与气候环境、地域文化、城市景观、技术等因素都会对其产生影响。

不同的气候影响厕所外观设计。自然因素是公厕建筑风格的决定性因素。自然因素包括了气候、水文、地形、地质等，其中气候条件又是自然因素中最基本、最主要的因素。因为在公共厕所建筑中，气候直接影响着外墙的开洞（门、窗）。北方地区寒冷和干燥，通过尽可能做小门窗洞口的方式，减少室内外空气对流，自然通风则通过通风口将异味排出室外。而在潮湿多雨的南方地区，为了增强室内的日常采光和空气流通，公厕建筑窗洞设计应尽量大些。当地气候条件无疑是公厕建设首先考虑的因素，它关系着公厕使用者的使用感受，从而对公厕的外观造型设计起决定性作用。

不同的国情和地域文化影响厕所的外观设计。地域文化是长期积累的产物，是一定地域的人们在历史发展过程中通过生活、生产等社会活动不断地积淀、发展形成的精神与物质的本质特征。它体现在城市的街巷肌理和建筑形态中，融汇在人们的日常生活和行为习惯中，对城市的建设发展和市民的行为观念产生着影响，也不可避免地对公厕的外观设计产生着影响。地域文化影响下的公厕建筑，在满足社会基本需求的同时，更需要符合当地社会集体意识、审美水平、行为模式和心理状态等精神方面的需求，即为公厕建筑的地域特色。

日本在公厕建筑设计上提供了许多地域文化的优秀范本。例如日本的吉田秀一郎建筑事务所在日本筑西市设计的某座公共厕所（图5-9）。这座厕所利用了两栋距离很近的建筑之间狭小的用地，以紧凑的窄小长方形体，布置出符合功能需要的公厕建筑，十分适用于建筑密集地区。公厕男女卫生间各一间，共用一个洗手池，建筑巧妙地将窗户布置在高处，倾斜屋顶形成反光面，不仅获得醒目的立面效果，同时获得了良好的采光。该公厕使用日本现代建筑常见的黑白配色，内墙使用素雅的白色抹灰，而外立面使用黑色抹灰，通过黑白强烈对比将内外空间区分开来。厕所顶棚采用胶合板与木结构梁，地面则以白色花岗石铺就。这个案例将传统的配色和材料搭配体系运用到了公厕建筑外观设计上，体现出了强烈的日式审美趣味。

②公共厕所的外部环境景观设计。公厕周围的城市环境与景观也会影响到建筑的外

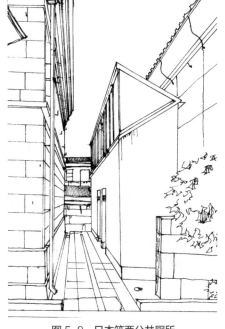

图5-9　日本筑西公共厕所

观设计，这里主要从街巷景观、休闲性广场景观、公园景观三方面来阐述。

街巷景观因素。道路街巷是城市空间的骨架。街巷按等级可分为主干道、次干道等；按功能分可分为商业街、美食街、文化街等。街道可以理解成一定距离的两侧建筑围合出的"地面、天空、建筑立面"等构成的条带状街道内景观。建筑设计师应当将厕所与周边建筑做统一设计，以决定公厕在整个街巷中的视觉形象，是融入、补缺还是"鸡立鹤群"。

在日本群马县 Nakanojo 镇的一个公共厕所，是公厕更新改造项目。这个项目位于市中心历史悠久的林昌寺停车场一隅。该卫生间被要求以建立"Nakanojo 双年展"艺术节标识符号的目标加以改造，它将以一个区别以往人们印象中阴暗潮湿的传统公厕的形象出现，呈现出干净整洁舒适的空间。既然要以颠覆固有形象为目的来改造，就要打破原来幽暗压抑的厕所空间，建筑设计师将厕所墙面设计成 S 形，这样一方面避免出现不方便清扫的死角，另一方面也增加了空间的趣味性，设计师从顶部引入阳光，保证充分均匀的室内采光；更将男女厕所入口区分开，使公厕可以接纳来自街道和停车场的人流，同时也起到分流引导从街道进入停车场的人车流的作用。虽然该公厕面积不足十平方米，但它体现的对人流、室内环境、符号意义的考虑却是非常全面的（图 5-10、图 5-11）。

休闲性广场景观因素。休闲性广场上的公厕建筑设计，可以根据不同需要采用不同的方式。其一，可以根据广场的主题和性质进行整体性设计，公厕成为广场景观和功能意义上的"附庸"，使整个广场风格统一和谐。反之，也可以采用突出的造型将公厕的建筑形象独立出来，使其成为景观的核心与焦点。

比如兴建在日本伊吹岛上的公共厕所。这个岛屿在古代曾经与政治核心城市密不可分，但在历史进程中渐渐失去了其重要地位，边缘化成为一种景观遗迹。该厕所修建在广场边的一处传统建筑附近而远离住宅区。建筑师在设计中尊重传统建筑文脉，

图 5-10 日本群马县厕所外观　　　　图 5-11 日本群马县顶部采光的公共厕所

但不拘泥于传统造型及其材料工艺，而是有意将现代时尚的钢和玻璃元素以极其低调的处理手法，将传统与现代结合得十分融洽，且相得益彰，展现了厕所建筑与景观设计不俗的审美情趣。广场在岛上形成一个向心作用，而公厕在广场中，又通过视觉和功能塑造了一个传统建筑风格中心，使游客在观察使用该厕所的同时，内心映射岛屿的今昔差异，对城市历史产生更深刻的理解和思考。

公园景观因素。在公园和风景名胜区之内的公厕，需要格外注意公厕造型设计与周边环境相协调。比如由丹尼尔·琼哈森（Dinell Johansson）设计的瑞典斯德哥尔摩公共厕所洛里，位于胡姆勒中央公园。斯德哥尔摩市要求设计者设计出外形新颖且独一无二的公共卫生间，以与周边建筑与环境协调。设计者设想创造一个可爱、令人愉快、流连忘返的亭状建筑结构而非传统的公共卫生间，最终借用彩虹鹦鹉的名字（Rainbow Lorikeet），命名它为洛里。该厕所建筑的外墙被 5mm 厚的钢板包裹，以彩钢板和反光玻璃镜面竖向交替构成，反射周边美丽的景色，虚实相间，绚丽多彩。该厕所配备的设施有长凳、拴狗的钩子、自行车打气筒、信息板、饮水机等，人性化的温暖设计，让人十分愿意亲近它（图 5-12、图 5-13）。

而美国德克萨斯州圣安东尼奥市市政公园里的厕所设计灵感来自城市的文化景观，并体现了对先民放牧和耕作原生态情境的缅怀。设计者希望打造出一座尊重自然环境，并在人工和自然元素间建立起动态关联的厕所建筑空间，将厕所谨慎地植入到原生和修复后的景观中去，显得既质朴又时尚（图 5-14）。

③公共厕所与场地环境关系设计。公共厕所的分布与城市功能的布局有着十分紧密的关系，它直观地反映着城市居民的活动情况。城市的公厕数量与人口分布密度呈正比，并根据具体所在地区的服务对象和地理环境做出相应的规划设计。所以，城市公厕的分布和设计需要详细全面合理。在公厕进行总体平面布局时，应坚持整体规划原则，即公厕的建设规划应以"按需布局、附建为主、方便易达"为原则，具体应注重"点、线、面"三个方面。

点：指市中的商业中心、文化中心等公共中心。这些大型公共中心具有很强的开放性，往往配套开放式的公共建筑，如广场、绿地等。

图 5-12　瑞典斯德哥尔摩洛里厕所（一）

图 5-13　瑞典斯德哥尔摩洛里厕所（二）　　图 5-14　德克萨斯州公园厕所

在此类点状空间宜建立附建性质的公厕。

线：指城市街道的两侧，包含了城市主干道、次干道、步行街等。以商业街为例，商业大街以公建配套公厕为主，以每 200 ~ 400m 设置一间配套厕所为宜。若达不到要求，则应设立独立式公厕或其他小型单间公厕，其单位距离应在 700 ~ 900m。

面：指居民区的公厕布局设置。虽然每家住户室内都有卫生设备，但考虑到居民的出行活动、外来人员走亲访友以及配套服务人员的日常必需，应在居民区内合理布设公厕，可考虑每平方千米设置 3 ~ 6 座。

公厕等级要求随着"点、线、面"的变化逐渐宽松。"点""线"是城市空间的主干，这些地方的公厕应达到高级公厕要求。"面"层级也应以一类公厕为主，逐渐替换掉以前的二三类公厕，即使是老式沟槽式的公厕，也应该分出隔间，以符合使用者的私密性心理要求 ❶。

公厕规划定案后，具体择址也相当重要，公厕位置不仅要求显眼易寻，同时也要兼顾美观，公厕的色彩体量和形态风格要与周围建筑和景观环境和谐统一。

比如某公司所设计的可伸缩小便池，这种特殊的装置，是为了解决男性市民在夜间如厕不便的问题，防止随地方便的情况。这些伸缩式的小便池白天降到地下，在夜间人流量大时可以升上来。超过 100 个这种厕所被安装在了英国伦敦，以及荷兰阿姆斯特丹、鹿特丹等地区（图 5-15）。这种公厕的设计造型简洁，不管是色彩还是材质都与周围的环境相当协调，而设计者赋予它的可伸缩特性，一方面增加了公厕的趣味性与新奇感，能够有效地吸引人们去使用它，从一定程度上改善了当地民众随地便溺的不良习惯；另一方面，也更好地适应了该地段空间使用上的特点；而它的模块化和可移动设计则使得该公厕的推广应用具有极强的可实施性。

❶　王伯城 . 城市公共厕所建筑设计研究 [D]. 西安：西安建筑科技大学，2006.

图 5-15　可伸缩小便池

④公共卫生间的标识系统分类设计。城市公厕是城市文明的投影。随着城市文明的发展，城市公厕早已不单是一个仅满足人生理需求的基础设施，它更是城市文明面貌和人文关怀的体现。近年来，城市公厕所承载的功能、内涵、文化发生了巨大变化，其标识也变得丰富多彩起来。

（2）城市住宅厕所设计与文化

20 世纪 80 年代中期，国家根据人们的生理、心理需求和生活习惯等，重新修订了住房卫生间标准。新标准中要求住宅卫生间空间可以容纳——坐便器、脸盆、洗浴盆三件洁具，此时卫生间虽然功能较为完备，但面积依然狭小，没有放置洗脸台的空间。

我国住房行政主管部门针对小康住宅，颁布和实施了新的标准，使得卫生间功能更为分化，将如厕沐浴与洗脸台进一步分离，从功能单一的厕所到三件套卫生间，进而到带有洗衣功能的小康住宅卫生间，可以看到住宅卫生间功能的进步。这个变化的过程正是我国城镇居民生活水平提高的缩影。随着进入商品房时代，住宅的户型得到了极大地改善，住宅卫生间的功能和设计需求越发完善，可以归纳为"舒适方便、布局合理、清洁卫生、安全通畅、节水省电、隔声减噪"六个方面。

①住宅卫生间空间功能设计。住宅卫生间应按与住房建设相匹配的标准设计。

厕卫空间的文明设计。经济适用房面积小，卫生间也小，设计可根据套型作出调整。大平层、跃层或别墅类住房套型有条件的可改进设计出更舒适、更方便的卫生间。卫生间不仅要考虑洗浴、便溺和洗面、洗衣分离布置，形成"前洗、中卫、后浴"的格局，有的可能还会增设个性化的卫浴特色，如浴疗、按摩浴缸、亲子浴缸、桑拿房，甚至增添电视、电话、音响等智能化设施，这样厕卫体验更是与众不同，舒适度、审美品位大大提高。

卫浴设施的科技与文化。卫生间洁具的功能、尺度、材质选型是厕卫设计的重要组成部分。随着节水型便器、便溺分集式以及其他卫浴科技发展带来的马桶创新设计，让马桶从功能、智能到舒适度都有了多样的选择，由于它与粪便处理系统相关，还与洗涤、冲洗的废水排放方式相关，所以，这是一个系统化、文明化的配套设计，需要结合建筑外部的粪物收集与废水排放管网设施相结合的配套设计考虑。

满足人体活动空间要求。卫生间的空间有限，对人的如厕、洗浴行为尺度和活动能力必须全面了解。尤其是在功能配置的卫浴设施尺度与空间尺度方面，需要体贴和关照老年人、孕妇、儿童等不同人员使用卫生间特殊的生理与心理需求。保持人体活动空间尺度，做到地面防滑、无障碍，以满足人在厕卫空间内活动的自由度。

②住宅卫生间的环境设计

空间组合。住宅卫浴空间内由交通空间，人体活动空间，便器、洁具、洗浴空间等三部分组成。在设计时必须充分考虑人在其空间环境中单独使用的安全、舒适、完整性体验，空间功能使用的序列遵从"从干到湿、从简到繁、从开敞到私密"，尽可能避免流线冲突、功能交叉的矛盾设计，尽可能满足人的生理与心理双重需求。

自然采光。卫生间以自然通风、采光为宜，也更利于卫生健康。但在某些住宅形式中，如塔式住宅、通廊式住宅，没有条件开窗时只好设暗卫生间。根据户厕建设规范，当以自然通风和采光为标准。在多卫生间的住宅室内中，可以把洗浴、洗衣、洗涤安排在自然通风和采光良好的卫生间中，对排气、风干、灭菌、消毒非常有利。

照明设计。因为室内有些厕所是暗厕，可通过"借光设计"，以"切条开洞"的毛玻璃采光模式，或借用其他空间的自然光源，配合人工光源，解决暗厕的采光问题。

存储空间。充分考虑人性化设计，利用各类小空间设置储物空间，方便取用。

③无障碍及家具、细节设计。将厕所与客厅或走道空间之间的过门石去除，将地面做平，通过地面斜度和地漏解决水的外溢问题；卫生间墙壁增加扶手并采用轻质的淋浴凳，内部家具则去掉尖锐的棱角，以圆边和圆角处理家具的转折棱角，预防老年人跌倒或撞伤。

5.2.2 城市厕所软件系统

2011年盖茨基金会发起了"厕所创新挑战项目"，该项目旨在为针对解决世界性的卫生如厕问题的相关研究及探索提供资金援助。截至目前，一些技术已被成功开发：美国加州理工大学发明的太阳能厕所能利用粪便产生氢气，并以此作为燃料电池的能源；英国拉夫堡大学和美国斯坦福大学研发出将粪便转变成木炭或生物炭的加工技术；中国区域也取得了一些创新技术成果，正在进一步研发中。人们在厕所技术方面的进步并不能代表厕所革命的成功，因为新的技术在实际应用中往往会遇到各种难题。在曾经的生态厕所实施案例回访中，很多农村增设的厕卫设施未被使用，它们变成了村民的粮库、牲畜房甚至厨房。这不是单纯的技术问题，而是观念与文化问题，也是厕所软件系统设计问题❶。

（1）城市公共厕所的软件系统

城市公共厕所的软件系统同样也是围绕如厕人的需求而设计、营造展开的。它的系统构成要素，有的附着在建筑形态、空间、器物之中，有的则隐身于环境与氛围之中。总之它是围绕厕所的空间关系、如厕人的需求要素与环境行为、厕所风貌文化、安全卫生与管理等方面展开的。

①公共厕所里的服务与管理。城市公共厕所软件系统设计与建设应该以对环境影响最小为目标，即应该将目标从废弃物处理的无害化，延伸到资源化。这样既能有效满足人们如厕的生理与心理需求，同时也能为城市公厕的运营提供可持续力。通过现代化公厕的服务手段，使当代民众形成健康的卫生习惯并塑造环保意识。在这个基础之上所做的就是厕所文化的软实力，需要政府管理部门的正确引导、公众的积极参与、全社会持续不断地努力。

厕所建筑的风貌文化。城市卫生既是公共基础设施的重要组成部分，更是城市空间形象的窗口、社会公众交往中的名片，昭示着一座城市的风貌形象与文化特色。而城市中所属的车站、CBD 中心，公园、广场、绿地以及历史风貌保护街区和风景名胜旅游景点，这些人流比较集中的地方，厕所建设则更要依据场地周边的自然要素和人文要素，做到外观形态和内部装潢都与周边风格相协调，保证地域风格的连贯性。例如在某地的古县衙景区，设计者在厕所的入口处设置了楹联，又在厕所内部隔板和空间的功能节点部位张贴了知县小故事。这一系列别出心裁的设计营造出了浓浓的当地文化氛围，使厕所也成为景区内一道别具特色的风景线。

厕所室内的设计文化。公共厕所的室内设计工作不能只停留在建筑风格、空间功能、洁具样式等设计上，而应该延伸到考虑如何通过设计，更好地解决和满足人的如厕需求上。因此如今的设计师应当敏锐地发现不同受益人的相关诉求，从而确立设计目标，并寻找适当的解决方案（空间、技术、道具与服务等）。

例如某 5A 级旅游区公共厕所的内部设计。出于防滑和灭菌的目的，厕所地面采用仿古的防滑瓷砖，室内墙体采用高级通体抛釉瓷砖。室内布置方面，厕所内部自动感应式水龙头、皂液、面镜、烟缸、除味卫生球、干手机、空气清新剂等设施一应俱全，

---

❶ 刘新，朱琳，等.构建健康的公共卫生文化——生态型公共厕所系统创新设计研究 [J]. 装饰，2016（03）.

保证了室内的干净整洁。而在厕所环境营造与氛围的烘托方面，在休息室内设置空调、电视、休息椅、饮水机、报纸架等配套设备的基础上考虑第三类人群的特殊需求：设置家庭卫生间、母婴室、无障碍卫生间；并配套护理多功能台、婴儿座椅、儿童坐便器等，从物质配套的贴心服务上面体现社会的平等与人性化，而厕卫盥洗器物和配套服务设施又能从形态、光色、肌理、氛围中营造和烘托出厕所的文化特色与层面，体现出为游客大众服务的用心。

厕所设计其实是"4D"的整体系统创新设计。即设计师的创意思维与设计过程，是一个发现问题（Discover）、定义问题（Define）、创意发展（Develop）与设计输出（Deliver）不断迭代，完善的 4D 创新系列过程。经过一次次的原创测试、情感体验与厕所工程技术相结合，最终提炼出具有指导性的设计原则与评估标准，并在复制与推广中不断修正与完善❶。所以优秀的厕所设计也一定能彰显地方文化与特色，不墨守成规。

厕所管理的服务质量。根据对象需求设置建造厕所并配置齐全的便器、卫浴设备设施服务于大众，是设计建造管理者的初衷。公共厕所所在的不同区域需要提出多样化的服务理念，比如河南宝天曼生态文化旅游区为进一步提升乡村旅游品质严格按照 3A 级旅游厕所标准，深入推进旅游厕所革命，通过新建和改造旅游厕所完善旅游线上的厕所覆盖面，并提升厕所质量和层面，在景区的旅游线上新增 5 座生态环保公厕，从而使景区内厕所总建筑面积达到了 2000m²，厕位提升至 350 个（2017年数据）。为了更好地服务游客，县政府拓展服务视野，形成全域旅游的景观意识，另投资 450 万元在湍东镇、余关镇、七里坪乡等旅游沿线的加油站、高速出口处、服务区等游客聚集地新建厕所 7 座，改建 6 座，使全域旅游厕所数量充足，满足游客的使用需求。

卫生厕所的保洁信念。公共厕所能否正常运行并贴切地服务于大众，需要强化日常对厕所器具的维护、用品添置与更换以及室内外环境保洁与安全管理。这个过程能否得以持续和保证质量，还需要让厕所卫生与保洁每一个管理细节制度化，进而形成一整套管理制度体系，并实施公众监督机制，切实做到"四定一查"："定人员、定标准、定责任、定奖惩"，以及定期、不间断或不定期督查、评比保洁质量的完成、实施与奖惩情况，确保管理工作每个环节落实到位，让公共厕所的设备设施全天候保持正常工作；让公共厕所的室内环境 24 小时保持干净整洁，力争使公众从厕所这个窗口感受到周到细致的服务和独特的风采。

---

❶ 刘新，朱琳，等.构建健康的公共卫生文化——生态型公共厕所系统创新设计研究 [J]. 装饰，2016（03）.

以上海为例，闸北区的公厕管理员李影负责的公厕做到了"走进这间公厕，从来就没闻到过一丝异味，看到一丝污渍，简直比家里的客厅还干净。"并且在公厕门前一块 30～40m² 的空地上种植了玫瑰、金橘、茶花等众多植物。公厕管理员的这种保洁意识体现的是整个城市的精神面貌，带动了周边城市公厕环境的改善，间接起到了美育的作用。作为对这种保洁意识的认可，2011 年一批公厕管理员作为特殊的嘉宾被邀请参加了上海世博会开幕式。

②公共厕所革命的政府创新引领。公共厕所作为不可或缺的公共设施，既是一个城市环境卫生的侧面体现，更是衡量"服务型政府"在创新机能上的管理执行水平。日本曾于 20 世纪 80 年代进行了一场影响深远的"公厕革命"，尤其是首都东京努力推进公共厕所建设和优化管理，充分从以人为本的角度出发，不断提升公厕设置的科学性、引导标识的人性化、设施设备的完善度等。这场持久的"革命"成果受到社会各界认可，也帮助东京公共厕所的先进度长年稳居世界一流行列。

由于公众对改善公厕现状的强烈诉求，促使日本地方政府纷纷将"公厕革命"列入行政事务加以实施。为延续"公厕革命"，1985 年，非营利组织"日本厕所协会"在东京成立并明确提出"创造厕所文化"的努力目标，包括：厕所文化创新、厕所舒适环境的创造以及与厕所相关的社会文化课题的改善等。

为持续强化"厕所革命"理念，日本厕所协会每年举行一次"最佳厕所"评选，由生化学家、医生、环保专家、市民代表等组成专家团，综合考评厕所文化及环境创新。"公厕革命"改变了东京等城市公共厕所的命运，造就了日本清洁、便利、舒适的公厕环境。此外，该组织将每年的 11 月 10 日定为"日本厕所日"，并于当天在全国举行"厕所文化"专项宣传活动。日本厕所协会持续举办的许多项活动在世界范围引起了广泛反响，也直接推动了 2001 年总部位于新加坡的"世界厕所组织"的成立。

由于日本厕所协会协同政府对东京公共厕所日常运营措施的创新设计，使得东京公共厕所从空间、环境到洁具，设施用品的人性化服务水平达到了相当高的水准。尽管东京的公共厕所面积狭窄，但麻雀虽小五脏俱全，厕纸、消毒剂、洗手液、烘手机、扶手、挂衣钩等配套一应俱全。为避免未及时更换厕纸给如厕人带来不必要的麻烦，备用厕纸必不可少，即便遇到厕纸告罄的情况，也可通过呼叫铃联系管理人员送来厕纸。据日本内阁办公室的一项调查显示，智能坐便器已成功进入普通家庭，与欧美国家平均 35% 的普及率相比较，日本家庭达到 72%，这一数据可比肩个人电脑、数码相机等其他家庭电子设备。而今，这项技术已经走向了公共厕所，普及率高达 90%。

此外，东京公共厕所还设置了多用途厕所方便残障人士。为保障这一群体的社会利益，日本政府于 1993 年就制定了《残障人士基本法》，对可供残障人士、老人、儿童等群体使用的"多用途厕所"作出严格规定。1994 年又出台《关于高龄老人、残障人士等可便利使用的特定建筑物促进法》，主要适用于医院、百货商店、旅馆、政府机关等 17 类户外公共设施，旨在保障残障人士能够获得室外活动的平等权利。考虑到部分残障人士依靠轮椅出行，必须保证较大面积的厕位，该法更对供残障人士使用的厕位单间面积、入口尺寸、洗手台高度、镜面高度等具体细节作出规范要求。2008 年，东京世田谷区梅丘的两处"谁都可以使用的公共厕所"增设了语音导向装置，右侧入口对应轮椅使用者、人工造肛手术者及母婴，左侧入口带有传感器的语音导向装置，厕所内外都可听到语音导向，保证单独一人的残障人士也能无需假手他人独立使用。政府正是通过一系列行之有效的厕所革命创新型管理理念、维护运营措施保证了公共厕所的"质量"和温馨贴心的文化氛围，体现出了现代城市文明的"友好度"。

③特殊的文化形式——厕所文学。喜欢上厕所时阅读的可不仅是德国人，许多国家的民众在如厕中都有阅读（看书、看报、看手机）的习惯，针对这种习惯，有的国家城市公共厕所就放有报纸杂志；德国的一家出版社还推出了印有诗歌和小说的卫生纸，让大家在厕所里读个痛快。上面印的作品都来自名家名著，比如就曾有印抒情诗人和散文家海因里希·海涅与经济学家奥斯卡·摩根斯坦作品的片段。以德国人保守的传统，竟能想到将出版市场渗透到卫生产品中，虽然看似荒诞但也在情理之中，同时，也让人感到"厕所文学"的创作灵感从此开始也未尝不可。

（2）城市住宅厕所的软件系统

住宅厕卫空间是处理家庭生活卫生和个人生理卫生的空间，功能复杂，技术要求高。设计是否合理，将直接影响到居民的居住环境质量和基本生活质量，所以应加以重视。卫生间的设计中如何用不同的个性卫浴空间来展现主人的生活方式，卫浴环境中如何引进简单和谐、高科技的智能化技术，如何在人性化设计中融入人文关怀，这几方面均为厕所软件系统的设计重点。随着人们综合素质、文化修养的提高，人们对居住环境的要求也越来越高，人们的审美情愫也融入卫生间设计中，卫生间的设计也逐渐成为住宅室内的重要研究课题。

①城市住宅卫生间的设计理念。在多元化的需求下，随着国民收入的提高，住宅产业的加速，生活品质的上升，中国住宅已不单是为了满足居住或物质生活，更包含了精神层次的含义。设计师应当重视和提升住宅卫生间的设计品质，建设安全、舒适、高效、便捷、美观的家居如厕环境。传统意义的卫生间功能过于单一，今后住宅卫生间的发展趋势将体现在人性化、个性化和可持续发展的思想。

住宅厕所的舒适性。现代化住宅内的卫生间，由初期的生理功能型发展至心理文明型，再提升至审美舒适型。卫生间的舒适度主要来源于卫生间内部的声、光、热等视觉要素设计是否能满足人的生理、心理诉求，因此就要在卫生间的设计中秉承以人为本的设计理念，即人性化设计，既要满足使用功能和又要照顾用户的心理需求。

厕所空间的个性化。随着社会生活水平的提高和审美情趣的提升，人们已经有能力去追求更高的物质与精神生活环境。因此人们开始依据自己的习惯和审美意愿来营造符合自我个性的家居环境。卫生间作为住宅必不可少的功能区，也正变得越来越个性化。卫生间设计的个性化主要体现于在满足基本功能的基础上，通过款式、材质、色彩、风格等要素的多样化，营造出符合户主生活习惯和审美情趣的空间环境，将功能和个性相结合，使户主在满足日常需要的同时个性得到张扬。

卫浴空间的智能化。科技进步对生活的影响是巨大的，厕卫设备的智能化不仅给人们的生活带来更舒适人性化的体验，更兼顾了清洁、保健、节能等多样化功能。以智能马桶圈为例，如厕后的深度清洁，带来使用感的改善和预防疾病等方面益处。智能蒸汽淋浴房自动调控水流、水压与环境温度和蒸汽量，为家居实现了生活质量的提升。高科技的单项功能和集成网络使得卫生间功能的一体化智能化程度更高，未来可能实现功能联动和行为预测，结合健康状态检测，对使用者的健康安全进行检测将会有效预防疾病和风险。

厕卫空间的环保节能。卫生间由于其环境特殊性，人们在使用时会因不当的行为习惯造成浪费。卫生间用水、用纸、用电都需要在行为和技术上更进一步地节约，如：水的循环和多次利用，沐浴用水的保温，厕纸的用材和回收等方面。

②城市住宅卫生间的维护措施。2001年建设部小康住宅标准的颁布和实施，促使住宅内卫浴空间功能开始分化，干湿功能分离的卫生间设计进入大众普及时代。如果说卫生间是现代住宅文明的窗口，那么清洁卫生则是卫生间文明的镜子。清洁卫生也有硬件和软件之分，硬件是指卫生间设施，软件是指卫生间环境的人文气氛营造与使用者讲卫生的好习惯。二者相辅相成，才能保证卫生间的清洁卫生。

日常维护清洁措施。一是使用地漏水封合格的产品。卫生间的臭气是从排水管道中冒上来的。要解决卫生间冒臭气的根本途径在于保证水封水柱的必要高度和减小污水管道内的压力。二是配置紫外线消毒设备。卫生间长期处于潮湿环境中，且在建筑中采光通风条件一般较差，易滋生细菌。宜使用光滑易打理的地砖和洁具，甚至可以另设紫外线杀菌灯，用以消毒。

厕所安全防护措施。一是地面要防滑。卫浴地面材料宜使用防滑材质，或者铺设防滑垫。二是以找坡代替高差。传统的卫生间微高差防溢做法不易识别高差，容易引发绊摔事故，新做法可以从门口向排水方向找坡，防水的同时避免潜在危险。三是加设扶手。扶手设计在日益老龄化的社会成为必需品，卫生间是日常生活事故多发区，也是老人自理不便的区域，扶手设计能有效帮助老人解决如厕问题。四是设置电话和报警器。两者供卫生间可能的突发情况下紧急联络用。五是卫生间门安全设计。卫生间门在私密性的基础上要考虑通过宽度尤其是辅助通行工具的宽度，需考虑门扇重量和气流对门的推动作用，防止门扇自动关闭导致的危险，卫生间门严禁使用弹簧门。

卫浴节水节电措施。一是沐浴以淋浴为主，淋浴便于控制水量，较盆浴更容易冲洗，同时更节约时间，在经济条件较好的家庭中安装盆浴的同时可以加装淋浴，以供不时之需。二是安装节水坐便器，配合力学原理更节能省水。三是防止跑冒滴漏。各连接部位使用高质量的连接件防止形变和材料老化导致的漏水。四是中水利用，卫生间的排水水质可分为两类：生活污水和生活废水；卫生间排水可分为两个系统，一个是冲厕污水系统，另一个是洗涤废水系统。可以建立相关的集水系统，将洗涤废水收集后用于冲厕、拖地等相关活动，达到水资源的利用最大化。五是在有条件的情况下，尽可能使用太阳能热水器，并且防止太阳能溢水口跑水，可以另外设置溢水管，回收溢水返送至室内，同时可以提醒使用者关水。在条件许可时优先选用自动控制系统，为储水管做足够的保温措施也是节能的一部分。六是注意节约用电，卫生间内各功能区应分别安装照明，在卫生间电器的管理上，尽量选择可以分时段控制的智能电器，排风扇可使用红眼识别的自动化设备。七是完善太阳能热水技术，减少电（气）热水器的使用天数。

5.2.3　城市厕所文化的主要特征

（1）丰富的文化符号

厕所文化作为社会文化的组成部分，正通过建筑文化、产品文化、环境文化以及厕所里的图文艺术等方面展现城市文化的多元与兼容。

①厕所文化透视社会心理。正如纽约大学知名社会学家哈维·莫洛奇（Molotch）和诺伦（Noren）与来自城市学、历史学和社会文化学等不同领域的学者，分别以各自学科的视角对厕所进行的审视和探究的那样，如《厕所：公共洗手间和享用政治》中，令人深信不疑的一个研究测度就是：厕所的制度和空间安排及其涉及的一系列我们必须得服从的规范、法则、仪式和习惯，在很大程度上体现了我们所处文化和政治语境的独特性。

通过对历史和当代日常生活实际的观察和剖析，研究者试图以厕所为棱镜来折射人们对于性别、阶层和特殊人群的文化态度；以公众视角揣度卫浴空间内部功能布局、厕具位置设计，便池、洗手池方位以及男、女厕所分割和蹲位数量设计。从表层看，研究者的考察对象是从古罗马时代的公共厕所设施直到当代哈佛大学科学中心的男厕所、纽约时代广场和 MIT 由男厕改建成为女厕等案例;而深层意义上,则能够让人领略和感受到人们对于厕所污秽、危险甚至是性别分隔的别样眼光。

当今的许多大城市由于国际交流日益增多,城市公共厕所除了在服务及卫生标准上都努力靠近统一的标准,还以各自所处的地域环境展示独特的文化背景,体现了厕所作为文化传播的介质、文明窗口的城市文化展示机器所具备的社会功能。

②厕所文化唤起民族自豪感。"公厕不仅是方便之所,而且还应该是人们日常生活中文化休闲的一角,人们可以在那里小憩、梳妆甚至是思考"(韩国厕所协会主席沈载德语)。这种想法和做法伴随着国际交流的日渐增多而几乎成为当代各国民众的共识。

韩国厕所文化的提升也正是源于不断开放和频繁的对外交往,尤其是 2002 年韩日共同举办世界杯,对韩国公厕文化发展起到了关键的推动作用。世界杯比赛场地内的公共厕所就是以足球为参考设计的,浑然是场地里的一件雕塑作品,与竞赛场地景观主题完美呼应(图 5-16)。在赢得比赛后,足球意象更是成为竞赛中取得荣耀的符号,让人们看到它不由自主地受到鼓舞而热血沸腾。韩国人认为:卫生间就是一个国家的脸面!韩国多年来在厕所科技与文化上获得的成果有目共睹。

(2)先进的技术设施

城市通常被看作是以聚集经济效益和人类社会进步为目的的人口集约、经济集约、科学文化集约的空间地域系统。城市厕所系统作为整个城市技术系统的一部分,也必然会应用较为先进的技术设施。

①厕所产品的经济文化竞争。厕所产业在当今社会经济结构中,已经形成庞大的行业,其卫浴及其延伸的产品经济已经在社会经济要素构成中占据比较重要的份额,其产品在功能的革新、性能的创新、科技研发的原创性引领方面正在对厕所经济,甚

图 5-16 韩国"卵"卫生间设计

至社会经济产生新的不可估量的影响。

如英国、德国运用高新科技研制开发处理便溺粪污的无水冲智能化焚烧马桶，分集式尿液处理的中水二次利用系统。在日本东京田谷区有一家专门研究厕所洁净技术的木村技术研究所。这家厕所专业研究所由一对姓木村的兄弟创立于1948年。木村兄弟早年是从事自来水管安装、下水道维护与修理等工作的，对下水道堵塞给人们日常生活带来的不便有清楚而深刻的认知，这促使他们致力于节水自动冲洗马桶的研究。长盛不衰的研究与经营证明了木村技术研究所的实力，同时提供了扩展服务范围的资本，经营范围逐渐涉及住宅和公共厕所整体的设计以及相关的制造和装配。研究所的厕所配套设施的设计、制造、销售等发展均衡而全面。

事实告诉人们，当厕所科技沉淀为文化，文化创新又推动厕所科技向前发展的时候，不但企业、科研院所有了持续发展的动力，社会文明也就同时拥有了它持续发展的特殊动力。

②卫生厕所激发科技创新探索。世界发达国家对厕所的科技创新探索，不仅在技术层面日新月异并不断取得进展，关键是对厕所设计和厕所文化的重新定义，改革并建立了新的现代化厕所概念和模式。例如科勒、TOTO等品牌马桶对功能、材料与智能化创新的研究与实践，以及公共厕所的节水型双层地板开发设计，就是不断跟进时代、通过不懈的努力而获得预见性的创新探索能力。

世界厕所改革的攻关项目之一是如何有效排出厕所"自下而上"扩散的刺鼻气味，不再让臭气从上空排出。经日本木村研究所研究，厕所内的污染气体质量比空气大，如果通过上部气口排气，在气体流动过程中会扩散至较大范围，对卫生间使用者的呼吸系统造成刺激，为如厕人带来不良如厕体验。木村研究所认为，改走下方排气就能从根本上克服这一弊端。这就是既能除污垢又能排臭气的厕所地板双重特殊构造，它最适合人口密度大的地方使用。

同样，韩国在厕所技术开发革新方面不遗余力，由大型企业承担研发任务，形成全国性的科研团队，在节水除臭方面也有相当可观的研究成果。

（3）完善的管理制度

城市公厕使用频率高、废弃物出产与排量巨大，需要每日及时打扫与处理，因此必须设立更为完整的管理制度。城市的公厕管理制度包含政府、管理部门的立法政策及对民间甚至是对个人的管理措施。

①政府引领，爱厕如屋。韩国拥有前卫而独特的厕所文化，也是世界上最早拥有《厕所法》的国家，不仅在国家层面，还在政府职员个人层面有特别表现。首届"世界厕所协会大会"的发起人是一名韩国国会议员，这位议员在早年担任水原市市长期

间作为厕所的形象大使大力宣传厕所文化，他在该市的地图上印上"世界的水原！水原领导厕所文化潮流"的宣传语，在地图上醒目地标注出厕所的位置，后来当选议员后，在他亲自建造设计马桶形状的"解忧斋"作为私宅，以此表明坚定推进厕所文化的决心。

②培养高级洁厕人才。世界厕所组织的创始国新加坡早在20世纪90年代中期就倡导了声势浩大的公厕清洁运动，并且每年举行公厕的星级评选活动。世界厕所组织的创始人沈锐华在新加坡开设了世界首家公厕学院❶，主要目标是培养厕所技术与管理人才，提供厕所清洁行业的新装备和新技术等方面的岗位技术培训，以提升如厕文明的"公众形象"，一改公厕不雅的"固有形象"，树立城市的"社会形象"；此外，特别注意提高工作人员的素质、待遇和社会地位。因此，厕所学院既是一座职业技术学院，又是一座生态环境管理学院。其培养出来的学员，有能力管理一间厕所、甚至一街区、一座城的全部厕所，还可以培养其他厕所清洁人员的管理意识、觉悟以及执行规范管理的能力与创新。据统计经过该厕所学院授课的厕所环卫员工，在能够管理好一间厕所时，薪水可提高到每月1000 ~ 1200以上新元，工资较未培训的人员大大提高。

（4）双重的经济价值

城市公共厕所作为城市公共设施的一部分，包含的经济价值可以分为直接效益和间接效益。

①公共厕所的直接效益。直接效益来自于收费公厕、公厕广告及相关收费服务，例如德国政府在公厕管理上充分运用市场调节功能，通过拍卖将公厕承包给个人和企业经营。其中最典型的案例就是德国瓦尔股份有限公司，瓦尔公司以成功经营公厕而闻名。它通过标新立异、时尚前卫的公厕设计，包括一些针对特殊人群和各年龄段不同性别人士的兴趣爱好设计的主题厕所，来吸引人流量，从而获得广告商慷慨投资。瓦尔公司经营公厕提供的贴心项目包括舒适的音乐、温控、按摩甚至阅读等服务，经营者深谙如厕人在如厕这个阶段的心理与习惯，利用印在手纸上的文学作品与广告，采取"连载""章回小说"的序列模式，一卷手纸刊载一期、印刷一章来连续不断地吸引顾客，这一策略大获成功。此项目成为瓦尔公司收入中比例最重的部分。此外，瓦尔公司在厕所外装配了公用电话，以每分钟半欧分计费，在那个年代，这是既利于公司成长，又惠及民生的公共设施举措。

②公共厕所的间接效益。当然，现代公厕还启动了多个系统保证公厕卫生与文明。其一，公厕技术含量不断提升，在马桶的各种使用功能变革上投入研究，保证公厕最基本功能的领先。其二，配套日益完备的服务，灯光调节、恒温控制、背景音乐、自

---

❶ 曾连荣.国外公厕采风[J].世界文化，2007（04）.

动化供纸等。公共厕所的人性化设计随着物质条件的上升日臻完善，给使用者带来宾至如归的舒适感受。其三，公共厕所系统在用后卫生清洁上的要求也已经到达一定高度，有些公厕已经开始提供自动清洁的消毒系统，较人工清洁更为便捷高效，也带来了更良好的公厕使用感。当然，每个这种厕所的投入在5万~10万欧元。运营商认为这种将科技、文化集于一身，又有人文关怀的现代化文明厕所，是非常让人期待的，因为它不仅是确保了干净的厕所环境，更重要的是它提升了城市的现代化精神文明，社会价值不容小觑。有人跟踪研究，这些公厕间接地代表着良好的城市形象、体现了城市文化以及高品质的城市生活，因此也起到了刺激旅游经济、提升社区品质、促进房价等作用。

5.3 乡村环境中的厕所文化

人们使用厕所的目的原本相同，但是由于社会经济、区域、阶层、公私属性以及厕所排污去向的不同，造就了厕所分类以及厕所空间、形制、装备、设施配置的明显差异。厕所问题既是城乡差距最明显的表现之一，也代表了人们的思想观念、道德行为、文明水准、家国形象的大问题。所以，厕所也应化解"贫富差距"，更应"脱贫致富"。"进城不能忘故土，住楼不能忘爹娘，如厕不忘改革农村旧茅房"。尤其是要全面改造"一个土坑两块儿砖，三尺土墙围四边"以及农厕"污秽满地、蛆蝇成群、臭气冲天"等农村边远地区厕所的落后局面。

5.3.1 乡村厕所的硬件系统

与城市厕所相比，虽然乡村厕所环境中的现状还存在空间形态、环境卫生、设施技术、维护管理等方面普遍落后的问题，但是它也存在着自己的民间厕所文化、乡村民风习俗的特殊性。对乡村厕所改革，还需要对硬件、软件系统以及文化习俗作系统性的设计研究。

（1）乡村卫生厕所现状

世界卫生组织认为，享有卫生的厕所设施是一项基本人权。我国政府也高度重视卫生厕所建设工作，将农村卫生厕所普及率列入评价初级卫生保健水平的一项重要指标。截至2013年年底，我国农村卫生厕所普及率已经达到74.1%。2014年12月，习近平总书记在江苏调研时表示，解决厕所问题在新农村建设中具有标志性意义；2015年7月，习近平在延边地区考察时谈及对旱厕的改造问题，指出基本公共服务要更多地向农村地区倾斜。

　　"厕所问题不是小事情，是城乡文明建设的重要方面"，因此厕所革命已经成为"推动乡村振兴、树立文明新风"的重要发力点。为了积极响应十九大以来中央政府提出的建设"乡村振兴战略"，推进"农村厕所革命"的呼吁，"加快推进美丽乡村建设，政府各级部门，尤其是县、乡级基层政府，要在提高公共服务水平、完善基础设施建设、改善农民居住条件等方面助力美丽乡村建设"。● 近年来，对于乡村厕所的硬件改造一直在积极推进，这使得乡村厕所的基础配套设施系统也呈现出开放变化、动态提升、不断完善的特点。

　　改厕项目普及广，增长快，差异大。2018 年的中央一号文件关于农村环境治理的关键词是"综合性，资源化，厕所革命"。核心目标就是要"持续改善农村人居环境"。在随后推出的《农村人居环境整治三年行动方案》有关厕所革命的措施中要求：一是以村落垃圾、污水治理和村落面貌提升为主攻方向，有序推进乡村人居环境问题的整治和治理。二是坚持推进乡村"厕所革命"，大力开展农户宅内外卫生厕所建设和改造，同步实施粪污资源化治理，尽快实现无害化卫生厕所在农村的全覆盖，补齐影响农众生活品质的短板。三是总结推广适用不同地区的农村污水处理与治理模式，加强科技支撑和政策引导。深入推进环境整治，综合提升乡村文明。

　　据 2015 年《中国卫生和计划生育统计年鉴》显示，我国农村改厕工作取得显著成绩，新建、改造 2.13 亿户农村厕所。尽管农村改厕总体态势良好，但是区域间差异较大。我国东部地区的卫生厕所普及率已经接近 90%，远高于国家平均水平（76.1%），但中部、西部和东北地区卫生厕所普及率均低于全国平均水平，尤其是西部地区差距最为明显。而在相同年份相同省份的地级市间，农村卫生厕所的普及率也高低不一。●

　　户厕改革与新建在各省相比差异较大，东部地区多数省份超过 85% 的农户拥有卫生厕所，有的甚至超过 90%，而经济欠发达地区省份卫生厕所普及率偏低，不足50%。以安徽省为例，截至 2013 年底，安徽省农村卫生厕所普及率为 62.6%，低于全国 74.1% 的平均水平，其中，阜阳的农村卫生厕所普及率低于 35.0%，远低于国家平均水平，而芜湖的农村卫生厕所普及率已达 99.0%，黄山、宣城和铜陵的农村厕所普及率也高于全国水平。●

　　改厕资金量大、增幅大、个人投资比例大。中央财政在 2004 ~ 2013 年 10 年间，累计投入了 82.7 亿元，改造厕所 2103 万户，2009 年国家甚至把改厕纳入到医改的重大公共卫生服务项目中去，之后中央财政投入大幅增加。2009 ~ 2011 年三年期

● 汪宇. 美丽乡村建设背景下农村改厕运动的困境与解决路径 [J]. 无锡职业技术学院学报，2017（05）.
● 同上.
● 同上.

间中央财政共投入资金 44.48 亿元。在"十五"规划期间，国家、集体、个人、其他投资所占比例分别为 20.17%、18.03%、60.48% 和 1.32%，个人投资占主要比例。在补助方面，截至 2013 年，中央的补助标准从 2004 年补助中西部地区 150 元 / 户，逐步提高到 500 元 / 户；地方财政对于改厕农民的补助力度也不尽相同，从几百元至几千元不等。2014 年初据统计，在全国 2.6 亿农户中，全国卫生厕所的普及率已经达到 74.09%。而国家提出的目标是 2015 年达到 75%；到 2020 年达到 85%。

农民对改厕所持支持、反对和无所谓态度。当前农民们对改厕的态度不一。支持者积极响应国家美丽乡村建设的政策，同时认识到改厕对生活带来的实际益处，认识到改厕带来的卫生环境的极大改善和对疾病的预防，并且政府拨款也为农户改厕分担了相当一部分经济压力；而反对者则顾虑改厕中个人出资的部分，并且改厕后购买化肥的花销成为固定支出，加重了经济负担。更有迷信的农户认为改厕是对"厕神"的不尊重，是对风水的破坏，他们安于现状，不愿意面对改厕后维护厕所的麻烦。还有相当数量的农户对此没有明确的态度。

究其原因，一是有的村民观念还停留在传统小农经济时代，生活方式和习惯还未跟上外部社会环境条件与文明进程的变化。二是没有认识到厕所对预防疾病传播，保持卫生安全、身心健康具有重要意义。三是户厕改革具有对粪污再利用的优势，无论对提升经济价值和提高环境卫生质量都是十分有益的，村民对综合价值预期抱怀疑态度。四是乡村振兴建设中，乡村逐渐成为城乡融合的最大引擎，未来乡村的流动人口会快速增加，这为乡村公厕、民宿公厕、农宅户厕都提出了改革与提升环境卫生质量的要求。村民对此变化不置可否，这为厕所改革带来一定困难，需要持续做好村民对厕所改革的价值意义认同。

改厕的条件差异大，类型与效益不一。根据 2015 年《中国卫生和计划生育统计年鉴》，2010 ~ 2014 年其中占比较多的乡村厕所类型是三格化粪池式、完整下水道水冲式和三联沼气池式。其中，三格化粪池式厕所的优点是能隔离过滤粪便，分解粪便，减少蚊虫病害；缺点是若不及时清理，可能导致管道堵塞或者滋生毒气。完整下水道水冲式厕所的优点是对环境的污染程度较低；缺点是不适合市政管网覆盖不到的地区。三联沼气池式厕所的优点是既可以对粪便进行无害化处理，产生有机肥料，还能够用沼气充当能源，适用于养殖业发达和能源缺乏的地方；缺点是造价大，成本高；当农户人口少，粪尿产量少时，也无法提供充足的生活用沼气。

总的看来，中国的乡村厕所改造力度正在不断加强，质量也在不断提升，发展态势良好。但是由于农村地广人众，涉及传统农厕数量巨大，改厕所需经济、物质、技术条件地域差异大，在推进过程中遇到许多问题。

我国东、南部沿海，中、西部省份的经济发达与落后悬殊，补贴的金额也存在较大地区差异。比如山东省 2018 年厕所改造补贴，最高可达到 4000 元，而且越早进行厕所改造，领取的补贴金额越多。安徽省则计划在 2018 ~ 2019 两年内完成 240 万户的厕所改造，并且实行的是"先建后补"原则。厕所修建完成并且验收合格后，根据花销情况进行统一补贴。江西省主要建设内容是"两池一洗"（粪池、便池及冲洗设备），凡参与改造的农户每家补贴 1200 元。在海南省，普通农户只要进行厕所改造，每户即可领取至少 1600 元的改造补贴，而贫困户最高可领取 3200 元的改造补贴。

由此可见，农户改厕，既是一项利国惠民的社会福祉，也是农户公共环境观念转变，生活质量与社会文明的提升的契机。改厕是一项惠民利民的政策，理应得到农村居民的支持。事实并非如此，要让农民快速消化改厕带来的益处是有难度的，因为改厕在提升生活质量措施中并没有修桥铺路来得直观，容易被误解为面子工程，招致抵触心理的原因一部分是宣传方式的不足，另一部分是农民长久以来形成的固定生活方式难以扭转。改厕不仅是物质环境的改变过程，更是一种思想观念生活模式的变化，如果没有足够的宣传和良好的沟通教育，可能会成为新农村建设的阻碍，从而无法从卫生环境上提升农村居民的生活质量，如果强制执行该政策必定引起农户们不满，政府公信力将大打折扣，欲速则不达，丧失了乡村"转型升级""振兴发展"的重要时机。

（2）乡村厕所建筑类型

乡村厕所建筑分独立的公共厕所建筑与户厕建筑。其场地选择、形制遵循、厕所入口的朝向、粪便掏取的位置都十分的讲究，尤其是在遵从民俗礼仪、法度上，更是容不得半点含糊。首先，乡村公共厕所的独立位置，必须是交通方便，气味和环境不影响村民住户，如厕不被人窥视的隐蔽所在。所以，公共厕所建筑的场地，通常是在道路凹进的一段距离，道路尽端一侧；或山边、林后、近水，易识、易寻小径的僻静处。独立户厕则依附主房，退位、避风或于下风口筒形降格而建。其次，建筑内部公厕和私厕不得设于厅堂，更不能设于"吉位"和"财向"。最后，户厕入口门不得大于户内房间门且不能对冲。其内部空间的便器方位、洗涤区位、墙体处理均应服从传统礼仪、民俗风尚与禁忌。内部装潢与饰品，则是主人个性化的彰显。而厕所的便溺处理模式和类型，则因厕所所在的区位公共设施的具体情况、诸多自然与人文环境因素来确定。

目前，由全国爱国卫生委员会向农村推荐的常见卫生厕所有三种模式六种类型。

三种处理模式特指对粪便不用水冲、用水冲（微水冲）厕所和移动厕所。

从我国厕所演化的历史中可以看到，最原始和传统的乡村厕所是旱厕（坑式粪便堆积）类型，近现代才推广应用水厕（水冲式）以及当代因为旅游人口增加新增的移动厕所（旱厕和水厕兼有）。"六种类型主要有三格化粪池式、三联沼气池式、双瓮式、粪尿分集式、完整下水道水冲式以及双坑交替式"。❶ 这其中，除了完整下水道水冲式厕所之外，其余均是从传统农耕文化传承中演化而来的，既可采用旱厕也可水冲式或微水冲式模式。比如三联沼气池式厕所，厕所建筑连接家庭畜禽饲养的猪圈、鸡舍，最后进入沼气池进行发酵和利用沼气，正是对我国秦汉时代盛行的溷厕的创新利用。而其他的旱厕粪尿处理模式，正是基于传统农家大粪池集聚堆肥灭菌、发酵、腐熟的原理，为农田作物提供养分的农业肥田壮苗做法。

（3）乡村厕所材料文化

①厕所建筑的乡土材料语言。对传统厕所建筑最简易的空间结构、材料技术与风貌特色的描述，莫过于农村的一句俗语："一个土坑两块砖，三尺栅栏围四边。"这是对乡村厕所场地、建筑材料最真实的写照，至今依然能够见到。

在我国许多农村地区，由于公共基础设施建设不完善，厕所建设受到地下管网等基础设施以及资金投入的限制，所以采用的建筑形式、粪尿排出与处理模式只能因地制宜、因陋就简地展开，而厕所建筑材料多以就地取材的方式获取。

无论是美丽乡村建设还是乡村振兴战略的推进，对村庄而言，最大的问题、最迫切需要解决的问题就是厕所的脏乱差。所以，许多投入乡建的建筑师、设计师第一个关注解决的焦点问题，往往就是从"厕所"这个小主题切入整个乡村的保护与规划建设。

永续建筑，协力造屋。比如台湾建筑师谢英俊和他的"第三建筑工作室"成员，在积极投入到灾区复建及乡村建设中，首要的契合点就是乡村厕所的设计与改造，要把建筑回归自然生活，帮助经济上有困难的人一起低成本造屋作为建设的本意。谢英俊团队的厕所建设理念是，根据农村卫生比较落后的现状，要彻底治理农村厕所长年粪尿混杂、臭气熏天的状况，急需推广清洁的厕卫形式——"粪尿分集式"厕所，这种厕所从设计上将固体和液体的排泄物分离，粪便落入坑内以草木灰或土灰覆盖，使其迅速干燥成为有机肥土，或者制成干粉养花护草。尿液另外收集发酵，与外界环境有效隔离，发酵后可以作为有机肥水浇灌菜苗。

乡村厕所建筑是从村子里、农田里长出来的土建筑，设计师认为厕所建筑的语言，应该与民宅建筑形制、农田原野作物、设施等文化风貌统一，材料应该合理利用先天条件，"不是最贵最好，而是最对最好"。适应当地地理人文的建筑，才能天长地久。设计师团队"用旧木头、柳树枝条做草屋顶；麦秸黏土墙；苇席钉成木门；涂料桶剪

---

❶ 何御舟，付彦芬.农村地区卫生厕所类型与特点 [J]. 中国卫生 工程学，2016（04）.

成男便池……最后，这座有四蹲坑、四小便槽的'公共厕所'，只用了2000元人民币。而如果按照图纸设计估算：铝合金门窗、塑料窗纱、塑料管材等，则要耗资2万元"。

而在四川绵竹震后修建的粪尿分集生态厕所则是又一个成功的案例。厕所设计充分考虑了当地的地理、气候与建筑特点，采用当地盛产的毛竹为建筑主材，配合铁艺，让竹编板与铁框架共同构成建筑材料。"盖这种房子，农民可以就地取材，不依赖市场，麦秸、黏土几乎无成本，劳动力也是，并不一定要瓦匠，可以节约不少成本。"

此类节约成本的建造在各地均有成功案例，又如北京绿十字团队的孙君先生在湖北十堰做的整体规划，致力于农村建筑设计。在姚家湾一号院的卫生间设计中，以废弃的铁轨水泥枕木和旧砖块为建材，节约资源的同时为大量建筑垃圾提供了好去处。废弃材料的再利用使新建筑自带了淳朴沧桑的气质，这与乡村的气质是完美契合的❶。

湖北省十堰市郧县西南山区边陲小镇郭家店村厕所设计就地取材，以当地河岸上的鹅卵石和山上的岩石砌筑墙壁中，饰以本地生产的红砖和水泥砖。天然卵石、毛石和红砖是当地民居建造常用的建材，以常见材料做出新颖效果，一方面极大地节约了材料的建造运输成本，另一方面有助于形成地方建筑特色。

乡土厕所建筑开放的国际语言。近年来，乡村建设卫生厕所改革质量提升的优秀案例大量涌现，其创新观念、手法，彰显出各个团队对乡建的情怀和对传承以及发扬本土文化的热情。例如河南信阳丁李湾传统村落村头新建的三格化粪池式公共厕所建筑形态与材料语言，透射出设计师对本土化建筑风貌语言的尊重和借鉴。

而在世界各地许多旅游资源丰富，开发较早的乡村聚落，对厕所建筑的设计也往往会从打造景区形象的角度入手，特别强调对本土材质的应用。

以韩国为例，韩国化妆室（韩语中卫生间直译为"化妆室"）文化协议会以"自然保护、正常维护和观光"为主题，根据与环境相协调的原则，对各地公厕进行个性化整改。比如，韩国影视剧的重要取景地，各地方的民俗文化村，就依照当地古代农宅的样式，在公厕房顶覆盖厚稻草苫，在周围矮墙下种植青藤，使之爬满墙面，使现代化的公厕与乡村风貌相融合；而古代宫殿建筑里的公厕，就"伪装"以传统建筑风格，将其建造成脊式房顶，立面装饰以青瓦红砖，与古建筑群落融为一体；韩国最负盛名的旅游胜地济州岛，由于岛屿上富有岩石，这里的公厕则就地取材以火山岩砌筑，济州岛雪岳山国立公园就是典型的以提取风景元素的方式，将公厕设计成气势磅礴的山水中一个和谐的部分，与风景交相辉映。

云南丽江古城范围中所有的公厕，都由景区统一设计建造，规范化、模块化管理，

---

❶ 王占北、李丽婧. 鲍峡镇厕所设计考察报告 [J]. 设计，2015（14）.

在外观风格上与景区整体风格高度一致，这有利于在游客视觉中强化风格符号，重复加深印象，从而提升景区质感和整体形象。丽江古城区的建筑风貌多木构土墙的民居形式，所以厕所设计沿用了这种构筑方式，使整体环境协调统一。

②移动和固定厕所设施与材料

乡村固定厕所建筑的内部应使用防渗漏、防滑、防腐蚀、易于清理的装饰材料，使用坚固、美观、隔声、耐蚀的隔断设施砌筑隔间，为卫生间提供舒适良好的照明体验和使用感受，提高卫生间的整体环境质量，使人们主动产生保护公共环境的意识，营造良好的乡村卫生环境。

乡村移动式厕所内部空间的材料在功能上要具备防污、防臭、防腐、防滑，易清洗，不吸附，难藏垢；便溺产物处理设施尽量使粪尿转化成对环境零污染的排放物，或者更好是转化成可以使用的农肥产品；便溺物的收集和加工过程尽量做到封闭不外露，反应完全，易于回收处理和使用，由此为移动式厕所尽量保持清洁卫生的环境，这也是提高移动式厕所使用寿命的有效方式。不同类型移动厕所的材质列表及优缺点见表5-1[1]。

移动厕所建筑产品的材质列表及优缺点   表5-1

处理方式	材质	优缺点
水冲式	塑料、复合材料、金属、水泥	**优点**：夜间使用方便、耐腐蚀性强、处理方式简单、易清洁、好维护、环保卫生。还可应用污水处理之后用于冲厕所的新技术。 **缺点**：对环境要求过高需要有储粪池、建设工程浩大、对环境污染严重基本是没经过处理的粪便排放到大江大河中去、使用中异味比较大、移动相对困难
打包式	木板、塑料、金属	**优点**：可以单个移动，适合在景区分散式布置，使用方便快捷、操作简单、制造简便，使用的建设材料很环保。 **缺点**：使用时候异味很大、对环境要求比较高，天气过热或过冷都不建议使用、需要对塑料袋进行处理存在很大的安全隐患、运输困难需要用起重机或是汽车搬运、污染环境
真空式	塑料、树脂	**优点**：厕所冲刷力强，厕所内壁非常干净、在节能上优于普通水冲厕所。 **缺点**：存在使用真空厕所屁股吸住拔不出来的情况,粪便在吸过去之后没有进行再处理、异味也没有很好的处理
泡沫式	塑料、复合材料、玻璃、金属	**优点**：上厕所的时候厕所有自动感应系统，晚上也能自己开灯。在使用完了之后，人就可以直接离开，厕所自动处理，很好地解决了粪便的二次污染问题。 **缺点**：对环境的要求比较高，需要一个很大体积的储粪池。能源上要使用水和电来保证其正常的运转，需要定期地添加发泡液、体积比较大，重量很重，运输很困难
药物处理式	塑料、复合材料、金属	**优点**：通过药物把小便处理之后消除异味用来冲厕所，大便经过处理之后消除异味呈现纸浆状保持其农用价值。 **缺点**：对环境要求高，需要电，二次污染没有得到很好地解决，移动不方便，对于其以后是否对环境造成影响现在还不确定
细菌处理式	木板、合成塑料	**优点**：实现了无增量，大便分解成二氧化碳和水、小便则经过处理用于冲厕所和洗手。 **缺点**：细菌需要培养，安全问题很严重，当粪便的量超过细菌处理的量，粪便依然没办法处理、运输不便

---

[1] 欧阳运滔.移动厕所内部优化设计研究 [J].学术论文联合比对库，2014（1）.

③厕所建筑室内的本土特色语言

常规的厕所建筑均属于固定式厕所，固定厕所内部设施材料选择则以"易清洁、耐磨、耐脏、防腐"为主。便器的造型可以自制，也可以选择外形、材质融合度较好的马桶（蹲便器）和小便斗。乡村的瓦罐较多，许多乡村建筑师、设计师经常废物利用，把破罐子切上一刀，就变废为宝：成为造型奇特的小便斗，挂在厕所墙壁上或者安放在地上，可供近距离观赏的"罐栽花草"；用草编、藤编的乡村家具上铺设易清洁的人工木、藤、革、石等材料的休憩座椅、置物台，供如厕人使用。

对厕所化粪池的处理模式，无论是选择"三格、三联、双瓮"式的粪污收集储存与发酵处理的"池、罐、槽"等，均需要采用防渗漏、防腐蚀、耐久的复合材料。厕所地面、台盆一般采用瓷砖或石材，墙饰面可采用瓷砖、石材或直接原材料裸露（如土坯墙、毛石墙等）。

对于厕所空间功能分区，则视建筑墙体的材质、肌理、色彩特征，因地制宜，因势随机地处理内部墙体装饰，装饰的基本原则是突出材料天然本色，注意在墙体合适的位置增添挂衣钩、置物台，包括为母婴、残障人士需要特别手工加工、编制制成的设备与设施，这些来自自然的原生态物品，不仅受村民欢迎，也会受到前来旅游的人们的青睐。物品虽小，但是接地气、尽人意，具有良好的乡土生态亲和力。

5.3.2 乡村厕所的软件系统

乡村厕所是城市厕所的母体。但是随着城市的繁荣壮大，乡村开始走向萧条、萎缩、式微。由于乡村是一个民族文化原始细胞的载体，乡村文化是农耕时代最淳朴文化的延续。透过乡村，人们可以领略和感受到来自自然、社会历史源头的气息，这也是当今的人们为什么如此眷恋乡村的主要原因之一。乡村振兴战略的推进，让原汁原味的传统民族、民俗的文化牵手现代文明，让传统文化真正得以传承。近年来，随着政府不断推进乡村厕所改革，在硬件上已经有了较大改观，但是相较软件系统建设则差距很大，这也是引起诸多厕所建筑及其环境卫生问题的根源所在。但是随着乡村振兴建设的深入推进，乡村厕所软件系统的文化优势正在得到保留，缺陷则逐渐被修复。

（1）乡村厕所建造模式与形制

中国传统乡村厕所因地理地域、社会经济、民俗文化的地位、层级、水准不同，造就了厕所的千殊万类、个性差异。但是就厕所的如厕排解功能空间、必备器物盥洗方式，以及厕室的装饰与环境氛围的营造来看，也是有规矩可依、有章法可循。

①乡村厕所建筑风貌文化。乡村风貌如何，通过厕所建筑特色风貌的窗口即可初见端倪。当然，这是在村落自然生成中的公共厕所和户厕。与当今的乡村建设中许多

新建厕所相比，建筑的形貌虽然华丽或富有传统地方特色，但是许多厕所建筑是徒有其表，似是而非。主要原因是设计建造厕所的思想理念不属于一脉相承的传统民族文化体系，许多设计师的设计理念，更多地是展示自我、张扬个性，忽略了厕所建筑周边自然与人文环境的相互依存、和谐相容、形式内容对立与统一的关系。

②乡村厕所营造过程的仪式感。比如乡村建筑在"起梁架屋"的重要时刻，是充满了神圣崇敬和仪式感。因为，一是乡村营造追求的是"敬事于天，躬耕于地，和合于人"的"天地人一""中正中和"，充满了仪式感和象征性。二是协同共建。在不少乡村的营造过程中就强调了全村人共同参与，比如白族村落至今保留着全村建屋的习俗❶，到了"立木竖房"（即将穿架完毕的梁架竖起）的日子，本村、邻村的尊长、亲友们来参加仪式的多达百人。众人通力合作，给整个仪式和施工过程带来了此起彼伏、热血蒸腾的呼号声。每个参与其中的人都充满了喜悦，仿佛回到了远古时代的酒神节中狂欢一般，让劳动回归了游戏式的愉悦状态，这与现代社会中被异化了的劳动形成了鲜明对比。

③乡村厕所的"协同共建"。传统村落是一个熟人社会，当代村落是一个熟人 + 新人混合的乡村社区综合体，对于传统村落而言，建房起屋，是村庄里共有的大事，需要协同助力，即使是当前的乡村厕所营造活动中也不乏这种"协同共建"带来的张力。

而且随着时代的发展，这种协同共建还呈现出多维复合的形态。比如上文所提到的建筑师谢英俊在进行乡村建设时就是秉持"协同造屋"的理念，他认为与其费力挣两万块付建房工人的工资，不如手里有两万块，大家帮你来建房，然后别人要建房的时候大家再帮他建。这既有效地利用了劳动力，又促进了乡里乡亲的亲情、乡情交融传递。传统村落中的熟人社会关系，就是在互为依存的信念下建立起来的。❷另外，在城市化的引力下，农村剩余劳动力不断流进大中城镇，乡村劳力缺失。要把富余劳动力调动起来，建房的技术门槛就必须降低。

在建筑师谢英俊实验建成"粪尿分集生态厕所"过程中，他的团队不光培训当地农民，鼓励他们积极参与建设，通过互联网络还召集了 40 余名高校建筑专业的学生来参加"暑假建筑工作队"，不到两个月的时间就建成了 001 号、002 号地球屋和印度尼西亚齐省麻达屋 002 号三座示范住宅，并且准备推广至所有的贫困乡村 ❸（图 5-17）。

---

❶　宾慧中.中国白族传统民居营造技艺 [M].上海：同济大学出版社，2011：154.
❷　王雅宁.谢英俊和他的协力造屋 [J].中华民居，2008（07）.
❸　谢英俊.建筑师要先"洗脑"，才能真正在乡村造房子.

图 5-17　乡村厕所"协同共建"

（2）乡村如厕习惯及卫生观念

自我国远古农耕时代至今，广大农村地区和小城镇一直把人、动物、禽类的粪便当作农田最好的肥料，尤其是在菜地里的果蔬、庄稼禾苗缺乏营养时候，及时追施农家肥，可保当季农作物丰产丰收，并且为下一季耕种涵养了土地。所以一辈子和庄稼打交道的农民，也一定是一辈子和粪便肥料打交道："没有屎尿臭，哪来饭菜香"。村民已经习惯于排便生理需求，更习惯于以珍惜的目光看待便溺，以嗅而不厌的观念化解屎尿的难闻气味，坦然作为，正确处理生活中排泄垃圾的主要问题。这就是传统农耕时代的真实写照。

①对村民展开如厕卫生文明教育。推进农村卫生厕所改革，提升厕所环境卫生质量，需要加强人们对厕所卫生的重视，改变以往如厕以及生活中的习惯。例如山东省在推进农村厕所改造的过程中，相关负责人曾专门提到为数不少的村民们习惯了之前上厕所的方式，他们在使用新型卫生厕所的时候，或许会经历过一定的适应期。"打个比方，新厕所要求农户不能把手纸投入化粪池，否则容易堵塞导粪管，也会影响粪池内部细菌和微生物的生长，不能达到无害化处理粪便的要求。"为了提醒如厕注意事项，管理部门还通过媒体、宣传栏、村落广播等各种宣传方式对村

民展开如厕文明教育，逐渐推动农村如厕观念与习惯的转变，努力推动美丽乡村建设。

②对便溺处理依然提倡粪土归田。村民的如厕习惯及卫生观念的形成与农村的生产、生活特征无法分开。目前，旱厕依旧是农村地区厕所类型的首选。因为在农村，农民还是习惯使用粪便堆肥后做成的肥料，要么就是直接把排泄物中的营养成分排入农田，改善土壤状态。可以说这类厕所经济实惠，并且符合农村的传统风俗习惯。

其实这种现象并不只是停留在国内，从世界厕所发展的历史上看，各国农村大体相同。比如在注重环境卫生和礼仪的英国维多利亚时期，粪便也会被专人收集起来然后变废为宝。在 1996 年的富山国际会议上日本专家将人类粪便称为"褐色黄金"。可见，乡村旱厕盛行也是全世界农耕社会比较普遍的生活方式。因此，在许多村民眼里，厕所只要能实现产出"农家肥"的主要目标就可以。这也是在乡村旱厕和微水冲厕所多于全水冲厕所的主要原因。

（3）乡村厕所的管理机制

农村公共厕所的规模和数量需要根据常住人口和流动人口的数量与分布来设定规划指标。农村厕所建造面积没有统一的设计标准，主要原因是农村的人口密度普遍较低，而且农民自宅一般有传统的院落，且宅基地面积较大。因此，除了安排生活起居的空间，还要安排庭院种植养殖的空间需求，所以农民的宅院里不仅有猪、马、牛、羊、犬的踪影，还有鸡、鸭、鹅等鸟禽类的喧嚷。而宅中的厕所，可以按照农民自身的需求决定其大小。

农村厕所的内部环境和设施总体来说都相对简陋，因为在农村人们仍然将厕所定位成解决基本生理需求的地方，并且在无障碍设计方面依旧非常匮乏。即使是残障人士有如厕需求，也是在宅内使用预先备好的恭桶、座椅便器，并由家人及时送出。但目前在城市周边的郊区或者是在一些古村落景区已经开始出现无障碍设计，而在偏远的不发达农村几乎依旧不可能见到类似设施。

不过近年来，随着我国厕所革命的强化推进，以上问题正在被逐步改善，农村卫生环境建设已经被纳入国家战略，并制定了履行的方针，建立了扶持的基金。补充完善了厕所清洁维护、粪溺污物清运、环境卫生安全等系统整体的管理机制与措施。如北京、天津、上海、重庆、广州、深圳、大连、青岛、苏州、嘉兴、杭州、厦门等城市的部分农村和发达县区已经开始向农村普及使用标准化卫生厕所发展速度较快。❶

---

❶ 段学坤.农村生态旱厕空间环境及无障碍设施的设计研究 [D].天津：南开大学，2011.

5.3.3　乡村厕所文化的主要特征

与城市的复合性、兼容性文化结构关系相比，乡村文化结构则显得简单甚至单一，尤其是在边远的大山深处，交通不便、信息闭塞的传统村落和民族村寨更显得原始而纯粹。他们的社会组织、宗教信仰、民族风俗以及生活习惯、生产方式都保留了十分传统的方式特征。这与现代化城镇文化之间有巨大反差。而对于厕所的建造、使用以及便溺的处理则多与农耕、渔猎生活的具体环境条件相适宜，更多看重粪土回田的农地土肥关系。但随着道路交通的日益发达，城乡互联网生活的融合正在逐渐改变乡村传统的农耕渔猎生活，乡村、寨子的厕所建设开始进入现代化文明通道。

（1）朴素的农耕特征

比较一下目前城市卫生间的环境和乡村卫生间的环境就不难看出，乡村的卫生间与农业的产生与发展一脉相承，所以乡村厕所的空间功能与便溺处理，具有古老的"出恭—圈养—施肥"三部曲，这种生物闭合循环的特征，是经历了农耕文化演化出来的农耕厕所朴素的文化特征。

然而，正是这种特征衍生了农村厕所与城市厕所之间生存与发展千丝万缕的联系。从空间功能上看，乡村厕所受土地限定因素较小，厕所建筑在空间上自由度较大，但由于是从因陋就简的模式中演化而来，这使得厕所空间简单，除了便槽或便器，其他盥洗等设备设施基本没有，在空间性别限定上曾长期模糊，不分男女，在卫生厕所改进后，这种状态在公共厕所建设上已经得到解决，但是户外私厕公用，依然存在这类问题。

城市厕所空间界定清晰，便器设施功能齐全，舒适与审美向度较高，便溺排出厕所空间并入市政管网系统统一处理，与如厕人完全隔离。水冲式厕所自动化、智能化程度高，尤其是无障碍设备、设施与环境的建设水平较高，[1] 这种现代化高科技文明下创新生成的生态智能厕所代表了社会文明发展的趋势，如果彻底地解决了水冲式地下管网中的固废液的回用去向问题，无疑将成为未来厕所借鉴发展的主流方向。

（2）突出的地域特征

在我国，由于国土幅员辽阔、民族众多，这使得厕所模式与类型在地理分布上呈现南方、北方，山地、滨水等地理区位分别。

不同地域的厕所建造模式与形象特色，是在尊重本土地域的基本地理气候特征和宗教民俗特征情况下建造的，因此从厕所空间形态到厕所的内部设施差异性特别大。

---

[1]　段学坤. 农村生态旱厕空间环境及无障碍设施的设计研究 [D]. 天津：南开大学，2011.

大致可按以下几个特征区分：一是南方河网纵横的湿地岗坡特征；二是北方雪域高原的干燥冰冻特征；三是山地聚落零散的民俗宗教特征；四是滨水规模聚居的民族融合特征。在这些具体特征的影响下，乡村公共厕所也就产生了地域特征鲜明的厕所环境。

厕所的地域特征固然不同，但是只要是亲农务农，想要保持土地肥力，由便溺转化而成的有机农家肥则是不可或缺的宝贝。关于视便溺为宝的认识和利用，曾经是传统中国农业社会的共同认知，也是变废为宝的一大特色。所以无论哪里，人们挎着粪筐，沿路捡拾人、畜、禽粪便以增加堆肥沤粪产量的行径，也是几十年前中国乡村生活的真实写照。

（3）兼容的利农特征

与城市公厕相比，乡村厕所的建设者往往是农民自己，建造厕所往往要考虑便溺转化成土肥或液肥归田的去向。近年来由政府补贴和企业、公益志愿者参与建设，形成多方参与乡村厕所革命的"3P"模式。多方参与，协同创新，参与者善于利用多方资源，活化本地所有的材质与技艺，进行传承与创新性营造，而这些材质与技艺往往也是村落民居中传承应用的，这使得乡村公厕不管是建筑、室内还是周边景观都能够与村落农业主题相呼应，有着鲜明的兼容、利农风格。

当然，城市厕所的全水冲下水道管网系统处理便溺的做法于农村的农业生产发展不利，这也是城市厕所革命攻坚战的焦点：让城市下水道无用的便溺再次成为无害有机肥料返回农田，沃土壮苗。

乡村旱式厕所、微水冲式厕所处理便溺的废物利用再生资源生态循环模式与方法，尤其是对水资源条件几乎没有需求的优势特征，是未来城市厕所发展需要借鉴创新的地方。❶

5.4 厕所文化中的设计新潮

世界性的厕所革命，激发了厕所创新设计探索的热潮，同时也在促进厕所文化的更新与发展。要知道，在世界推进水冲式马桶厕所的200多年进程中，人们开始清晰地认识到，水冲式马桶在给人们带来极大的便利、舒适、卫生和安全的同时，也给河网水系环境带来潜在的危机，以及给农田表土带来不可逆的板结与贫瘠。人类的厕所空间面临质量提升的压力，更面临便溺处理、生态合宜的模式创新设计探索，这是人类文化进步的需求，更是社会文明提升的原则和目标。

---

❶ 段学坤. 农村生态旱厕空间环境及无障碍设施的设计研究 [D]. 天津：南开大学，2011.

5.4.1 "厕所革命"感召

广义的"厕所革命"指各种新技术、新观念在厕所设计与营造中的应用。世界上许多旅游发达国家，不说纽约大都会博物馆、巴黎卢浮宫、悉尼歌剧院等这些著名场所的大公厕，就以日本山梨、荷兰乡村那些山顶、谷底的小厕所为例，外观设计不仅明快，还富有人文韵味；厕所内部环境温馨又非常洁净、爽心悦目。这既体现了社会文明形象，也使旅游者乐于入内、真正享受如厕放松心绪的快乐。

要实现厕所综合设施的现代化，首先是要彻底摒弃那种漠视厕所品质的旧观念。据了解，不少发达国家现代都市的导向标识中，常把公共厕所标成"清洁所""化妆室""仕女房""绅士间"，这绝对不只是简单的称谓上的创新，而是一种观念上的革命，对应的更是一种厕所空间功能与设施的品质。

在这种现代厕所认知观、营造规范技术指导下，社会公厕的投资、建设、管理，均早已纳入发达国家城乡市政、规划直至经济、科技部门的重要工作范围。近二三十年间，国际都市中常有美丽新奇的公共厕所出现在重要景观地段，成为亮丽的风景线；每年世界厕所组织峰会、论坛、展览上，更有大量样式新颖、功能多样的公厕器具争奇斗妍。❶

从狭义的角度理解"厕所革命"主要是指对发展中国家的厕所进行改造的一项措施，最开始是由联合国儿童基金会提出的。随后厕所成为衡量文明的重要标志之一，能否改善厕所的卫生状况则直接关系到国家人民的健康状况与生存环境，日本、韩国、新加坡等国家都在城市的发展中进行过"厕所革命"。

习近平通过在吉林省延边朝鲜族自治州的考察，了解到了还有很多村民仍然在使用旱厕，他指出，随着农业现代化的发展，新农村的建设也要加快推进，要来个"厕所革命"，让农村群众用上干净卫生的厕所。同时基本公共服务也要更多地向农村进行倾斜，向老少边穷地区倾斜。2017 年 4 月 13 日起，国家旅游局开始集中力量对全国各地的厕所革命进展情况进行调查，重点调查各地厕所的建设进度，尤其是"三年行动计划"的执行情况。2019 年 3 月 8 日，文化和旅游部部长雒树刚在全国两会❷第三场"部长通道"中接受政府网记者采访时说道：我们要推进公共服务走进旅游场所，要统筹推进一批文化和旅游的惠民项目。我们要深入开展"旅游厕所革命"，要持续推进旅游厕所建设，去年我们通过新建、改建、扩建建设了约 3 万个旅游厕所。如今"旅游厕所革命"已经实施了几年，政府打算再用两年的时间基本上解决旅游厕所脏乱差、数量不足等问题。

---

❶ 洪文 . 厕所革命与现代文化 [N]. 中国旅游报，2015–12–18.
❷ 王婕 . 旅游产业已逐步成长为晋城经济亮点 [N]. 太行日报，2016–06–18.

厕所革命既是我国当前社会文明质量提升的焦点问题，更是关系到全民能够喝到放心的水，吃到放心的粮食、无毒无害蔬果，身心健康、可持续发展的关键问题。

5.4.2 女性关怀趋势

厕所革命中，关于厕所空间中男女厕位比例问题，也是多年以来悬而未决的疑难问题。

在 1987 版的《城市公共厕所规划和设计标准》CJJ14—87 中，第 3.2.1 条规定：根据使用情况的不同，男、女蹲（坐）位设置比例以 1∶1 或 3∶2 为宜。可以看出当时的公共厕所设计还是主要考虑男性群体的使用为主，即使不算小便位，男性厕所的坑位也比女性的多，总数更是远超女性厕位。当然这在新版的《城市公共厕所设计标准》CJJ14—2016 版中有所改善，在新规中：人流集中场所，女厕所与男厕所（含小便站位）比例不应小于 2∶1。虽然女性厕位的比例有了很明显的改善，但是对于女性空间的人性化设计却基本没有提及。

导致这种情况的主要原因是在实际的公厕设计与建设中，男性设计师居多且在设计中更有话语权。由于生理上的不同，对女性生理、心理、行为习惯都缺乏了解，无法在设计上体现对女性真实需求的回应也成了必然。

不少国家已经开始注意到对厕所女性空间的专门设计。例如法国巴黎的厕所通常使用城市里的商店、宾馆、展厅等的独立卫生间，这与国内恰恰相反，有些厕所甚至经过精心设计装修用来当作吸引客源的资本之一，不仅如此，法国的女厕设计的更加高级，除了镜子、梳妆台外，甚至还设置了自动贩卖机，部分高档餐厅还设有口红、香水等供女性使用，对女性空间的尊重体现得淋漓尽致。

在意大利，公共厕所则更多了一些人文关怀，女性可以优先如厕，而当女性因为"内急"实在找不到厕位时，也可以正当地去旁边的男厕所如厕，而且男厕中的男士还要主动谦让，不能加以抱怨。

仔细研究世界各国的厕所文化，我们不难发现在许多国家，例如新加坡、日本等都会在厕所设计的细节上表现出对女性的尊重，通过软硬件设施的搭配来提高公厕的使用效率，解决公共厕所存在的诸多问题。

5.4.3 生态环保要求

2011 年盖茨基金会发起了"厕所创新挑战项目"，并为"全球厕所创新大赛"提供资助，目的是以可持续的方法解决世界性的卫生如厕问题。参赛作品提出了很多生态厕所的设计方法，其中一些技术原型已经被成功开发，例如加州理工大学的太阳能

厕所，利用粪便产生的氢气作为燃料电池的能源；英国拉夫堡大学和美国斯坦福大学将粪便转变成木炭或生物炭的技术等。❶

2019 年 2 月比尔·盖茨与夫人梅琳达联手向全世界发布了公开信，通过九组数据让人们看到了世界的另一面。其中第 7 条是关于厕所的，他们认为"厕所还是一百年前的老样子"。盖茨说："虽然我和梅琳达早在 8 年前就向全世界的工程技术设计人员和科学家提出了创新厕所的挑战。然而迄今为止，全球依然还有 20 多亿人用不上卫生的厕所。在到处随便，放任粪便未经处理就进入人类聚居生活的环境，导致每天近 800 名儿童死亡。为此，盖茨基金会投入了更多资金用于进一步研发创新厕所，并且让贫困人口也能用得起这些厕所。"

未来厕所长什么样，无人能讲明白，但是从每年人们参与厕所创新设计竞赛所提供的一些大胆设计来看，很多设计者认为公共厕所是生态循环链条中的一环，涉及能量的输入与输出，涉及废弃物的"无害化"或"资源化"处理。很多设计者还基于"文化生态学"的视角，以文化建构的方式切入健康生态圈，因此，对人们如厕方式的干预以及新型厕所文化的探索必然是该系统设计的组成部分。看起来可能和现在差别不大，但工作原理会非常不同。真正的妙处在看不见的地方。和现有的厕所系统不同，未来的厕所自成一体，修复和建造厕所的自动可循环体系，消毒杀菌并把排泄物优化利用生成能源、肥料、化工用品等。

因此，以后的厕所设计，尤其是公共厕所设计必然会提出越来越高的生态环保要求。无论是位于城市、乡村还是旅游景区，无论从"使用"还是"管理"的"事"上思考，都包含以下几个具体内容：

区域规划（分布、密度、位置等）；

空间布局（不同功能区的划分、男女厕位分布、动线设计等）；

卫生设施设计（马桶、洗手池、灯具、无障碍设施等）；

建筑景观设计（符合地域文化的建筑和景观设计）；

生态技术的应用（粪便尿液的收集、处理、使用，节水、节能、除臭等技术）；

视觉传达设计（导视系统、标牌、设备使用指南、科普知识、公益宣传等）；

服务设计（针对用户体验的服务设计，如找厕所的软件、卫生用品销售、旅行或医疗增值服务等）；

经营管理（日常维护、管理方式与商业模式）等。

---

❶ 刘新，朱琳，夏南. 构建健康的公共卫生文化——生态型公共厕所系统创新设计研究 [J]. 装饰，2016（03）.

6 乡村卫生厕所与便器设计探索

当人们对厕所有了深刻认知,了解了厕所的起源与发展,看清了厕所作为折射社会时代文明的一种文化内涵,会明白一个道理,那就是:粪便其实是人生命周期的产物,与人相伴终生。厕所则随人类社会文明一起进化,厕所粪便是人类多彩文化的投影,如影随形。所以,在人前行的路途中,或许没有意识到身形潜在的变化,但是身体影子却会忠实地记录、昭示着行为的正侧与偏离。由此也生出要有计划、有目标地提升人类生活品质,健康愉悦地营造人类社会生活环境,需要通过不断的设计创新,来改变现状的不利因素,纠偏运行轨迹,提出更加适宜的生活方式,营造更加舒适温馨的如厕环境。

6.1 不同地域的厕所设计

由于中国国土幅员辽阔,从南到北的气候环境相差都非常大,这种广阔的地域孕育出了不同的民族和不同的文化,这些民族与文化相互碰撞交融,造就了千殊万类不同的民族宗教信仰以及由此生成的如厕文化。厕所设计必须以地域、本土自然、人文条件为前提,围绕人的生活习惯和不同气候条件与特色功能需求,有的放矢地开展乡村卫生厕所设计的改革与创新。就我国进入现代城镇化建设来看,农村厕所改良与粪污处理系统的设计探索从来就没有终止过,目前在广大农村地区,已经成熟和推广使用的旱式厕所、水冲式厕所不下十种,但真正能够经得起地域、气候、时间考验的卫生厕所类型并不多。

6.1.1 北方寒冷干燥地区的厕所设计

在我国北方农村,受经济发展的制约和旧观念、习惯的影响,卫生厕所改良与建造发展极不平衡。许多远郊和交通不便的乡村厕所仍比较简陋,卫生条件差。农村户厕的卫生状态也参差不齐。许多农户厕所由于存在"存粪不发酵、积肥不杀菌"的弊端，粪池溢出的粪便常常会携带"病菌、病毒、寄生虫"等多种病原体污染地表水系并附着于农田的蔬菜瓜果之上，很容易造成村民肠道传染病的流行，严重时会导致畜禽瘟疫甚至传染给人类。在过去，这些问题都会给农牧民带来巨大的灾难，这些灾难往往伴随着巨大的经济损失。因此，开展户厕改革设计探索，既是农村农民生活、生产的大计，更是人民健康的基本保障，需要持续不断地加大农村厕改的决心和力度。

（1）厕所、便器的防冻设计

北方乡村建造的户厕一般为室外独立厕所建筑和民宅建筑室内户厕两种。厕卫室内空间主要是提供如厕功能和盥洗设施功能。传统的厕所空间包括便槽、坑式粪池堆肥处与清掏集运接口。近年来，双瓮式厕所以及深坑三格化粪池式厕所逐渐被运用于农村地区的户厕使用。

住户的双瓮式厕所内安放不沾污、滑粪快的漏斗形坐便或蹲便器；厕所内配备洁净卫生纸存放箱（盆）或壁灶、废纸篓、注水缸（池）以及水勺（供洗刷用）、扫帚及刷子和夜间照明等。蹲便器也可选择粪尿分集式或一体漏斗式（无水冲和微水冲）。双瓮式厕所因瓮体可以置于室外深埋防冻，仅以做过保温处理的导粪管联结厕所便器，因此厕所便器与粪瓮容器的结构关系简单、投资造价低，取材方便，易于施工，在欠发达的农村比较受欢迎（图6-1）。

①厕所空间、便器设计与优势特点。北方地区乡村厕卫空间的设计主要考虑的是冬季防冻问题。根据我国北方地区土层厚、雨量中等的气候特征，卫生厕所通常采用双瓮式类型和三格化粪池式厕所。双瓮式厕所早期是土法手工修造瓮体，在瓮底和侧壁的防渗漏设计方面曾作过多种探索。现在的瓮式容器主要是使用高压和低压的废旧塑料，配合一些防老化剂和偶联剂进行一次性的注塑从而形成的。这种容器有很多优点，比如强度高、安装便利、使用寿命长、方便运输、对酸碱腐蚀都有一定抗性等。如厕结束以后只需要少量的水进行冲洗即可，不会产生臭味也不易滋生蚊虫。这种类型的厕所处理后的粪便制成肥料还能很好地杀灭病菌和虫卵，基本能够达到粪便无害化的要求，运用这种肥料可以有效地避免土壤失去肥力与土壤板结。

②厕所、便器、粪瓮的基本结构。双瓮式的基本结构如图6-2所示，主要由漏斗形便器、前后两个瓮形储粪池、连通管（过粪管）、后瓮盖和厕室组成。漏斗形便器置于前瓮进粪口。

图6-1 双瓮式厕所实物安装图

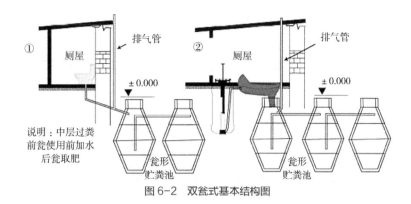

图 6-2 双瓮式基本结构图

便器下面连一进粪管通到厕室外的前瓮内。前后粪池呈瓮形，中部大口小，一前一后，前瓮略小，后瓮稍大。前瓮用作接纳和储存粪便，并在此有效停留 40 天以上。粪便在前瓮充分厌氧发酵、沉淀分层。粪便内寄生虫卵和病原微生物逐渐被杀灭，达到基本无害化要求。后瓮主要用来储存粪液，池口设有水泥盖板，平时盖严，取粪时可随时打开。❶

③粪便收集与处理原理。采用漏斗形便池有利于粪便快速自动下滑，便后不需要每次都冲水，便后可用麻锥刷或活动盖板闭合粪口。室外瓮体上方高于地面设置能密闭的检视口和出粪口，不用水泥固定，以便提起清出粪渣液；在前瓮上口缩小粪池的暴露面积，粪池中即使有蛆也不能爬出化蛹，阻断苍蝇繁殖的生活史，因而具有防蝇、防蛆和防臭的功能。

（2）便溺处理系统工程设计

为保证双瓮式厕所正常运行与处理粪肥的质量，除了厕所建筑设计、便器卫浴设备选择需要通过规范的施工与标准构件的使用外，对其他需要现场加工的部件宜尽量使用加工点的统一标准且部件配套齐全，并有专人安装和管理。

在施工中需要注意：一是漏斗形便器的安装应安放在前瓮的上口，并防止将漏斗形便器固定；二是不可把漏斗形便器的下部敲碎，或不按照规范做法另开一小口作为出粪渣口，这样既破坏了双瓮式厕所的密闭性和完整性，也易导致苍蝇滋生。注意连通管的安装部位、角度和尺度要求的规范性，这是提高粪便无害化效果的关键。三是维护与管理。注意用前加水，用时控水；定期清除前瓮粪渣，一般每年清除 1 ~ 2 次（图 6-3）。

❶ 刘生宝，伏小弟，姜曙光 . 西北高寒区双瓮漏斗式厕所的改进研究 [J]. 中国水运（下半月），2009（01）.

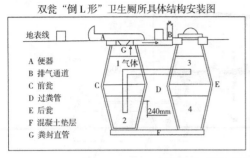
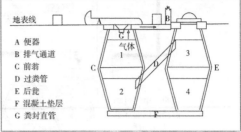

图 6-3　双瓮式厕所两种结构安装图

（3）效益、不足及改进措施

①经济效益。根据对中原某市农村双瓮式厕所经济效益进行分析表明，用 0.57 年即可达到双瓮式无害化厕所，通过埋置于地下的瓮体储存、酵化人体的排泄物，其具有密封储存、厌氧发酵、杀死粪便中的细菌、寄生虫卵等作用，从而达到无臭、无蝇蛆，发酵处理后的粪便可以直接施用于菜地、农田，是优质环保型无害化有机肥料。❶

②不足及改进措施。一是有的便池冲洗需水量大，冲洗不干净。重要原因是制作漏斗形便器所采用的材质不够光滑和农村现有取水设施的滞后。要尽可能选择施釉陶瓷洁具产品。二是户厕外墙和瓮体基坑壁缺乏必要的保温防护措施，造成冬季双瓮内粪便冻结，前瓮粪便无法进入后瓮，从而不断积累，冻结的粪便出露前瓮的现象时有发生。所以建筑外墙设计与基坑侧壁在施工时需要填充保温棉或泡沫体，以提高抗冻能力。三是缺乏排除臭气的排气通道。为排除前瓮产生的臭气，可在前瓮器壁上设置排气通道。四是过粪管堵塞无法检查。应对前瓮进行定期的清理，最少保证每年 1 次，同时在后瓮内部设置浮子标尺，可以在外部检测瓮内液面高度；而为了防止过粪管堵塞，对过粪管管径的选取不宜过小，且过粪管应选用光滑的材质制作，以便于粪便顺利通过。同时，过粪管还应设置简易实效的清通装置，如采用图 6-4 所示的清通毛刷，清通毛刷手柄为可弯曲且有一定强度的材料如铁丝箍等，以便于毛刷在过粪管堵塞时能顺利进入（图 6-4）。❷

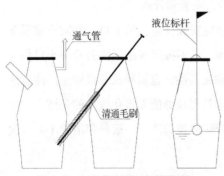

图 6-4　双瓮式厕所两种改进措施

❶　张丽娜, 胡梅, 王农, 等. 当前我国生态厕所的主要技术类型选择 [J]. 农业环境与发展, 2009（04）.
❷　刘生宝, 伏小弟, 等. 西北高寒区双瓮漏斗式厕所的改进研究 [J]. 中国水运（下半月）, 2009（01）.

有条件的农户在选择建造三格化粪池式厕所时，则需要考虑化粪池的防冻处理，目前市面上有玻璃钢材质的三格化粪池，可以通过深埋化粪池，做好池壁、池上覆土前加填保温材料，同时加长落粪管和出粪管的长度，确保在寒冷冰冻期，化粪池发酵过程依然能保持应有的池温即可。

6.1.2　南方炎热潮湿地区的厕所设计

（1）地域适宜性厕所便器选型

①厕所空间构造与便器设计。三格化粪池式厕所建筑设计是依据当地民居建筑的制式风格设计建造的（图6-5）。由于受制于经济技术条件以及农户对厕所建造的观念、重视度不同，厕所空间和卫生条件同样存在巨大差异。

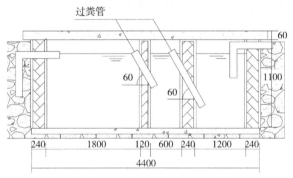

图6-5　三格化粪池式厕所结构示意图

厕所室内功能根据户主的个性需求在保证基本的如厕与功能关系以外延伸增加其他附属功能。厕所内部空间主要由便器和盥洗卫浴设备设施组成。便器可选陶瓷制蹲便器或坐便器。在便器排出设备组织上，主要有"便池蹲位、连通管和分成三个相互连通格室的密封粪池组成"。而对于三格化粪池的构造，传统设计的做法均采用钢筋混凝土和砖砌两种结构设计制作，当前一些厕卫生产厂家在不断进行设计探索中，刷新了三格化粪池材料的产品换代系列。

②厕所运行的原理。乡村厕所无论采取何种便溺处理模式，其建筑室内的功能分区与设备设施配置，在使用需求上差别不大，无论便器选择为坐便器、蹲便器或土法修建的便槽等不同形式，区别也仅仅体现在人们如厕排便时的体位不同、舒适度不同。差别大的则是便器处理便溺类型以及连接排粪管至化粪池的储粪、发酵管网、设施设备和固废液的用途去向。

根据三格化粪池的功能属性，从第一到第三小池室的主要功能依次命名为"截留沉淀与发酵池、再次发酵池和储粪池"。三池由连通管相连。排出的新鲜粪便进入第

图6-6　三格化粪池厕所结构照片

一池主要起截留粪渣、发酵和沉淀虫卵作用；第二池起继续发酵作用；第三池起发酵后粪液的贮存作用。在第一池和第三池上方分别设有清渣口和出粪口。自第三池出粪口流出的粪液已经基本上不含寄生虫卵和病原微生物，可供农田直接使用 ❶。所以厕所粪便处理模式不同会导致粪便能源、资源的利用率、效益不同，灭虫杀菌的效果不同，粪料的有机肥田质量也存在较大的差异（图6-6）。

③建设成本与经济效益。三格化粪池式厕所主要建造成本来自于人工和材料造成的费用，总费用大概在1000元，但是因为地理位置不同，原材料的价格和人工的费用不同地区还是有不小的差距。

三格化粪池式厕所适用于我国黄淮地区及秦岭以南的农村，所以在南方建三格化粪池式厕所比北方多。三格化粪池式厕所设计与工程施工技术已在探索中使用多年，并在材料更新、高新技术利用上逐渐有新的突破。所以综合来看，三格化粪池式厕所具有建造技术较为容易，材料易于获得，适应地方习惯，易于地方推广等特点，如果想要化粪池的无害化处理能够达到国家卫生标准的要求，那么必须严格按照标准进行设计和施工。

④粪便处理优点与问题。采用三格化粪池式厕所在处理粪便系统上有很多优势，比如说结构比较简单、价格也不高，比较卫生，流程也不复杂；合理使用三格化粪池能够有效杀灭粪便中的病菌和虫卵，并将粪便进行发酵储存；在绝大部分农村地区适用，占地面积不大，简便易行，农民可以自己建造，使用起来也非常方便。但也同样存在着很多问题，比如说所使用的三个粪池的建造需要合适的池深和尺度比例关系，对于地表土较薄，且处于多石的山地，建造这类池型不易。另外，由于发酵池的用处也比较固定，整体来说效益不显著，并且这种厕所的用水量较大，对于缺水地区来说就显得不大合适。由于厕所坑池占地面积较大，在城市化发展中也会影响土地使用率。

（2）宜于推广的卫生厕所设计

粪尿分集式厕所属于旱型无水冲类（或微水冲）厕所，比较适用于我国南方和西南部地区。对排出的便溺分别收集，从粪便到优质无害的有机肥料需要经过一系列灭菌、发酵、腐殖过程；而收集的尿液则可以直接拿来分别处理、使用。这类生态旱厕

---

❶　沈彬. 新农村建设中生态农宅研究 [D]. 天津：天津大学，2006.

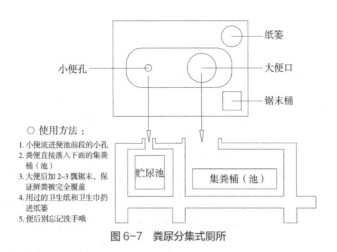

○ 使用方法：
1. 小便流进便池前段的小孔
2. 粪便直接落入下面的集粪桶（池）
3. 大便后加2-3瓢锯末，保证鲜粪被完全覆盖
4. 用过的卫生纸和卫生巾扔进纸篓
5. 便后别忘记洗手哦

图 6-7　粪尿分集式厕所

的最大的特点就是有一个用来进行粪尿分离的专用便器，这种便器是通过前端的收集容器来收集尿液，用后端较大的孔洞用来收集大便，然后对收集来的粪便进行初步的处理，比如用灰粉进行覆盖，不需要用水进行冲洗（图 6-7）。

①建设及使用成本。这种类型的厕所可以根据具体的情况设置在屋内，成本也比较低，一般在 500 元左右就可以。这类旱厕的优点在于弹性十分大，即使是造价低至 200 元也不会影响它的具体功能使用，所增加的成本一般都是用来提高舒适度和改善外观上。在广西地区，这种类型的旱厕大部分都是建造在屋内，一般都带有盥洗的功能，建造成本在 500 元上下，如果对装修多投入一些则与城市里普通人家的厕所并无多少差距。目前这种厕所已经开始大力推广起来，个人只需要支付 60%，其余由政府支付 35%，集体支付 5%。

②疾病预防控制效益。这种类型的厕所对粪便的无害化处理不会对周围的环境造成污染，也不会产生对人体健康有害的物质，完全得益于这是一种完全封闭的一种循环系统。2000 ~ 2002 年，由多个部门联合对广西农村的 45 户运用粪尿分离系统的农户家厕所进行抽检，发现 91.1% 的卫生厕所基本无臭，88.9% 基本没有苍蝇和蛆虫，73.3% 基本不存在昆虫；正常使用 3 个月后 75% 的农户粪便无害化的检测合格。这些检测都是严格按照《粪便无害化卫生标准》GB 7959—1987 里的标准进行卫生学评价的。所以不难看出，广西农厕的粪便无害化采用这种类型的厕所进行处理是完全没有问题的。

③经济效益、优点与存在问题。如果使用的是传统水冲式的厕所，人均每年大约需要 15000L 的水去进行冲洗，大约需要超过粪便和尿的 30 倍的水量才能冲洗干净，即使是使用三格化粪池，每人每年也需要至少 2000L 的水来冲洗厕所。但是这种问题对于粪尿分集式的厕所就不用担心，因为这类厕所是不需要使用水来冲洗，只需要把粪便用干燥的灰粉类物质进行覆盖，排出的尿液每次也只需要使用不到 200mL 的水进

行冲洗就可以满足使用，如果以每个人每年总消耗的水量200L来计算的话，一家4口人的家庭一年冲水的消耗也不会超过800L。

粪尿分集式厕所在建造上具有灵活性，不会占用大量空间；因为基本不使用水来冲洗，所以也不用进行防水的布置，同样也就不用修建排水排污管道；没有臭味也不会有蛆虫蚊蝇产生。可以建在屋外也可以建在屋内。如果建在屋内，可以直接使用房屋的结构进行布置，成本也会更加低，也方便维修和使用。

该类厕所虽然不用水冲、简单易行，但是在使用和维护过程没有水冲式厕所方便；一般会选用具有生态性质的草木灰来作为覆盖粪便的主要物质；如何在运行的过程中对其进行利用和管理是重中之重。如果不能正确高效地对其进行使用管理，将大大影响粪便无害化处理的效果。所以，对这种类型的厕所进行推广，受众群必须满足有使用尿和粪便作为肥料的习惯、家中能连续供应草木灰、家里没有参与饲养行业。

（3）乡村"多功能"厕所营造

与城市厕所不同的是，乡村厕所往往自带多功能属性，因为除了承担人们的卫生需求，乡村厕所往往还要承担产生农家肥、承担家禽家畜的圈养等功能。

①构造原理。三联沼气池式厕所的基本组成结构是使用水压的沼气池。这种厕所包括地上和地下两个部分。地上部分包括适应农村生产生活的圈养牲畜、家禽类的空间及厕所主体（地面蹲位、沼气池、导气管等），地下部分包括储粪池、发酵池、进粪管等。

之所以称之为三联沼气式厕所，主要是在正常使用的蹲位下方设置进粪管道，在管道的尽头设置两通管道，把两通管道和牲畜家禽的粪便连接当成牲畜家禽粪便的进口，然后通过进粪管道排入沼气池中。一般把发酵处理后的粪便尿液储藏在出料池中。根据不同的分类方法可以把它分成阶梯式、平地式等（图6-8）。

②建造成本。这种类型的厕所较之其他类型的厕卫系统来说，建造的工艺更加复杂，同时也就会导致成本攀升。一般来说每户需要至少2000元左右的造价投入来修建一个沼气池，沼气池的使用年限要求起码30年以上。所投入的资金大约2年就可以收回来。一般投入的资金主要花在人工、设备和材料三个方面。在资金投入上采取国家、集体、个人共同投入，但以个人投入为主。

③效果与效益。大量研究结果表明，经沼气池处理后各类病菌和虫卵杀灭率为99.9%，达到粪便无害化卫生标准。根据对云南省南涧县处于全国典型的"高山峡谷型"血吸虫病中度流行区的调查，截至2005年底，已累计建设"一池三改"沼气池910户，疫区7个村（居）委会已先后达到了传播阻断标准，2个村委会达到传播控制标准。全县疫区人群感染率下降到0.43%，家畜感染率下降到2.4%。聚集人畜粪便通过

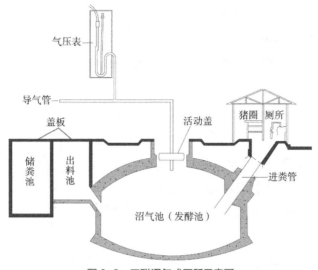

图 6-8　三联沼气式厕所示意图

沼气池厌氧发酵处理,可杀灭血吸虫卵,减少粪便污染,阻断疾病传播成效显著[1]。另外,据中国报告网"中国报告大厅"关于"2016年我国沼气行业的发展趋势"分析,截止到 2011 年底,全国乡村农户的户用沼气达到 3996 万户,占乡村总户数的 23%,受益人口达 1.5 亿多人。因此,2018 ~ 2019 年以来,每年国家会持续预算划拨专项经费用于补贴农户厕所改造与申请建造沼气池的农户进行专项补贴。

沼渣、沼液是高效有机肥,益于改良土壤。处理后的沼肥可以用来养鱼、种果树及改良土壤。沼气是清洁能源,可以用来做饭、照明、取暖。据测算,一座 $6 ~ 8m^3$ 的沼气池,每年可节柴 2000kg 以上。一般农村每户年均烧柴 2400kg,村民不用上山砍柴,保护了森林资源,巩固了绿化,避免了水土流失。

④存在问题。存在的主要问题是:一是沼气池厕所的推广有地域限制,因为沼气池发酵需要一定的温度条件,所以黄河淮河以及秦岭以南的地区都比较适合推广使用,在北方的一些寒冷地区如果能处理好冬季的保温防寒问题,那么这种厕所也是可以使用的。二是占地问题。沼气池厕所占用土地较多,如果家里不兼做养殖,则建造这类厕所收益不是很高。三是实施"一池三改"生态家园模式,需要政府或企业技术支持与全程技术服务。四是国家对这种厕所的补助。由于各个地区地域存在巨大差异,先天条件与禀赋不同,总的投入也不够充分,从而导致人们在户厕改造方面积极性不高,很多地区都出现了空有池子却没有其他相关的配套设施。五是管理问题,管理粗放及水平低下也导致了现阶段农村的沼气池卫生厕所效益不高。

❶ 张丽娜、胡梅, 王农, 等. 当前我国生态厕所的主要技术类型选择 [J]. 农业环境与发展, 2009 (04).

沼气池卫生厕所综合对比下来还是比较适合在农村地区进行推广。它虽然相较其他厕所来说预算成本比较高，建造技术难度比较大，在后期的管理上也会存在一些技术与监控等方面的困难，但在现阶段中国农村厕所改造中依然是节能环保、节约能源的最优模式。

6.1.3 西部山地干旱地区的厕所设计

我国西部、西北部地区干旱，缺水少雨，农牧区的厕所选型一般根据农牧人聚居村落的具体地理环境气候做出厕所类型选型与卫生改良设计（图6-9）。

（1）"VIP"厕所改良探索

VIP厕所是由联合国开发计划署在中国的新疆、内蒙古等地区进行宣传推广的一种厕所类型。通风改良坑式厕所是其改良版本，适用于我国少雨干旱的西北部地区。这种类型的厕所的基本原理就是让粪便进行自然降解，长时间的降解能够使得虫卵、细菌等逐步被杀死。这种类型的厕所具有许多优点，

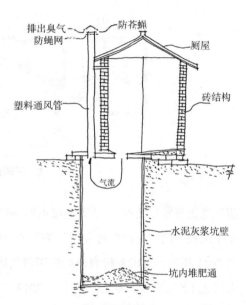

图6-9 通风改良坑式厕所示意图

比如能够有效防臭、防蚊虫、建造技术性不高、成本也很低而且不需要用水冲洗，且满足卫生的基本要求（图6-9）。

（2）粪便系统处理与清掏

与通风改良式厕所类似的还有室内免水冲式厕所、阁楼式厕所等。室内免水冲式厕所一般排出的粪便经过一个比较长的进粪管道排到室外一个深度数米的大蓄粪池中进行保存，也可以从便器下方直接排入一个比较深的蓄粪池里。蓄粪池里的粪便一般一年处理1次，将其处理成肥料还田。这类厕所的优点就是比较卫生，而且比较抗寒。阁楼式厕所和通风改良坑式厕所比较相像，是旱厕的一种，一般分布在青海、西藏等地区，建造成本比较低。这种类型的厕所把粪坑修建在地面的上方，直接把用来发酵用的粪坑设置在取粪口的旁边，粪便经过处理后可以直接用来还田；取粪口平时为了防止滋生蚊虫，也防止牲畜家禽闯入一般是关闭的，只在取粪的时候才会打开，取粪一般是在春季的时候进行。

（3）节水生态厕所的推广

位于我国西南部的云贵高原，是我国生态良好、资源丰富的地区。然而，在厕所

的建造与粪污处理上曾一度处于落后的状态。这使得古城、村寨景区和滇池、洱海一度成为粪便污染的重灾区（图6-10）。

①被臭气熏蒸出来的游客。云南丽江的古城、雪山旅游热是从20世纪90年代开始，之后快速发展，受到国内外游人的热捧。虽然是旅游热土，但是其厕所的欠缺和卫生条件之差，也是早期游客挥之不去的痛楚。古城厕所那种"熏蒸"的气息破坏了游客游玩的美好心境。因此该地卫生厕所建造成为改革的第一命题（图6-11）。

②富含氮、磷的滇池污水。其实不仅仅如此，昆明滇池从被污染到治污也是改革开放后30年（1978～2008年）的一大难题。滇池的水质从20世纪60年代的Ⅱ类水恶化到2000年后Ⅴ类水，面对政府不断投入治污的巨大工程，当地老百姓称其为"越治越污"；1997年云南省甚至通过世界银行贷款项目，贷款5亿美元，加上国家1∶1匹配资金，贷款额的74% 3.7亿美元投入滇池5年治污计划。然而，成效又怎样呢？经调查，位于市区下游的滇池共接纳来自上游20多条穿城而过的河流，正是这些河流带来大量生活污水，而其中主要污染源则是来自于居民水冲厕所的污水。按照当时昆明市200万人口人均排便水冲量和其他生活污水排量计算，每天约80万吨污水通过小河被排入滇池；按照每天人均排便量中富含的氮（18.6g）、磷（1.74g）全部进入水体可污染10吨水计算，会导致2000万吨湖水水质富含氮磷，这也是滇池湖水富营养化而得不到有效治理的根本原因。❶

③环境污染逼出厕所革命。"致污容易治污难"，这是我国治污历程的真实写照。虽然各地治理污染已经初见成效，然而要恢复如初仍需要旷日持久的坚持努力，并必须从根源上切断污染源。厕所改良、厕所革命就是一场旷日持久的治理污染和生态修复攻坚战。2003年，云南省在围绕厕所革命的工程建设中推出了节水生态厕所，以水冲泡沫封臭技术取代传统的全水冲厕所模式，经测算，按照公共厕所使用节水便器单个对比，便器每次用水0.015L，而传统的水冲便器单个每次用水12L（现在已经改良

图6-10　2013年，洱海被污染的水体

图6-11　滇池水质与2016年建设的生态卫生厕所

❶　郭椿柏，等.厕所革命：为西部生态建设带来福音[J].科技经济市场，2003（07）.

提升为 3 ~ 6L）。这种节水效果在西部高原缺水地区是非常可贵的。

近年来，随着滇池治污的不断推进，滇池水质在 2016 年全湖水质首次告别劣 V 类，2017 年滇池全湖水质稳定保持 V 类，2018 年滇池草海、外海水质已经达到Ⅳ类，是建立滇池水质数据监测库 30 年以来最好水质 ❶。

6.1.4 东部沿海湿润地区的厕所设计

我国东部沿海地区南北跨度较大，在地理纬度分布上，厕所建造的模式受制于气温的变化，但是依然可以遵从北方、南方的条件界定。由于东部地理地势有山地、平原、湿地，水网体系纵横错落，水陆交通便利，水上有捕鱼舟船、舰艇、海轮等，客运交通十分发达。于是除了陆地乡镇、渔村、聚落；航运客船上的公共厕所和仓位私厕的空间体系，也成为沿海—海上厕所设计探索的焦点（图 6-12）。

东部沿海陆地厕所的空间建设、便器选型和便溺系统处理体系，受村落所处地理气候与经济条件的影响而存在差距。从厕所改造的进程看，普遍经历了户外简陋、脏臭不堪的土厕所和露天粪池，向着卫生、文明的现代化厕所进化。

（1）粪污系统处理的地域性

东部沿海滨水民居传统的生活方式中对于污水、便溺的处理去向不够重视，认为水是活体，一切污浊只要入水都会被水流稀释、荡涤而还原，正所谓"以水为净"。所以，改革开放前的河边，上游倾倒便溺、洗刷马桶，下游淘米洗菜、沐浴洗衣，被人们视为生活常态，甚至在沿河一带，多见一些小巷中临时便池的排溺口，就设在河里，可见当时的生活卫生状况之差，这也是胃肠传染病以及瘟疫频发的根源了（图 6-13）。

图 6-12　浙江温岭石塘古镇渔村民居与室外厕所

---

❶ 张小燕 . 全城招募 40 组亲子家庭见证滇池变化 [N/OL]. （2019-03-14）都市时报 .

图 6-13　昔日的户厕废污水直接排入运河，今日排入地下管网

（2）厕所发展现状

处于东部沿海经济发达地带，厕所改造起步早、基础好，户厕卫生厕所改造在 2017 年基本达到 80% 以上。过去散落在各地农村的土厕所已经在很大程度上被改造成为卫生厕所，并向着升级版的舒适美观、人性化、生态化、智能化卫生厕所发展（表 6-1）。

东部沿海湿润地区在新中国成立后乡村厕所类型流变　　　　　　　　　　　　　　　　　　　　　　　表6-1

时间	模式	方法	优势
20 世纪 50 年代	填污疏淤 除天粪缸 兴建公厕	小型集中 搭棚加盖 迁移河边粪缸	基本达到"一管四收效" 统一管理，专人倒洗
20 世纪 60 年代	统一集中管理 固体废弃物无害化	粪便垃圾混合 高温堆肥法 长坑式堆肥法	因地制宜多形式 粪便无害化处理
20 世纪 70 年代	沉卵发酵无害化 公共厕所推广	两隔三池（五池）式化粪池	小型多点 结构简单
20 世纪 80 年代	集中处理转为一家一户 开发能源 循环利用	家用小三格化粪池 "三位一体"三联沼气池	体积缩小 更受欢迎 达到卫生标准
20 世纪 90 年代	大规模推广 因地制宜	双瓮式厕所	因地制宜 因势利导
20 世纪 90 年代后至今厕所类型固定未有太大变化			

例如，2006 年以来，江苏连云港地方政府按照国家和各级政府关于农村改厕工作要求，坚持"政府主导，部门协作，多方投入、农民主体"的原则，积极探索，因地制宜，持之以恒地加快推进农村改厕工作。截至 2017 年底，全市共完成农村无害化卫生厕所改造 79.7 万户，普及率从 2006 年的 15.3% 上升到 2017 年的 84%。2018 年力争完成 7.2 万户农村无害化卫生户厕任务计划，确保到 2020 年居民告别又臭又脏的厕所，基本完成农村户厕无害化建设改造任务，切实为群众健康生活创造良好条件。❶

---

❶ 《2020 年连云港市无害化卫生厕所基本全覆盖》。

其实,在这场旷日持久的厕所改革攻坚战中,不仅仅是连云港,在山东、江苏、上海、浙江、福建等沿海地区的农村和渔村,同样经历了不同历史时期的城乡厕所改造过程,并且厕所建筑改造设计因地制宜,因势利导,在确保卫生、环保、安全、无害化的前提下,遵循地域本土的民俗习惯与风貌特色,让厕所建筑融于当地自然和人文环境,又彰显现代文明特色。

6.1.5 乡村卫生厕所生态、节能设计探索

改造后的乡村公共厕所,是一个经过空间、生态、环境系统化文明提升的大众参与地点,一个符合本地社会、经济、文化等民风习俗特征和需求而构筑的新农村社区交往枢纽。好的厕所给本村和游人等不同利益相关人都带来便利和美好的如厕体验。通过体贴周到的厕所空间系统设计,既解决生活、生态问题,还能促进社区交流、资源与信息交换、共享,甚至带来经济效益等更多商机。因此,卫生厕所的建设不仅能满足日常生活的需求,促进社会文明与经济发展,更是城乡社会的可持续性发展愿景的彰显(表 6-2)。

我国不同地域环境条件影响下的乡村厕所类型现状 表6-2

地区内容	北方寒冷干燥地区	南方炎热潮湿地区	西部山地干旱地区	东部沿海湿润地区
气候特点	冬季寒冷 全年干燥少雨	夏季高温 全年降水充沛	冬冷夏热 全年干旱	冬冷夏热 全年降水充沛
代表地	黑龙江、吉林、辽宁、内蒙古	广西、广东、福建、海南	青海、甘肃、新疆、西藏	山东、江苏、浙江
地形特点	平原为主,土层较厚	地形复杂,河流广布	山地为主,土层较厚	平原为主,河网密布
经济因素	发展参差不齐,欠发达地区较多	发展较好,基础设施较完备	发展较为滞后,基础设施较落后	发展较好,基础设施较完备
人文因素	民风质朴,城乡、地区差异大	民族众多,民俗习惯迥异	民族众多,并包含游牧民族	人口密度大,流动性强
不利因素	气候寒冷,冬季易发生冻裂,且缺水	气候炎热潮湿,粪便腐烂速度快,气味挥发快	地广人稀,粪便不宜集中处理,并且严重缺水	人口密度大,粪便量多,且气候温润,粪便腐烂速度较快
建厕现状	水平不一,尤其偏远及交通欠发达地区建厕情况较差	由于地形复杂多样,居民根据各自地理环境建厕	由于区域面广,因此多依据具体的地理环境气候建厕	建厕情况较好,但由于流动性强,客运空间的建厕成为难点
厕所类型	旱式厕所、水冲式厕所	旱式厕所、水冲式厕所	旱式厕所	水冲式厕所
户厕形式	深坑三格化粪池式厕所、双瓮式厕所、深坑堆肥式	三格化粪池式厕所、粪尿分集式生态卫生厕所	粪尿分集式生态卫生厕所,通风改良坑式厕所	舒适美观、人性化、生态化、智能化卫生厕所

注:本表格所总结整理的皆为该地区主要的使用厕所类型。

（1）水冲式卫生厕所的节能与生态探索

对中国正在进行的卫生厕所普及与质量提升工程来看，一方面是基于当今城乡人口变动大，对还处于"无厕、脏臭蹲坑旱厕"的环境卫生治理改造与文明提升的需求。另一方面，当今人们习以为常的水冲式马桶与地下管网处理体系，尽管是现代文明社会处理粪便的标志性产物，但是水冲式卫生厕所导致的地表水资源浪费与水系污染、地下管网设备设施体系建设投入巨大而污水处理的成本高企；更重要的是被祖先视作"人体黄金、肥田之宝"的粪便——宝贵的有机物质大量废弃，造成资源浪费和治理污染，造成经济投入的巨大损失，从而导致人体健康、食品安全、水土污染、资源匮乏、环境恶化等21世纪一系列"生态与环境问题"。"厕所革命"势在必行！

"厕所革命"绝不仅仅是革乡村无厕、厕所环境恶劣、卫生状况差的命，更要革目前水冲式卫生厕所带来的"高物质文明"之下的粪肥无法归田所引发的"土地贫瘠、环境污染、生态恶化"的命。人们需要超越水冲式卫生厕所设计带来所谓的"卫生、便利"和短视的"无害化""人性化"，需要探索更加符合资源、环境、生态可持续健康发展的"创新性、革命性"厕所空间系统设计。

（2）国内节水节能式生态厕所系统设计

节水节能式生态厕所空间系统设计的目标，应该是在限定场地建筑空间的前提下，把厕所对环境影响程度降到最低，即"节省土地空间、节省水资源、无害化处理粪污"的厕所空间系统设计：从对固液废物的排、渗、弃、埋，到无害化再生资源化提取利用，一方面可以保证厕所自己持续运营下去，另一方面也可以很好地迎合人们上厕所时心理和生理的需求。对这种目标的不断推进最终是想要形成一种生态厕所的文明，即让人们有意识地改变自己的如厕习惯，自发地形成环保意识，推动人们对新型生态化厕所的不懈探索，这才是厕所系统设计与内涵创新的本体动力。

例如，清华大学美术学院的师生为西藏藏族那曲地区设计的集装箱改建的节生态旱式厕所（图6-14）。这种厕所设计主要是为了应对缺水严重的地区和一些生态比较脆弱的环境。这种厕所属于旱厕的一种，按照用水量分为水冲洗或不用水冲洗两种，均使用了男女厕空间的模块化设计，对增加的管理空间、休息空间等也使用了模块化的设计；这种厕所的内部材料选用了新一代的抗菌材料，不仅能够保证室内的干净卫生，还方便了后期管理维护。厕所室内功能干湿分离，并且设置了无害化的粪便处理车，对排出的粪便和尿液也进行了分集处理，用来还田，对粪便资源进行最大化的利用。❶

❶　清华大学美术学院协同创新生态设计中心，在西藏藏族那曲地区生态旱式厕所设计，2017年12月。

图 6-14　西藏藏族那曲地区生态旱式厕所设计效果图

（3）国外脱水焚烧式生态厕所设计探索

室内脱水型厕所的种类很多，如瑞典斯德哥尔摩卡罗林斯卡研究所研制的"ES型MW.意科勒根"厕所系统，该厕所使用微水冲节水装置，用0.1L水把尿冲到一个地下的储尿容器中，待储尿容器盛满，由专业人员把装满的容器替换下来转送到集中处理处处理，之后进行二次处理和利用。厕所的通风、换气采光等则遵照厕所的规范做法安装相应的设备设施。

在北欧的挪威、南半球的澳大利亚及其他国家的乡村，对堆肥厕所的"旋转式粪尿分集便器"也有较多的使用（图 6-15）。这种厕所便器由内部分隔而成的4个可旋转的储粪池组成，正在使用的储粪池位于便器排粪便通道的正下方，待落粪贮存满了后，转换另一个空池，这样依次用满每个贮粪池后，掏空最早盛满的一格，转换为下一轮使用，这样可有效把新鲜粪便和经过无害化处理的粪便分开。

卫生旱厕在芬兰40多万乡村住所得到广泛应用。2004年后芬兰实施542/2003法规，对约数以百万人口不具备接入市政管网处理污染物要求的住户作了明确了规定，采用卫生旱厕将能够有效地满足规定要求。如碧奥兰室内分离式干厕所把尿液与粪便分离，前端设置尿液分离口，后端备有轮换使用的两个容器和一个干覆盖物质箱，每次使用后，可投加覆盖料。待盛满粪便后容器可运输至指定地点集中无害化处理粪便。

除堆肥和干燥性旱式厕所外，一些焚化 / 干燥脱水式厕所在原来应用的基础上，开发改进节约电能量和去除臭味。如美国开发的"Incinolet"电焚烧厕所（图 6-16），这种厕所上部是可向下开启的隔板，中间是电焚烧腔，下部是灰烬托盘，在后面有强制排风扇，在每次使用前，需要放置准备好的分隔防水纸垫片，粪便落在防水纸垫片上，防止粪便污染隔板，便后按一下"冲洗"按钮，上面隔板向下打开，纸和粪便落入下部的焚烧腔内，同时在电热作用下进行加热到焚烧，内置排风扇开启，焚烧后的灰烬落入下部托盘中，人工定期清理❶。

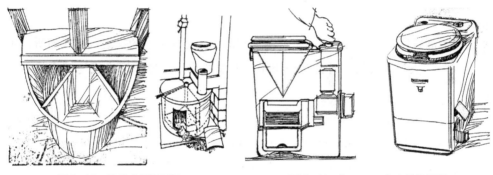

图 6-15 旋转式堆肥厕所　　　　　图 6-16 "Incinolet"电焚烧厕所

6.2 不同环境的便溺收集处理设计

众所周知，乡村是处于自然资源之中的人类生发之地，城市人赖以生存的吃喝食材大多来源于乡村农田原野，因此，乡村的土地肥沃与贫瘠，河网水系清澈与污染，直接关乎城市人的吃喝生存、健康与发展问题。而关系到这些问题的重要因素，除了工业污染源以外，则取决于人类、家养畜禽排泄物的处理方式以及废渣液的排放问题。厕所便溺物的处理就成了国民生计中最基础的核心问题（图 6-17）。

6.2.1 乡村公共厕所的便溺收集

的确，当人们步入现代化干净整洁的城市生活环境，享受着惬意便利的城市生活中，似乎乡村聚落那种泥土、粪便的特殊气息以及因为不洁导致的各种疾病已经彻底远离。当人们突然发现，食材被污染，饮用水因为江河湖塘以及地下水体污

❶ 邹伟国. 国内外生态卫生厕所应用与分析 [J]. 水工业市场，2011（06）.

图6-17　湖北广水桃园村农宅外传统旱厕蹲坑积肥

染而成为高致癌物时，人们开始从便溺处理的源头寻找治污的答案。乡村厕所，尤其是在当代大量建设的乡村公共厕所中，便溺的收集与处理模式成为探索的焦点问题。

（1）水冲式化粪池收集处理

水冲式化粪池收集粪便的模式，分全水冲、少水冲和微水冲三种。全水冲式厕所建造的前提是以完善的地下污水管网可以接纳厕所排出的粪便污水为前提条件，当粪便被排入化粪池沉淀后，再输送到污水处理厂集中处理。全水冲、少水冲主要是针对便后的用水量，因此，启用冲水模式还与坐便器或蹲便器的节水设计相关。在农村地区，由于村庄聚落非常分散，不利于地下污水管网的敷设，厕所全水冲式会稀释粪便，对上文所列几种类型厕所的粪肥发酵灭虫杀菌与沼气生产不利。而有的位于山地岗坡区域，厕所因用水不便，适宜采取微水冲、甚至是旱厕堆肥式发酵处理。

（2）免水冲生物处理制肥型

目前，乡村地区免水冲生物处理型卫生厕所主要为旱式粪尿收集式卫生厕所是一种改良的方式。主要方法是安装一种生物反应器，可以按时在反应器中补充一定的生物填料。排入反应器中的粪便被微生物作用降解，这种反应的过程产生高温，可以用来消除粪便中的各种病原菌。发酵完成以后粪便变成了有机肥，主要成分是腐殖质。这种肥料既可以用在当地的绿化工程上，也可以直接进行售卖。

（3）粪便污泥颗粒化焚烧处理

伴随着乡村振兴战略的推进和乡村游热的兴起，乡镇、村落里的旱式公共厕所布点与厕所使用频率也在激增。粪便的合理、无害化处理随着高密度的人口聚集也就成为城乡规划建设中环境卫生安全的重要因素。除了传统化粪池法、堆肥法处理粪便之外，目前还有利用粪便污泥颗粒化焚烧产生热能的处理系统，实现了粪便发酵污泥的再生能源高效综合利用。其基本原理是对粪便进行发酵—脱水—干燥—制成颗粒，之后集运颗粒至焚烧中心，进行颗粒化集中焚烧并充分利用热能作为居民取暖、热水、发电之用，焚烧后的炉灰依然可以作为有机农家肥归田处理。由于采用了较为先进的污泥焚烧装置，在连续运转中，不需要任何辅助燃料，从而实现了能源的高效利用，这种装置适宜于人口密度较大的聚居区使用。

6.2.2 农村户厕的便溺收集

（1）粪尿单独处理

通过粪尿分集器将尿液单独提取到一个特定的容器里，添加药剂去掉尿液中的氨、氮等引发的异味后，可以用来冲洗厕所。同样分离出来的大便搅碎成糊状物质，经过发酵、干燥后用来还田。把粪便当成普通的垃圾进行填埋处理也是可以的。国内有的生物技术公司研发的生态卫生间就是这样进行处理的。日本也有相似的粪尿处理装置，通过微生物对尿液进行杀虫灭菌，去除异味后用以冲洗厕所，粪便则采取特殊的生物处理以后二次利用。

（2）粪尿混合处理

这种处理类型是目前国内的生态型厕比较常用的一种。

厕所采用传统化粪池收集粪尿，粪尿在化粪池中经过"沉淀贮存—溶解曝气"，生成 CO_2（二氧化碳）、水和残渣。沉淀后的上清液被抽送到膜分离组件，经过"膜过滤—吸附氧化"和脱色处理而获得清洁水，回用于冲洗厕所以及庭院环境绿化（图 6-18）。

当然，对于乡村聚落中的散户，还可以用厌氧生物处理法，就是能够自我清洁的一种卫生厕所。排泄物先进入化粪池进行发酵，需要加入一定量的微生物菌剂，等到化粪池出水后转入一级土地处理系统，土地处理后的出水直接排入水体中或者渗入地下。

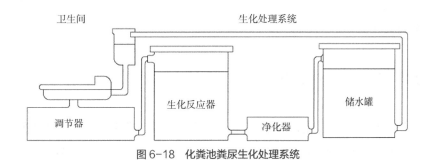

图 6-18　化粪池粪尿生化处理系统

6.2.3 移动厕所的便溺收集

（1）景区移动厕所

乡村旅游的兴起使乡村开始围绕人流密度较大的景点增设移动公厕，而这类厕所的粪尿收集就成为环境卫生治理的重要问题。当前乡村景区或临时性聚会场所，移动厕所通常会采用免水冲式、打包式堆肥集运收集粪尿。

（2）客运移动厕所

国内某些大学的科研院所研制开发了真空抽吸粪便式厕所，多被用于铁路、航空、水运等客运移动厕所空间中。它是由"真空式便器—真空破碎抽吸器—真空管网—真空泵罐—排污泵—控制柜"等系列部件组成。

与传统的粪便收运系统相比，其特点为：这些被收集的粪尿污水可以借助一系列的方式让其回归农田，比如一些污水处理厂采取一些生物技术将其转化为生物肥料。

6.2.4 其他场景的便溺收集

（1）医院厕所的便溺收集

我国许多乡镇和中心村中的医院、卫生所，由于所处地域的公共基础设施条件局限，依然有许多旱式厕所在运行使用，这类旱式厕所通常根据地理环境气候与气温特点来改进和建造厕所。厕所类型的选择，一般为三联沼气池式厕所、三格化粪池式厕所，遵循的技术方法与前边介绍的厕所类型原理相同。

由于医院卧床病人不能如厕的困难需求，市面上围绕这类人群设计了卧式大便器和男用小便器，通常情况下，这类容器接纳粪便后，应就近倒入厕所便池内，并清洗、消毒干净，不可使用难以降解的塑料袋盛接便溺后连同塑料袋投入厕所便池或垃圾桶。

（2）旅行便携式便溺收集

随着私家车的普及以及外出自驾游的群体不断庞大，旅行途中的如厕问题就成为社会关注的大问题。于是有关旅途中的大小便神器、便携式厕所，车载小便器、大便器以及女用小便引导器也开始在市面上流行。无论便器怎样，对大、小便粪溺物质的收集与处理则成了此类行为的焦点。旅途中人的粪便，应该随车主携带到服务区公共厕所的旅行粪便收集处，做集中投放。

6.3 乡村不同厕卫设计的经济策略

在中国、日本和韩国等亚洲国家，自古至今一直视"粪便为宝"。厕所粪便经济一直是农业社会经济体系中的重要组成部分。那么到底一个人的大便值多少钱呢？美国学者苏珊·B·韩利在其所著《近代日本的日常生活》中指出："一般来说，10 户人家一年大便的价格超过一两半黄金，刚好相当于 19 世纪早期一个农民的月收入。"[1] 所以，即使是到了当代水冲式厕所被推广、厕所便溺被丢弃浪费的今天，世界各国依然有许多专家、学者和厕改志士在持续探索厕所革命中资源化经济贸易之路。

6.3.1 厕所粪肥经济与贸易

从当前流行的旱式堆肥式厕所，微水冲、少水冲的化粪池式、沼气池式、双瓮式、粪尿分集式等厕所，以及全水冲式地下管网污水处理体系的类型来看，不同的厕所便器与粪尿处理体系，带来的建设投入与对粪尿处理模式的不同，所产生的经济效益大相径庭。

（1）人粪便资源量

人的粪尿是一种宝贵的资源。一个成年人日排出粪便量为 150 ~ 200g（本书按180g / 人计算），日排出尿液量为 750 ~ 2000mL（本书按 1500mL / 人计算），结合我国第六次人口普查（2010 年）的数据，全国 13 亿人口每天将产生人粪尿约 2 亿吨，全年总量约为 74460 万吨。人的粪尿不仅数量大，养分含量也高于畜禽的粪尿，这与人的饮食结构与生活方式有关。人粪尿平均养分含量见表 6-3。人的粪尿成分包括有机物和无机物。有机物质主要是纤维素、脂肪酸、蛋白质、氨基酸、各种酶和胆质等；无机物主要有 Na、Ca、Mg、CPI 等化合物，其中尿液中的尿素和氯化钠的含量最高。按表 6-3[2] 提供的数据进行计算，全国每年人粪尿折纯 N、P_2O_5、K_2O 总量分别为 5212.2 万吨、2233.8 万吨、2233.8 万吨。

人粪尿平均养分含量（占含实物的百分比）　　　　　　　　　　　　　　　表6-3

种类	有机物	水分	N	P_2O_5	K_2O
人粪	20% 左右	70% 以上	1.00%	0.5%	0.33%
人尿	3% 左右	90% 以上	0.50%	0.13%	0.19%
人粪尿	5% ~ 10%	80%	0.5% ~ 0.8%	0.2% ~ 0.4%	0.2% ~ 0.3%

来源：高祥照，等.肥料实用手册 [M]. 北京：中国农业出版社，2002.1.

人类排泄物中蕴含的丰富营养物质就这样被丢弃浪费，而人类的土地却因为没有持续的保肥腐殖物而逐渐走向贫瘠。持续追施的化肥，又加重了土壤的板结和贫瘠。不可持续的耕地面积不断扩大，人们又开始回望农耕社会中人们对粪便的态度问题。

---

[1] 曹颖.日本厕所粪便是稀缺资源 [N].中国青年报，2013-05-27.

[2] 毛泽民.珍惜粪便资源 [M]// 四川省环境科学学会 2003 年学术年会论文集.2003.

（2）粪便丢弃反思

①价值观念与粪便资源。我国自古便有"庄稼一枝花、全靠肥（粪）当家"的说法。勤劳智慧的古代人将畜禽、人的便溺物与庄稼种植联系在一起，将粪尿作为庄稼生长的肥料，这一做法一来解决了粪尿的去向问题，二来为庄稼生长提供了必需的养分，一举两得。而今天，人们种植庄稼更多是依靠化肥、杀虫剂等化学制品，而直接把人粪尿制成的农家肥给丢弃了；把利用生物环境天敌制约病虫害的原始方法给抛弃了；为应对土地贫瘠、病虫害频发以及环境污染，而不得不投入大量人力、物力、财力，这是一条"致污—治污"的非经济、非生态之路。

受商品经济模式的影响，一方面，一些传统的耕作方式由于无法在短期内带来巨大的经济效益而被淘汰：传统的有机肥料正被化肥替代。另一方面，随着农业科技的进步，一大部分农村劳动力得到解放后转入二、三产业，或涌入城市，这样农村的有机肥料便无法再像过去那样自给自足，因而化学肥料被大量使用。相关资料表明，1950年到1995年间，我国化肥用量增加了185%，平均年增加1550千吨，有机物施用量却由1949年的100%左右降到1990年的30%左右。原本被视为宝贝的人畜粪尿被随意丢弃，这样既造成了资源的浪费，也加速了环境的污染、生态的恶化。随着水冲厕所的发明和应用，人们似乎觉得找到了处理粪尿的妙招，普遍认为"收集—处理—排放"是对粪尿最优的解决方式，进而针对粪尿资源利用的研究越来越少，有人甚至认为粪便资源再利用是一项荒谬的议题。

②有机肥是绿色食品的保证。人畜粪尿通过无害化处理后与秸秆、草料、树叶等一起堆肥发酵，会形成有机肥料。将这种有机肥料投放到土壤中，会使土壤中的微生物含量增加，进而加速土壤中有机质的转化，使土壤保持长效肥力。❶国际上对农产品的营养和卫生品质都有非常严格的标准。中国2001年加入世贸组织后，受国际市场冲击最大的就是农产品，原因之一就是我国在农产品的种植过程中使用大量的化学肥料。为此，国家2002年1月30日颁布的《无公害农产品管理办法》中规定了AA级和A级无公害农产品的具体要求。AA级无公害农产品只能选用农家肥、商品有机肥、腐殖酸类肥料、微生物类肥料。A级无公害农产品选用肥料时，也必须尽量用上述允许使用的肥料。如生产实属必要，允许有限度地使用部分化学合成肥料。但禁止使用硝态氮肥。由此可知，人畜粪便与绿色农产品密不可分。

③土地可持续发展需要粪便资源。我国虽然幅员辽阔，但耕地面积少，人均可耕作土地只有1.3亩，部分大城市人均耕地面积更低，如北京市人均耕地面积仅有约0.2

---

❶ 毛泽民.珍惜粪便资源[M]// 四川省环境科学学会2003年学术年会论文集.2003.

亩。一个国家处于工业化、城镇化的快速发展阶段，往往伴随着人增地减的情况。据统计，我国每年耕地减少约1000万亩，而人口每年却增加约1000万人，这种此消彼长的趋势将延续一段时期，这就为我国的粮食供需带来不小的压力。使用化肥代替传统有机肥，既加大了农业生产成本，同时也造成了土地生产力的下降。

化肥由于其养分含量高、肥效快的特点，在短期内确实能起到增加粮食产量的作用，但是如果使用不当或者是过量使用，不仅起不到积极作用，相反会对庄稼以及土地带来巨大的负面影响。如土壤的酸化、碱化、肥力降低、有机物减少等。不合理的使用化肥除了会对土壤造成破坏以外，也会对附近水体造成污染。值得关注的是，当前"重用地轻养地，重化肥轻有机肥"的现状，是造成我国土壤养分比例失调、涵养不可持续，导致农业增产瓶颈的主要原因，也是障碍实现土地可持续发展的重要因素。

④为何利用粪便资源。现阶段，我国正处于新型城镇化、乡村振兴建设常态化进程的关键时期。当前工作的重点是发展小城镇与建设田园乡村。发展小城镇是通过迅速扩张、优化农村地区的城镇，使小城镇人口占农村县域人口的比重不断上升，发挥城镇人口聚集效应和产业聚集效应。要实现产业聚集效应和人口聚集效应，最基本的思路是将未来的小城镇、乡村聚落规划设计成循环型的自然与社会环境。"循环型社会"，简单地说就是"废物再生资源化社会"，是指将社会生产、生活过程中产生的废物，通过科学的手段再生为可利用资源，并继续投入到社会的生产、生活中去，实现资源的循环使用，从而达到节约资源、减少污染、维护生态的目的，进而促进小城镇经济的可持续发展。废物再生资源化的重点是小城镇人畜粪尿的再生资源化。❶

当前我国城市通用的粪尿处理方式为"收集—处理—排放"模式，即先将通过水冲式马桶将粪尿用大量的水进行稀释，再运输至污水厂进行集中处理，达标后再排入江河当中。这样的方法不仅投资额度大，最重要的是一部分资源被浪费了，水体水系也被污染了。这也迫使政府和企业通过每年巨额的资金投入治污，拯救生态环境。这种做法既无法从源头上阻断污染，也加重了政府和企业的经济负担。

⑤开发干式厕所。勤劳智慧的传统农人，非常珍惜粪便资源，因为他们知道粪便是天然的宝物与肥料。然而受当时的技术限制，干式厕所无法在城乡大规模推行。今天随着科学的进步，粪尿无害化收集、运输、处理等技术已日趋成熟，这些都为粪便资源的利用提供了可行性条件。在粪便资源的利用方面，近年也先进性地提出了"针对性开发"的策略，即根据不同种类粪尿的养分含量不同，采用针对性的、价值最大化的利用方式，从而令粪尿资源的再利用更加有效。当前，虽然各方都积极响应国家

---

❶　毛泽民.珍惜粪便资源[M]//四川省环境科学学会2003年学术年会论文集.2003.

"厕所革命"的号召，各地绿色厕所、环保厕所都在如火如荼地建设，但在粪污的处理方式上，大致都换汤不换药地采用水冲的方式，而并没有将粪尿当作一种可利用资源进行开发。这是本研究下一阶段需要大力解决的问题。

⑥厕所污水专管收集。污水分工业污水和生活污水。根据《2015年环境统计年报》统计，2015年全国废水排放量为735.3亿吨，比2014年增加2.7%。其中工业废水排放量199.5亿吨，比2014年减少2.8%；占废水排放总量的27.1%，比2014年减少1.6个百分点。城镇生活污水排放量535.2亿吨，比2014年增加4.9%；占废水排放总量的72.8%，比2014年增加1.5个百分点。近年来随着产业结构的优化，行业实行清洁生产手段，工业废水排放量得到了一定控制。但生活污水方面，每年总量仍以6.6%左右的比例增加。"三湖"污染源分析中（表6-4），生活污水和面源污染物的所占比远远大于工业污水的比率。这一现象一方面源于城镇人口的扩张，另一方面也与城市厕所大量使用水冲厕所有关。城镇由于人口基数大、粪尿总量多，加之一分量的粪尿往往要用二至三倍分量的水冲洗，因此在每日城镇的生活污水中，厕所污水实际占了非常大的比重。

"三湖"污染源对总氮、总磷的贡献率（%）   表6-4

湖泊	项目	太湖	滇池	巢湖
总氮（TN）	工业废水	16	10	14
	生活污水	25	57	23
	面源污染物	59	33	63
总磷（TP）	工业废水	10	14	10
	生活污水	60	45	17
	面源污染物	30	41	73

当前我国城镇中的厕所污水、洗涤污水和厨房污水大多是汇入一根管道运输至污水厂进行处理，这十分不利于粪便资源的回收利用。因此在新建小城镇中，如果能够铺设专用管道收集厕所污水，将其与洗涤污水和厨房污水从源头上分开，那么便能够在尽可能减少工作量的情况下，为城镇粪便资源的回收、处理、再利用提供可行条件。

针对居住建筑较密集区域，可以考虑在区域内择地建立一个储粪池，将多幢楼房的厕所污水先在此汇聚。储粪池的周边可规划为公共绿地，并与沼气池、堆沤发酵池相连接，从而完成城镇粪尿一次性的收集、储存、无害化处理。这种方式既降低了粪便资源再利用所需的投资成本，也减少了粪尿运输过程可能对环境所造成的负面影响，兼顾了环境和经济效益，是城镇粪尿资源得到有效利用的良好措施。

⑦建立促进粪便综合利用的政策体系。在现代社会体系中，生产系统和消费系统

已较为完备，而废物再生资源化系统还有待完善。究其原因，主要在于通过生产系统和消费系统，人们可在短期或中短期内获得可见的益处，也就是说这生产和消费能够较为直接地满足人的实际需求。而废物（如人畜粪便）再生资源化，是将人们丢弃的废物通过科学技术手段转化成可利用资源，属于一种间接获取资源的模式，并需投入人力与财力，这既有悖于人们的传统意识与习惯，也无法在短期内给人们带去可见的收支平衡的利益，因而就造成了废物再生资源化系统发展的缓慢和滞后。

因此，要真正实现粪便资源利用，在政府层面就必须制定相关的法律法规和出台相应的经济政策，以此促进粪便资源化利用的良好落地实施。这些法律法规和经济政策主要包括：涵盖了从粪便的收集到运输，再到无害化处理，最后至资源再利用全过程的"许可、规范、监督"政策；明确相应奖励与处罚措施（如运输过程中对周边环境造成污染等）；针对人、畜粪便资源化综合利用的企事业单位或社会团体建立并实行经济激励机制，如荣誉表彰、税收优惠、信贷优先或低息、低价用电等。只有政府率先行动，更好地发挥其指导与引领作用，相应企事业单位和相关社会团体的积极性才能得到调动，人畜粪便资源的回收再利用行动才能得到更加有力地支撑，人畜粪便才能真正地作为一种人类的可利用能源为社会所正视。❶

"生于忧患，死于安乐。"今天虽然人们的物质生活条件有了极大改善，但地球的资源始终是有限的，近年全球能源短缺问题已初见端倪，如果人类一味地盲目自信、目光短浅，那只会为我们的后代带去无尽的隐患。所以重视人、畜粪便资源、能源的利用，绝不是文明倒退的象征，而是关乎人类长远发展的大计。

6.3.2 农村改厕与卫生经济

拥有良好的卫生设施，是人们健康生活的基本保障。1977 年第 30 届世界卫生大会上提出"2000 年人人享有卫生保健"战略目标，希望各国人民都享有安全的环境卫生设施。而厕所，正是环境卫生设施体系中最难整改的一个领域。

自 2004 年起，中央财政就为支持农村改厕设立专项补助。2009 年更将农村改厕列入公共卫生服务的重大项目。相关资料表明，从 2009 ~ 2011 年的三年间，国家投入支持农村改厕的专项经费累计达 44.48 亿元，全国农村累计建设并使用卫生厕所18108.5 万户（截至 2011 年底），普及率达到 69.2%。截至 2016 年底，普及率更是达到了 80.3%，东部一些经济发达省份达到了 90% 以上。农村的改厕工作得到了有效实施，农民的健康水平也得到了明显提升。

---

❶ 毛泽民 . 珍惜粪便资源 [M]// 四川省环境科学学会 2003 年学术年会论文集 . 2003.

2009 年，农村改厕纳入深化医改重大公共卫生服务项目。长期以来，改厕地区的"粪—口"传播疾病的发病率明显下降。痢疾、伤寒和甲肝发病人数分别下降 35.2%、25.1% 和 37.3%。有研究表明，农村改厕产生的直接经济效益投入产出比为 1∶5.3。提高厕所经济效益以及"让人们用上干净的厕所是中国政府健康干预措施的一部分，充分体现出社会共治政策思路的宝贵经验"。❶

（1）农村改厕的直接经济效益

关于农村改厕带来的直接经济效益，主要来源于三方面：医疗成本及误工费的降低、燃料费用的缩减以及肥料费用的缩减。

①医疗成本及误工费的降低。医疗成本主要包括患粪口传播疾病的医药费用和其他相关费用（如：营养费及交通费等）；误工费包括患者本人的误工费和其家属的误工费。相关调查数据表明，受访农户医疗成本的平均值为 331 元 / 次；受访农户误工费的平均值为 370 元 / 次，其家属误工费 166 元 / 次。因此受访农户患一次粪口传播性疾病的医疗成本及误工费总计为 867 元 / 次。❷

②燃料和肥料费用的缩减。当前我国使用传统厕所的农户每户每年使用燃料费用为 1897 元；使用能生产新能源的厕所的农户每户每年使用燃料费用为 1147 元。虽然后者较前者的来说，费用有明显的缩减，但后者的覆盖率仅为 2.1%。这是因为后者使用的三联沼气池式厕所建设成本较高，并且如果需要其产生能源的话，所需的粪源量较大，因而不适合在人口稀少的聚落散户中普及推广，仅适合粪源充足的地区。肥料情况方面，我国使用能产生肥料的厕所的覆盖率为 65.9%。使用传统厕所的农户每户每年使用肥料费用为 1930 元；使用能生产新能源的厕所的农户每户每年使用燃料费用为 1752 元。改厕后每户每年约节省肥料费用 178 元。

③直接经济效益。根据调查数据结果，然后按照测算公式推算全国 2011 年改厕的直接经济效益。从结果可以看出，2011 年全国改厕工作的直接经济效益汇总达到了 260.2 亿元，其中贡献最大的是来自肥料费用的节省，节约了 256.7 亿元；随后依次是燃料费用和医疗成本及误工费的节省。

对于 2009 ~ 2010 年全国改厕的直接经济效益，所有经由入户调查获得的数据都用 2011 年数据代入计算，如"次均医疗成本及误工费""户均节约肥料或燃料费用支出"及"能带来新肥料或新燃料的卫生厕所覆盖率"等。农村人口户数和粪口传播疾病发病率用函调数据。最后测算出 2009 ~ 2011 年间改厕累计的直接经济效益值为 772 亿元（表 6-5）。

---

❶ 资料来源于 2012、2016 年《中国卫生统计年鉴》。
❷ 王琼, 苗艳青 . 医改三年重大公共卫生服务项目经济社会效益评估研究：以农村改厕为例 [J]. 中国卫生经济,2014（09）.

2009～2011年全国改厕直接经济效益情况　　　　　　　　　　　　　　表6-5

年份	CH：医疗成本及误工费（万元）	CH：节约医疗成本及误工费（万元）	节约燃料费用支出（亿元）	CM：节约肥料费用支出（亿元）	C：直接经济效益汇总
2009	21934.0	……	30.7	223.9	255.1
2010	162811.0	5653.0	30.9	225.3	256.7
2011	12986.0	3295.0	31.3	256.7	260.2

（2）改厕的投入产出效果分析

2009～2011年中央及各级政府对农村改厕的总投资为87.2亿元（中央政府的总投资为41.8亿元，各级地方政府45.4亿元），群众自筹资金为57.9亿元，合计145.1亿元。从总量来看，我国改厕3年全国农村改厕工作的总投入和产出比为1：5.3。从中央政府对农村改厕工作的投入产出比来看，其投入产出比为1：18.5。即中央政府1个单位的改厕资金投入能够带来18.5个单位的直接经济效益，这充分说明中央的财政投入对农村改厕工作具有显著的拉动作用。❶

（3）农村改厕的社会效益

农村厕所改革不仅带来了巨大的经济效益，也带来了显著的社会效益。在一项针对厕改农户的调查中，有96.6%的受访者表示厕改之后农村的环境卫生得到了较大改善，81.4%的受访者认为上厕所比从前方便，58.4%的受访者表示生病次数也明显减少。此外，还有少部分农户表示改厕还能减少邻里纠纷、稳定邻里关系、提升生活幸福指数。

虽然改厕工作在农村已卓见成效，但仍存在许多需要完善和跟进的地方。比如厕所的后续管理问题和改厕工作的执行机制问题，这些都是决定农村现代化厕所是否能够长期为农民提供便利的重点所在。现阶段，新一轮的体制改革已将农村改厕作为我国重大公共卫生服务项目，这充分说明我国政府已经深刻认识到农村改厕这项基本公共卫生服务的长期性和重要性。相信下一阶我国的农村改厕工作会在现阶段的回顾和反思基础上很好地进行，从实情出发，为农民的长远幸福而努力，从而让其真正成为一项让老百姓满意的农村公共服务项目。

6.3.3 厕所生态与经济设计

关于生态厕所的设计，不仅仅要考虑传统厕所设计中对于建筑形态，空间布局等的考虑，而且其还要考虑其可持续的运营能力，也就是说，其对于废弃物的处理不仅仅是无害化，而且还要变废为宝，最终形成健康的卫生习惯并塑造环保意识（一种新

❶ 王琼，苗艳青.医改三年重大公共卫生服务项目经济社会效益评估研究：以农村改厕为例 [J].中国卫生经济，2014（09）.

型厕所文化构建）。也就是说需要围绕厕所的各类要素体系进行梳理，从中形成生态效益和经济利益内容，以空间体系为经济载体，宜人的使用为目的，形成效益、利益最大化的厕所空间经济策划与设计。

图 6-19 是围绕生态型公共厕所设计的系统框架图。总体来看，公共厕所只是生态循环链条中的一环，涉及能量的输入与输出，涉及废弃物的"无害化"或"资源化"处理。而基于"文化生态学"的视角，文化建构也是健康生态圈的重要部分。因此，对人们如厕方式的干预以及新型厕所文化的探索必然是该系统设计的组成部分。

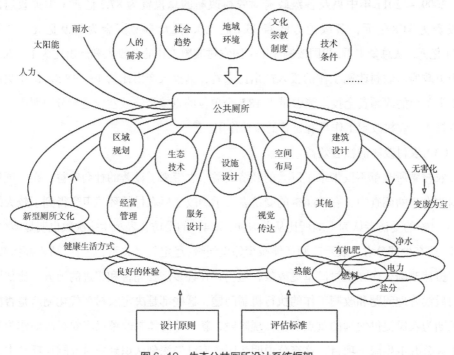

图 6-19　生态公共厕所设计系统框架

公共厕所设计，无论是位于城市、乡村还是旅游景区，无论从"使用"还是"管理"的"事"上思考，都包含以下几个具体内容：区域规划（厕所分布、密度、位置等）；空间布局（不同功能区的划分、男女厕位分布、动线设计等）；建筑景观设计（符合地域文化的建筑和景观设计）；生态技术的应用（粪便尿液的收集、处理、使用，节水、节能、除臭等技术）；卫生设施设计（马桶、洗手池、灯具、无障碍设施等）；服务设计（针对用户行为与体验的综合服务设计，如找厕所的软件、卫生用品销售、旅行或医疗增值服务等）；视觉传达设计（导视系统、风格化标牌、设备使用指南、科普知识、公益宣传等）；经营管理（日常维护、管理方式与商业模式）等。❶

❶ 刘新，朱琳，夏南．构建健康的公共卫生文化——生态型公共厕所系统创新设计研究 [J]．装饰，2016（03）．

上述厕所设计的内容已经远远超越了单一空间设计学科的工作范畴，如果仅仅是"简单集成"或"技术堆砌"，不可能真正实现厕所革命的目标。因此，一个好的厕所设计不能急于求成，必须从人的需求、社会趋势、经济基础、地域环境限定，文化、宗教与制度标准、技术条件，以及成本约束等几个角度的研究出发，通过设计思维，依靠跨学科的协同创新方式，最终提出综合的、可持续的厕所服务系统解决方案。

（1）来自国外的厕所人性化设计——荷兰代尔伏特理工大学的厕所设计探索

该项目是 2011 年由荷兰代尔伏特理工大学工业设计工程系 IDE 与机械、海事与材料工程系 3ME 组成的跨学科团队，在盖茨基金会的支持下，为印度贫民区设计了一套基于社区的卫生设施与服务系统。该系统设计主要包含两方面问题：一是废弃物处理技术研发（微波辅助等离子气化技术），包括人粪尿的杀菌、干燥、气化，最终使其成为支持设备运行的能源，使废弃物资源化，实现能量循环平衡与闭环运行的目标。二是社区卫生服务中心的系统设计，即重点关注当地妇女和女童在如厕方面存在的痛点，提供综合的如厕服务系统设计。具体包括建筑与产品设计、视觉形象设计、品牌战略设计、服务设计和商业模式等多个方面。

项目组本着以人为中心的设计理念在当地做了深入的调研。通过观察与用户访谈，了解到由于当地社会治安情况恶劣，尤其对妇女的日常如厕行为产生了极大影响，因此将设计研究的重点聚焦在女性的如厕体验上。设计人员通过焦点小组和深入访谈的方式，进一步了解女性在如厕过程中的痛点和需求，最终将问题集中在三方面：月经的禁忌与卫生管理、如厕的安全问题、尴尬的如厕体验。以上述问题为切入点，项目组与当地居民协作，共同提出了兼顾社区营造、卫生习惯培养以及创造就业机会的综合性社区卫生服务中心（SANIR）的设计理念。同时，技术团队将粪便及其他废弃物进行资源化处理，使得社区卫生服务中心成为生态系统闭环运行的一个有机部分。

①空间与服务设计。SANIR 社区卫生中心为两层楼建筑，楼上是女厕与维护人员住所，楼下是男厕、社区服务商店以及社交空间，外立面配有品牌标志和广告位。该建筑设计充分考虑了当地女性的特殊需求，比如女厕所入口远离男厕所入口，中间还有商店遮蔽视线；二楼设有女性私密的整理间，可以清洁、更换卫生巾；SANIR 由专人负责运营管理，并采用会员制，缴纳低廉的年费后，会员便可以享受社区中心提供的各种服务；此外，经营者可以通过销售物品和广告收入支持厕所的运营。SANIR 不仅可以给社区居民提供安全、舒适、可以负担得起的、并在自己熟悉的社区周边的卫生如厕空间，还可以成为一个当地妇女和儿童聚集、交流与分享的场所（图 6-20）。

②人性化设计。项目组充分研究了使用者的如厕方式和动作流程。根据印度人的

图6-20　SANIR社区卫生中心

使用习惯，厕所采用蹲坑方式，并设计了便后冲洗肛门的龙头。该龙头为塑料制品，蛇形管便于拉伸，使用方便，并可以调整水流强度，同时不易损坏或被偷盗。便器的造型暗示了使用者下蹲的方向，以保证粪便收集的有效性。便器的联动杆设计也考虑到排便、冲水、冲洗肛门与清洁便器等不同功能的需要。

③技术方案。技术解决方案集中在"灰水"的再利用（家庭洗菜、洗衣、沐浴回收的二次利用，用来便后洗手、清洁肛门、冲洗便器的水），以及粪便的资源化问题上。首先，通过沉淀池、慢砂滤池、收集池、太阳能紫外线消毒等技术手段，每天可以保证处理至少 $2m^3$ 的灰水，并储存 $5m^3$ 水保证高峰时段的使用。其次，厕所的便器采用联动杆方式，实现粪便尿液与清洁用水的分类收集。再者，厕所粪便定期收集，而后运往处理厂，采用一系列技术进行资源化处理，包括微波干燥、粉碎、脱水、等离子体汽化、气体净化等过程。最后产生清洁的燃料气体以及颗粒状肥料。该燃料气体可以即刻循环利用到微波加热过程中，达到最大程度的节能效果。

（2）多方参与的厕所技术与经济

SANIR通过"政府、社会、企业"方式构建一套社区卫生服务系统。政府与企业各方的利益相关人充分合作，以实现"以商养厕"并带动当地就业的目标。SANIR的商业模式主要分为两个相互依赖的层级：一是每天可以处理大约50000人粪便的工厂，最终将废弃物资源化，加工成燃料气体和肥料（初期运行需要补充社区厨余垃圾等其他有机废弃物）；二是当地居民以家庭会员的形式加入社区卫生中心，支付少量的注册费后，获得相应的如厕服务和其他附加服务（包括健康保险和卫生商品优惠等）（图6-21）。

此外，SANIR还对品牌运营策略、实施流程以及技术细节等有着深入的研究和系统设计，值得国内设计者参考。❶

---

❶ 刘新，朱琳，夏南．构建健康的公共卫生文化——生态型公共厕所系统创新设计研究 [J]. 装饰，2016（03）．

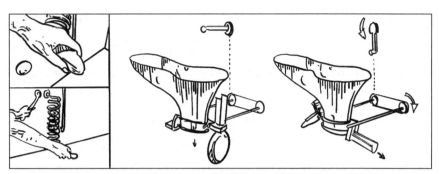

图 6-21 SANIR 社区卫生中心中的人性化设计

6.3.4 隐藏在厕所里的商机

自我国 2015 ～ 2017 年厕所革命三年行动计划在全国范围加速推进以来，各地对厕所问题空前重视。有数据显示，2016 年，国家财政预算厕所建设资金计划超过 125 亿元。因此，如何缓解建厕、养厕的资金压力已经成为全社会公民关注的焦点问题。虽然厕所革命的三年计划已经完成任务，但是，厕所革命的任务并没有终结，恰恰是新一轮厕所革命计划的开始。

（1）如何挖掘厕所里的商机

各地政府为促进"厕所革命"提出了一系列的措施，比如福建以及广西一些地区所提出的"以商建厕、以商养厕、以商管厕"，融合购物、咨询、宣传等一系列功能的旅游厕所商业化运作模式。

在各地政府采取一系列措施的同时，地方企业也为厕所革命作出了一些实际探索，比如中国光大集团光大置业有限公司与地方政府合作的生态厕所项目工程。在政府及企业共同完成项目建设之后，政府委托集团负责经营管理。企业可以在生态厕所内开展一系列的市场化经营来获得盈利，其盈利的一部分用来提供厕所的日常养护维修。

（2）"如厕淘宝、以商养厕"——德国汉斯·瓦尔公司的厕所经

德国的公共厕所的经营权是任何个人或者企业都可以得到的，但是修建厕所以及一个厕所的成本并不是很低，所以如何通过经营厕所为公众服务，并能够实现企业发展就成了一个现实问题。

在这方面，德国的汉斯·瓦尔公司就获得了巨大的成功。汉斯·瓦尔公司成立于 1976 年，总部位于柏林，都市厕所是其公司的主打产品，早在 1990 年的柏林市公共厕所经营权的拍卖会上，瓦尔公司向政府提出免费向社会提供公共厕所的承诺，并成功获得全柏林公厕的经营权。

不收取如厕费用，而企业又要为厕所提供设施、维护、清洁、管理等一系列的费用，

这无疑是一项亏本的买卖，那么瓦尔公司是如何盈利的呢？作为回报，瓦尔公司得到了厕所外墙的广告经营权，这些外墙广告费用支持了其大部分的盈利来源。在解决盈利资金来源的同时，瓦尔公司还不断地丰富其公厕的经营特色，结合德国人的如厕习惯，为他们提供了适合于他们生活习惯的各种服务，比如使用者可以在这个场所内获得阅读文学作品、个人护理、后背按摩等一系列的收费服务，这些服务能满足部分人的一些需求，并且能提高瓦尔公司的声誉。该公司不仅获得过德国最具创意企业，还靠经营厕所创立了品牌，也因为品牌很好地体现了"无微不至，精诚服务"的企业精神，从而完美呈现"如厕淘宝、以商养厕、厕商互生"这一"厕所经"。

7 美丽乡村建设与厕卫设计实践

7.1 乡村公共厕卫工程设计

从乡村公共卫生间建筑设施考虑，厕所建筑通常是建立在公共空间的边角、隐蔽部位：道路边、公建旁，抑或是在一个功能区域范围内的尽端位置。但是，在我国的大部分乡村地区的公共卫生间环境卫生并没有得到较好的管理，在很多村头及路旁建造的公共厕所标准不高，仅仅是为了解决人们如厕的基本需求问题。

所以，一提起乡村公共厕卫，人们大脑中浮现出厕所脏臭环境的形象依然挥之不去，甚至连起码的洗手盆等系列公共配套设施都没有，很多地方的公共卫生间因此几乎无人光顾而成为死厕。这无疑和人们对过去公共厕卫的认知和印象积累有关。因此，要让人们改变这种观念，转而把卫生间当作一个用来放松、享受的舒适场所，这其中最重要的是围绕人的现实需求强化以人为本的人性化设计特色。

7.1.1 厕所场地选取

良好的村庄生态环境和深厚的村落文化底蕴是一个村庄发展的基本前提。在乡村振兴建设过程中，村庄的环境卫生显得尤为重要。而乡村公共厕卫的建立则可以改变村落脏乱差的环境，为村民、游人提供便利贴心的服务，更能对提升村民的生活质量、改变村落风貌形象起到"点睛"作用。因此，乡村公共厕卫的位置选取在整个村庄的规划设计中不容小觑，甚至是村落公共空间设计中的关键与核心。

（1）乡村公共厕卫代表村庄的民俗风貌

这是关于厕所在传统村落文化"仰观天象、俯察地理、中得人事"——察水相土体系中，地理"通风、化煞、解戾"与运势"藏风、纳气、聚财"的农耕人居环境理念。

①作为村落公共空间的必备设施。毕竟厕所在民众的心目中还停留在脏臭、污秽的观念印象中，所以在村落的广场、打谷场、宗祠门庭、庙宇前、大殿后，道路节点与端点处，以及街巷交叉路口、街路或府邸门楼凹进场地，会避讳公共厕所在这些地方选址兴建。通常，厕所兴建要远离村民住宅且处于下风口，位于公共空间、绿地系统的边沿结合部，或隐藏在公共建筑后以标识引导。若实在无法避开，则通过景观构筑物或水体分隔，绿植净化空气并予以遮挡。

②作为村头巷尾的公共标识建筑。"一个厕所，一处景观"。成功的乡村公共厕所已经是远观可以让人赏心悦目、近觑可以休憩聊天，进入可以惬意轻松的"安全、卫生、舒适、怡人"的场所，一处充满艺术气息、浪漫情调的村落形象和标志性特殊建筑。

③作为村中雪隐幽静的私密空间。传统村落的成片老建筑要插建这样厕所属性的新建筑很难，因为它传统的不雅名号、污秽的场景和难闻的气息，会给周边民宅带来蚊蝇纷飞、臭气熏天的联想和恶劣环境。这种场地的选择第一是要作通居民的思想工作；第二是提高厕所建设标准；第三是在厕所排气和粪污处理上要尽可能吸收现代高新技术材料和智能化监测手段；第四是运用景观、绿化的手法予以遮蔽或映衬，使之形成美好的景点，化解厕所原有的形象；第五是建立严格的厕所卫生保洁制度，并指定专人维持厕所清洁安全地运行，执行严格规范的管理。

（2）乡村公共厕卫代表村落文明程度

当然，关于乡村厕卫应设置在何处这样的设计问题，应该与相关区域的建筑"形式"与"结构"相关联，需要学会"审视"村庄空间与肌理关系，确定其主要布局功能，自然与人文资源、特征、道路节点、村边界和村民日常活动的流线等要素关系，使得公共厕所场地有其自己的特点并与周边环境相协调。

在地域辽阔、民居相对集中的乡村聚落里，厕所应该位于开阔的、不隐蔽的、但是经过精心规划、选择人群易于汇聚的地段旁边；或者位于村落公共服务空间周边，如村委会、村庄文化广场、停车场等处。人们应该视其为一个值得骄傲的重要的乡村景观。并且需要考虑到公共厕所与周围民居的协调性，让厕所与整个村庄形成一幅完整的乡村景象（图7-1）。

例如在河南信阳的郝堂村、湖北十堰郧县的樱桃沟村，在北京绿十字孙君老师率领的乡建团队治理和改造过程中，也规划、设计、建设了公共厕所。在郝堂村宏伟小学，由台湾著名建筑师谢英俊带领团队修建了节能环保"生态厕所"，此外在该村落人流密集的主要道路旁也设立了公厕。这些公厕按《农村公共厕所建设与管理规范》等标准修建，注入了本土地域乡村特色，显得别具一格（图7-2）。

图 7-1 苏州树山村村口公共厕所

图 7-2 河南信阳郝堂村公共厕所

7.1.2 外部空间造型

（1）公厕建筑形态

乡村公共厕所建筑设计应遵从《农村公共厕所建设与管理规范》。但是在形态设计方面，则应遵从厕所建筑所处的村落建筑的风貌形态特征，与当地建筑风格相协调。在通风、采光的门洞、窗洞开口方面，考虑地理气候与季节温度条件，墙地面宜采用防污染、易清洗、不藏污、不粘垢的当地产石材、卫生瓷砖以及钢、木等材料，运用当地的材料和传统的建造工艺，使建筑富有地域色彩，并且在建筑形式上与当地传统民居相吻合。

而在当代乡村中，乡村公共厕卫不仅要提炼出乡土建筑中标志性的元素，把它融入设计之中，而且要因地制宜，使用当地的乡土材料，将现代技术与其结合，这样不仅可以彰显其厕所建筑的地域特色，而且还能降低造价，获得更好的地域认同感（图7-3）。

（2）公厕入口空间

乡村公共厕卫的入口空间设计，实际上就是处理好厕所与周边环境在空间和流线上的关系。厕所入口分男女共享公共主入口和分设的男、女厕所入口。

①入乡随俗的公厕开敞入口。在厕所主入口空间的设计中，需要找到一种符合乡村民俗状态的形式，这种形式在开敞空旷的乡村中，不会因为其体量过小而显得非常微弱，同时也不会因为它的特殊性而无法融入景色之中。乡村公共厕卫一般都位于村口、村中人流通量大或易于集聚停留的区域，例如村落游客接待中心、乡村文化广场、露天剧场、繁忙的菜市以及商贸交易的繁华区域等附属的边界处，也有位于主要景观区域的重点空间，强调厕所建筑被观看、被欣赏

图 7-3 湖北十堰樱桃沟村公共厕所

以及另类的如厕体验关系。因此公厕入口的空间设计，可以根据公厕建筑的场地区位、人流量以及与周边环境关系来确定相应的入口朝向与宽度。厕所位置需要通过标示引导，厕所入口应方便找到，并且在如厕结束之后，人流还是能方便地到达其他的各个区域。

②美观体面的公厕入口景观。在通向公厕入口以及男、女厕所的入口空间领域，首先要确保人流高峰期的交通空间尺度和残障人士使用的专用通道，不能为了美观而牺牲甚至压缩主要公共空间领域，比如在一些人行道路之上放置一些阻碍人流的景观小品等。此外，乡村公共厕卫入口不宜像城市公共厕所那样宽大，应尺度宜人、协调为好，否则反而会破坏乡村独特的意境。

③厕所入口的情趣文化标识。乡村公共厕卫的入口标识可以吸收当地的特色。随着人们对生活质量的不断追求，目前有的公厕标识设计已经超越了传递信息的功能承载，具有内涵和象征意义。人们会情不自禁驻足欣赏。情趣化设计无疑可以缓解压力，调节气氛、放松心绪（图7-4）。

图7-4　四组不同风格的公共厕所标示设计

（3）休憩等候空间

在乡村旅游热点地段，有必要在公共厕所入口设置休息和等候空间。一方面，它可以为等待的人们提供一个短暂休憩的地方，另一方面，宽敞的入口空间也可以为高峰期的如厕人群聚散提供缓冲空间。在候车等待和休息的公厕应该有一定数量的座位、垃圾桶等设施。随着乡村经济发展，人们对公厕的舒适度要求越来越高。为了提高乡村农民的生活质量，厕所休息空间就成为创造舒适景观、营造村民交往环境的重要手段，也是人性化设计的体现。厕所入口休闲空间的面积可以根据卫生间的数量和日常服务的人流量来设计（图7-5）。

在一些农村地区，交流活动可能比城市里更开放。村民们喜欢聚在一起聊天唱歌，各种交流空间在农村并没有明确界定，门廊、街巷、广场，甚至是厕所入口都可以成为让人愉快畅谈的地方。这些不同地方、不同场景、不同气氛的环境为人们提供了触景生情、内容各不相同的交流场所。

（4）景观绿化空间

乡村公共厕卫外部空间环境的重要组成部分之一就是空间景观绿化，在提高公厕外部空间品质和美化环境上，绿化起到了重要作用。乡村生态环境相互依存，在景观绿化空间的营造过程中，设计师需要根据实地情况进行分析，尽量不破坏当地的植被。在公厕建筑外部宜选用低矮的灌木丛、花卉，并结合草坪进行布置。休憩空间也可以与景观绿化空间结合设计。在

图 7-5　厕所里的景观绿化

空间景观中设置一些可坐的花坛、座椅以及小品等。让厕所建筑与自然空间融合在一起，展现出乡村的率真随性与和谐舒适。田园风光就是自然乡村最美的一枚徽章。

7.1.3　内部空间设计

（1）私密空间设计

私密空间主要包括大便间、小便间或小便分隔位等。

公厕的私密性是人们对文明的一种要求，因受到民族、宗教文化背景的影响以及社会观念和经济条件的制约，人们对如厕私密空间要求并不一致。随着社会的发展和文明意识的提高，私密性的要求也逐渐提升。

人们在厕所内不仅是解决生理需求，还可以在里面微信聊天、自由阅读甚至放松宣泄心绪等。这也恰恰符合了乡村悠闲恬静的生活步调。在这样一个独立的空间中，要解决好公共与私密的问题需要把握生理与心理需求的私密尺度。国外的公厕对私密性设计是非常重视的，对于视线、隔断、隔间和光线方面的问题都会考虑得很全面；国内在厕所私密性设计方面，则因厕所处于何种场地而有较大差别，例如闹市、公园、丛林、宅园，厕所因场地而隐秘，因环境而雅俗。

因此，在公厕私密性的设计中，需要合理采取一些措施，确保人们如厕的舒适度。首要的一点就是视线不能直达坐便器具。在设计中需要考虑到门的宽度与厕位关系，二者不能视线直达。改进办法一是让主入口形成迂回路线来遮挡。另外，便器之间应设置一定高度的隔板，避免侧面视线对如厕者造成干扰。尤其在男厕所如果小便器之间的隔板高度不够，如厕者没有私密感。所以一般小便位的隔板高度在 1.5m 以上较

为合适，而大便间厕位隔断的高度应该在 2.0m，这样能够很好地避免厕位之间的视线干扰。最后，如厕等候时间也是一个重要的影响因素。如果排队等候时间很长，也会造成如厕、等候双方身陷尴尬。解决这个问题的关键是合理安排厕位，充分利用空间，尽量多设计一些厕位，此外，也可以增加公共等候空间的面积进行缓冲。

①屏蔽通道设计。私密性一直是厕所设计中不可忽视的要点，通常我们会设计一些屏蔽视线的通道，这种通道一般分为全屏蔽和半屏蔽两种。全屏蔽的通道就如字面意思所说，无论你在厕所门外的哪个位置都不能看到厕所的内部以及如厕或使用盥洗设施的人，而半屏蔽的意思就是在厕所的外部虽然不能看到厕所内部的如厕的人，但是可以看到正在盥洗的人。

②厕所安全性设计。厕所是特殊的功能空间，尤其是地面的湿滑以及蹲位的高差，容易给如厕人带来意想不到的事故。因此厕所设计应考虑到人们在如厕时，尤其是儿童、老人或者行动不便的人群在使用厕所时需要对应解决的防滑、防跌问题。设计应该加强安全防范，在功能部位尽量安装扶手，室内应减少台阶或高差，避免使用容易滑倒的地面材料。在乡村中，老年人口占比较大，因此对于这方面也需特别重视。另外，应该尽量考虑到如何防止厕所犯罪。公共厕所这样的独立空间，由于它内部隔间的封闭性会给如厕者带来心理上的不安，尤其是在夜晚。因此，公共卫生间的内部应尽可能地明亮，在设计上应避免流线的复杂性，避免产生室内死角，在危险情况下设置应急按钮。农村地区人烟稀少，路上行人也不多。因此，在路边厕所，应考虑厕所人员的安全。卫生间的流线应该尽可能短。

同时，越来越多的农村年轻人去城市或者外地打工，看孩子的责任就落到了农村老年人的手上。因为儿童同成人在体型上的差异，如果共用卫生间，有时候可能会有一些意外发生，所以在一些条件稍微好一点的农村地区，应设立儿童卫生间、母婴残障卫生间（图 7-6）。儿童卫生间里的便器和盥洗应分间或分隔，并应有直接的自然通

图 7-6　儿童卫生间

风。卫生间的设计尺寸应注意满足国家的规范要求。

（2）人性化关怀设计

由于大部分乡村经济欠发达或不发达，村民对公厕的条件要求也因经济条件而受限，一般是满足功能需求已经不错，更不用提公厕的舒适性和人性化设计了。设计师在进行人性化设计的时候一般会从四个方面进行考虑，分别是：物理层次的功能关怀；心理层次的人文关怀；人群细分的关怀；社会层次的关怀。因此，要在公厕中体现"以人为本"的设计，就需要满足人们在物质和精神上的双重感受。公共厕所在满足人们的如厕功能外，还应该注重其空间的合理性与舒适度，这一点在乡村厕卫中还是欠缺的。

要提高乡村生活的质量，公共厕所空间以及便器卫浴器物的设备设施配置就是质量、品位的重要观测点。需要厕所设计从传统的单纯为解决"内急"使用的空间场所转变为舒适轻松的，给人以生理、心理满足的空间。

①温馨的厕所空间。在乡村中，公共厕所往往不被本地人重视，这也是多年从事乡村建设的设计师、工程师面临的一个重要问题。

乡村卫生厕所改革，首先要做好村民的思想工作，转变如厕习惯并从观念上改变。当今许多发达国家，包括我国东部、南部经济发达地区的乡村公厕设施设计在硬件与软件建设上已经比较先进，与城市差别不大。尤其是景点、游客中心、停车场等重点部位。厕所设计已经进入到讲文化、讲品位，向着高质量水准的厕所系统设计方向发展并有许多经验可以借鉴。因此，在乡村建设进程中，必须根据发展趋势，围绕人们的现实需求和发展趋势开展厕所的人性化设计。

厕所设计是从人的生理使用和心理感受出发，在相对受限制的空间中合理布局，将适度的通透性与封闭性相结合，在满足私密性的功能与心理要求的同时，创造一个洁净、明亮、舒适的空间。厕所是一个让人心情"舒缓轻松"的场所，在设计时必须注意建筑和装饰材料的选择，考虑色调和谐、及时冲洗、通风换气装置与卫生维护运行保障正常等。同时，室内的艺术挂画，轻柔曼妙的音乐以及洗手池旁边摆放的绿色盆景，这些既能给人以清新温馨的感觉，也能转移人的注意力，唤起人对美好景象的沉思与想象，如厕心境顿时升华，可谓一举两得。

②体贴的舒适场所。农村公厕的人性化问题，实际上可以从邻国日本借鉴。日本公厕近几十年来发展迅速，最具代表性的是日本乡村公厕的数量。日本在厕所的人性化设计上无微不至，无论是从设计的思维观念，还是到整个公厕的功能、安全性、可移动性甚至到导视系统的设计都能做到充分的人性化。

比如在厕所内设计安装一个特殊的装置来处理厕所中的臭味，同时采用自然通风系统。厕所门口的标识都是使用木质的标牌配合手写的文字和绘画，以增加亲近感。

图 7-7　日本残疾人厕所

为了让残障人士使用轮椅进出方便，在厕所入口前还会预留出足够大的空间；设置的洗手池也选择感应出水；考虑到如厕情景，厕内还录下了流水鸟鸣在厕所里播放，消隐了如厕人们在如厕时的尴尬心理，营造了愉悦的环境，给如厕人带来心情愉悦。

③对残障、母婴的关怀设计。人性化的设计不仅要为如厕人群提供一个干净舒适的空间，而且也要考虑到特殊人群的感受。例如，在日本许多公厕也像城市建筑一样小巧玲珑，但是在这样局促狭小的空间中也依然非常人性化。厕所通常配备卫生纸，并配备扶手、衣钩，深受公众喜爱，尤其是老年人和妇女。一些公厕在厕所旁边还设置了专门的婴儿车，方便女性使用。这确实是一件小事，但是体贴入微、关怀备至。同时，大多数公共厕所都为残疾人配备了专用厕所，使他们能够像健康人一样享有平等的使用厕所的权利（图7-7）。

针对残障人士，日本的TOTO公司还研制出了专供残疾人使用的坐便器，采用树脂扶手，可向上翻转，帮助老年人、残疾人起身如厕。安装这样的坐便器，厕所内部走道空间需要适当加宽，以方便轮椅车调头。此外，厕所设计也应适当增加一些中性的公共厕所或母婴厕所，以方便这类需要照顾如厕的特殊群体。

可在现有厕所的基础上进行改良达到无障碍。比如入口处的防滑坡道、厕所室内的安全扶手等，以方便残障人士、老人、儿童安全如厕。

（3）节能、环保设计

节能环保问题与民众日常生活息息相关，一直是政府和百姓关注的重点。公共厕所的节能环保对于整个城市乃至乡村的发展来说都是非常重要的。现在许多城市的厕所排泄物都会被冲到下水道、经过排水管集中到达化粪池，然后由化粪池经过城市污水管网、排出至城市污水处理厂、经过处理达到排放标准后、排放入附近河流中。同时，在农村的一些区域人口骤减，人们再也不像以前能够做到粪土归田。农民越来越多地使用化肥，田地也越来越贫瘠化。

21世纪初，欧洲开始暴发磷危机。根据美国地质调查局（USGS）的研究表明，如果继续按现在的使用速度来计算，世界上已探明的磷矿储量只能使用50～100年。磷矿的稀缺会直接影响食物的生产。因为中国、美国、南非等国家的磷矿比较丰富，所以中国农民并没有对磷肥面临的危机感到多大恐慌。虽然随着农业科技的发展，粮食的产量迅速上升，然而，短期的技术解决方案依然无法有效解决长期的磷匮乏危机。

因此厕所的节能环保问题就更加突出了。为了解决这些问题，各种类型的生态厕所也应运而生。例如使用旱式生态厕所，对固废液物质可以在现场或场外处理，直到病原体完全消除。先对粪便进行堆肥发酵脱水，然后对粪便中的有机物进行持续发酵，直至把粪便中的营养消解转化为腐殖质土壤。这些有机腐殖土进入农田土壤不仅能为农作物提供营养，而且有助于农作物的持续茁壮生长。腐殖土改善了土壤结构和土壤肥力。因此，这种生态旱式厕所适用于缺水和供水不规律的地区。因为它非常节水，不设下水道，减少了对地下水和地表水的污染威胁，减少或消除了人类粪便造成的环境污染问题。

另外，通过各种技术手段或社会分工协作，对厕所收集的粪便进行无害化处理，还具有重要的资源、能源和药用价值。例如从便溺中回收有用的成分用于制药、提取再生蛋白等营养用来养殖，而其固液废渣则可以进一步发酵制成腐殖土肥料，综合利用减少了对外部自然资源和能源的依赖。同时生态旱式厕所还可以对粪冲水进行回收处理并再次使用，在有效地节约水资源的同时又能够提高厕所空间的利用率，提升生活品质。生态厕所所具有的节水、无污染、低耗能优势让它能够在一些有环境条件限制的地区进行推广使用。这种卫生间的推广，不仅方便了人们的生活，提高了生活质量，而且保护了环境。

2014年3月22日，在印度新德里举行的第二届"创新厕所展会"上，来自15个国家的49个科研机构展示了他们在盖茨基金会资助下研发的各式节能环保厕所。美国杜克大学和密苏里大学的研究人员展示了他们联合研发的厕所。这种厕所形状酷似垃圾桶，可将人类尿液变成水蒸气。一位来自瑞士的研究人员展示"蓝色分流"——一个融洗手、冲洗、处理粪便与尿液等功能为一体的可循环式厕所。美国科罗拉多大学的研究人员展示了利用太阳能将人类粪便转化成燃料的厕所。来自中国的旭日清风科技有限公司的研发人员也展示了该公司发明的无水厕所（图7-8）。

（4）文化本土设计

在进行乡村公厕设计时，当地的民俗文化特征也需要进行恰当的表达。厕所虽然不大，但是同样可以代表着一个时代与地区文化。一个好的空间设计能够唤起人们对当地文化的记忆，让人久久不能忘怀。设计师可以通过不同的手法来表达这种文化特征。

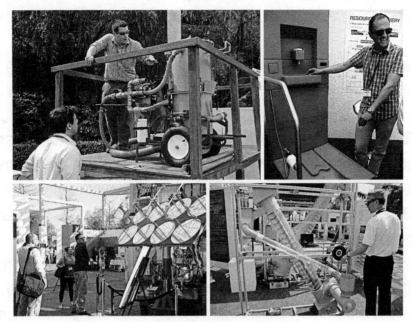

图 7-8 "创新厕所展会"各国展品

7.1.4 智能厕所设计

公共厕卫的建设，除了要注意节水节能设计，也应与时俱进，吸收现代化科技手段和人工智能来实现可持续发展的战略目标。

（1）节水智能化设计

公共厕所内的日用水量是巨大的，而其主要用水可以分为两个部分，即冲便及洗手用水，所以一种节水智能化设计的思路就是将洗手用水和冲便用水结合使用，如图 7-9 所示，该装置通过在马桶水箱顶盖上设置一个洗手的小水盆，如厕完毕后洗手用水可以有效补充冲洗用水。

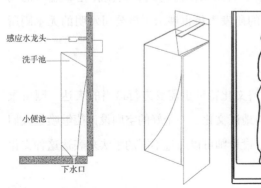

图 7-9 节水小便池线稿图

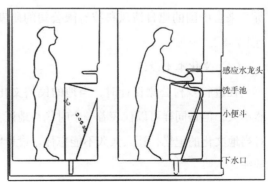

图 7-10 节水小便池效果图

好的节水措施不仅仅适用于坐便器，也可以应用于男性的小便器，如图 7-10 所示，可以将男性小便器与洗手池进行一体化设计，这样在如厕结束之后，可以通过洗手用水的再利用进行小便池冲洗，这种设计可以极大地降低公共厕所的水资源消耗。

另外，卫生洁具的环保设计也是公共厕所设计的重中之重。对卫生洁具的细部设计既可以很好地提升公厕的环境质量，还能够有效地减少对环境的投入。当前，一些智能洁具在许多城市公厕得到了推广，例如人们常见的感应式冲水蹲位，感应式冲水龙头等，这些设施可以有效避免对水资源的过度使用。在一些乡村旅游点和繁华地段的公共卫生间设计中是需要引入并推进细节创新的设计探索。

（2）温控与排气智能化设计

乡村旅游景点、道路交通节点以及村落民宅集中区域的公共卫生间室内物理空间环境，需要根据当地四季气候、季风、气温变化的常态与特殊情况，预设厕卫空间室内气温、通风换气等自动调节装置。由于不同属性的厕所便器有坐便、蹲便甚至是无水冲蹲坑模式，这就需要根据当地自然气候条件变化需求来设置坐便圈加热器，坐便圈保洁自动走袋器、粪便自动打包器等智能化装置；还有小便斗、槽的自动感应喷淋冲洗，以及在极端气候条件下装置一些智能化加湿、除湿设备设施等。

7.1.5 方案设计解析

通过对公共厕所的位置选取，厕所内部、外部空间与环境功能的设计介绍，可以知道厕所建筑不仅是一座适宜于地方村落环境的建筑，它的建筑材料所表达的建筑空间语义和意象会让人们产生乡村风貌的视觉印象（见图 7-11 中的石材铺地），就地开采的石材铺地，会带来乡土亲切的意象思维联想，从而形成人们对本土建筑、风貌、环境的初始判断与印象。当人们如厕后，内部的空间功能舒适、环境卫生、空气清新、气氛温馨，给人们带来的是物质与精神的双重享受。下文中的具体设计方案，会让如厕者对此有一个更深入、更直观的了解。

（1）定位

在进行方案设计之前，需要根据厕所所处位置、环境条件与服务对象来确定厕所的建筑定位以及便溺处理模式（图 7-11 ~ 图 7-13）。

图 7-14 的厕所方案效果图，展现出厕所建筑是依据当地民居的空间形态与材质肌理。厕所的化粪池则采用了现在农村普遍推广的三格化粪池式，做尿粪采集和发酵。三格化粪池式公厕适用于我国大部分地区，在经济较发达的农村地区推广较好。发酵过的池液可以作为农家肥直接给菜地、庄稼追肥施用。在建筑外观的风貌设计上，则

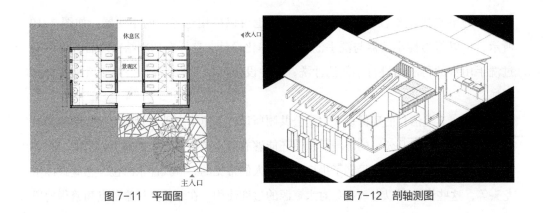

图 7-11　平面图　　　　　　　　　　　　图 7-12　剖轴测图

尽可能结合当地盛产的建筑材料，如石材、竹、木材进行设计，方能取得环境景观上的和谐与统一。

（2）空间功能

从图 7-11 的平面功能分区设计可以看出，建筑后方设计了一条通往化粪池掏粪的道路和一个专门的掏粪场地。如厕者通道路是用冰裂纹的石材铺装的地面。男女厕所中间用磨砂玻璃阻隔，并且设置红砖堆砌出来的座椅，方便使用。而在图 7-15 结构分析图中可以从空间上看到三格化粪池所在的位置，正好位于建筑后方男女卫生间之间，这对粪便入池沉淀、发酵则是最便捷的收集路径。

（3）本土设计

为了加强厕所建筑的本土风貌特色，空间设计中的通风功能与空间形态密切配合。方案设计有意提高屋脊尺度，利用抬高的屋顶形成通风换气通道。建筑的钢结构则装饰成为本土传统建筑的木构件。在立面上，采用石材和木材两种当地的材料与工艺做装饰处理（图 7-11 ~ 图 7-15）。建筑功能与形态风貌做到了和谐与统一。

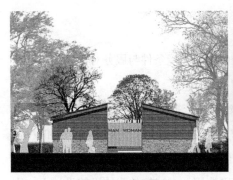

图 7-13　立面图　　　　　　　　　　　　图 7-14　效果图

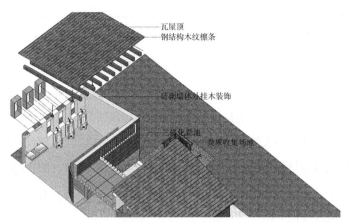

图 7-15 结构分析图

7.2 乡村民宅厕卫空间设计

随着国民经济的快速发展，国家也越来越重视对农民生活的改善和素质的提高。为了响应习近平总书记"解决好厕所问题在新农村建设中具有标志性的意义"的指示，以往在农村倍受冷落的民宅厕卫，如今正发生着天翻地覆的变化。民宅厕卫的改革提升设计也越来越被人们所关注。尤其是在当下，农村许多年轻人想要回乡创业，让他们最不能适应的就是传统的乡村厕卫环境卫生与安全问题。现在农村老龄化问题比较严重，年轻人要带领他们的后代回村创业，传统脏臭的厕所环境整治与厕所改革势在必行。

厕所改革与质量提升设计是当今城乡建设设计创新的核心命题。坚持"传承历史文化、促进社会文明，突出空间营造、重视产品发明，保护自然生态、推行环保节能"的设计原则，将人性化设计原则放在首位，以人体工程学为理论，更从如厕人的心理、身体状况、行为特征和护理的角度出发，从空间尺度、区域划分、通风、保暖、采光，节能环保和具体方案设计分析等方面，来阐述乡村民宅厕卫空间设计的要点。

7.2.1 空间尺度

面对乡村民宅厕卫的空间大小与尺度关系，首先会让人想到的一个问题就是人性化。如何才能让村民安心、舒适地上厕所，就成为看似简单，实为复杂的重要问题。一方面传统的民宅厕所在形制、材料、做工等方面均差异较大。另一方面由于对乡村民宅厕卫的偏见和重视程度不够，乡村民宅厕卫一直是处于仅仅能够满足使用即可的低劣环境，与宅内客厅恰恰是两个极端。所幸，近年来这种观念产生了改变，有越来越多的乡村民宅厕卫改良开始受到重视，厕所空间功能与环境质量被提升到舒适、美观、高雅的层面。所以做好乡村民宅厕卫的人性化设计需要充分平衡好经济、美观与品质这三者之间的关系。

（1）位置

在农村地区，老年人占据了人口构成的绝大部分，并且老年人相对来说上厕所的频率会较高。而在许多条件相对较差的农村中，许多家庭会将卫生间设置于室外偏僻处，这在晚上就会造成极大的不方便以及安全隐患等。所以，在现代乡村民宅厕所设计中，卫生间应该尽量靠近卧室，并且两者之间不应该有高差，防止绊脚，并且还要根据老人儿童的行为特征，避免锐利的边沿和棱角，让无障碍与安全设计能够在室内各个地方体现出人性化关怀。

（2）空间布局

在大多数的村户中，每套只有一个卫生间，并且由于其空间尺寸较小，往往会导致卫生间使用高峰时段的拥挤。家庭成员只能借用厨房的设施来进行洗漱。一般来说，厕所使用的舒适程度和厕所的面积息息相关，过大会浪费空间，同时也不方便使用；太小又过于局促，增加了压迫感。所以在厕所的进深设计上，一般在2500mm以上，3300mm的进深会比较舒适。如果进深大于2700mm时，可以对厕所进行分区。分区型卫生间的舒适进深是3300mm。而住宅卫生间的开间一般与浴缸的长度相同，最小取1500mm，舒适尺寸应该大于1800mm。

（3）材料属性与空间感受

关于卫生间内的材质使用。无论是对于卫生间内的任何一个设施，其材质的不同，都会对人的生理及心理感受产生巨大的影响。比如木材质会给人一种温暖、朴素以及怀旧的心理感受。而陶瓷却充满着一种年代感，并且会让使用者感受到这种坚固、滑润以及卫生。

7.2.2 区域布局

不发达地区的传统乡村民宅厕卫多为户外依附主房的独立建筑空间。近年来由于户厕改革和宅内厕卫系统设计的普及，许多农户已经接受室内卫浴的增设，并已经习惯了内部厕卫系统的便利与卫生。通常室内厕卫系统在空间组织和功能分区设计方面，分别要考虑一家三代老人和儿童进入厕卫空间的呵护，在功能进行干湿分区后，还要细化功能空间的个性化设计，以便使功能空间更加宜人。

厕卫空间中的干区，是指如厕安置便器空间、安置盥洗台盆空间、更衣空间以及存放洗衣机、烘干机等空间。湿区是指淋浴、浴缸、洗衣池、拖把池等部位的空间。

（1）干区

①便器安置区。便器摆放的区域，要求空间通达无碍，对此部分设计应考虑一些无障碍的设计，如消除地面高差，方便老人如厕。

②盥洗区。为使用者提供净手、洗脸用的台盆。台盆台面的高度可根据住户人的个性需求设计，原则上应满足人体适宜的尺度需求。

③更衣区。提供更换衣服的空间，其内部空间的设计要求有适宜的温度，以及提供一些衣物悬挂的空间。此部分空间的地面需要选择地面防滑材料。家具和器物要保持圆角或棱角、倒角倒边处理，以免伤及老人或儿童。

（2）湿区

①洗浴区。包括淋浴、浴缸、洗衣池、拖把池等部位的空间与功能设计。家用洗浴空间，应考虑洗澡、泡澡的功能空间，照顾老年人和儿童的洗浴需求。

②洗涤区。有的家庭厕卫空间比较宽大，可以考虑洗衣、刷洗等家务劳动清洁池的区域空间功能增设与完善。

7.2.3 暖通照明

（1）保暖

据调查，在我国北方农村地区民宅用于御寒取暖的费用已经成为农民的主要支出，尤其是不受大部分村民重视的独立卫生间，到了冬天，更是像"冰室"一样。

例如在我国北方某地区的农村建筑，基本上抛弃了夯土墙甚至是土坯墙墙体材料结构。在外墙材料结构和形式上大部分还是采用黏土砖墙的形式。图7-16这种建筑围护结构的优点是就地取材、价格便宜施工简单等，但缺点是墙体薄、自重大、隔声差，对土壤、植被和环境破坏大，保温与隔热效果也比较差，目前国家已经逐渐停止工程使用。另外，此地区农村居住建筑在隔热方面很少有做外墙隔热保温处理措施的，即使是有，也是简单做防雨遮阳等防护措施。具体到卫生间，在维护墙体结构上适当做一些保温隔热措施，内墙再做一些防潮处理，保温效果则得到较大改善。

那么怎样才能既增加厕卫的保温隔热节能效果，又能尽量保持住宅室内洁净，还原村镇聚落的原生态呢？简单易行的做法是，大部分用料可以"就地取材"。比如在乡村建造房子，就可以发挥传统夯土

图7-16 北方某地区的农村建筑

建筑优质的保温性能，结合现代建筑的材料与工艺技术，达到建筑功能与形式完美结合。当然运用好当地材料，还能节省经济上的开销。这方面，中国美术学院的著名建筑师王澍先生就通过古今建筑技术融合，研制了既防水、又保温防潮的夯土墙土配方，使中国乡土建筑的夯土墙技法得到传承发扬。

（2）通风

在农村，不论是公共还是民宅卫生间，环境卫生问题中最为严重的是空气质量问题。厕所设计可以采取自然通风和机械通风等措施来达到通风效果。比如卫生间对外开窗或者设置换气扇等。

（3）采光

适宜的光环境对于乡村民宅厕卫来说尤为重要。良好的自然采光环境可以节约能源，让使用者感到自然舒适。在设计卫生间的时候，应根据使用者的行为习惯，充分把握农村居民的真正需求，做到以人为本的设计。民宅厕卫的采光一般由自然的采光与人工照明相结合。

①自然采光

卫生间的窗户不仅可以起到通风照明的作用，还会因为不同的开窗形式营造出不同的感觉。比如高窗、小窗会较有私密性和保温性，北方地区农村中使用较多；天窗的采光量更大，许多村落农户的自建房中都会选择做一些天窗；落地窗采光和视野更好，但是费用较昂贵，节能保暖性能则比较差（图7-17）。

图7-17　厕卫空间的自然与人工采光

卫生间内一般可以分为三个区域，即如厕空间、盥洗空间、浴室空间三个部分。如厕空间的主要功能是放置坐便器，这部分空间的使用功能较为单一，人的行为活动时间短，主要需要设置换气功能，所以可以将通风窗与高窗相结合，同时达到采光与通风的双重目的。盥洗空间主要为洗漱与化妆功能，盥洗台面安放洗脸盆池、盥洗用具及洗衣机。由于洗漱台墙面还需要放置镜子，因此，最好可以有自然光进入。浴室空间的使用时间因人而异，但是大部分时间是早上或者晚上，由于浴室需要有较强的私密性，所以浴室空间的开窗也可以结合高窗的通风及采光功能来保证浴室的干燥及采光（图 7-18）。

②人工照明

对于大部分人来说，卫生间的主要使用时间是早晨和晚上，这就使得人工照明系统非常重要了，并且有些地方无法设置外墙的窗户，在白天也需要采用人工照明。卫生间内的人工照明还需根据三大分区进行不同点位的照明设计。

首先，盥洗空间的人工照明除了设计普通照明外，还应加强盥洗化妆台空间的局部照明，其整体照明可以采用筒灯、吸顶灯及壁灯等。对于梳妆台空间的局部照明可以设置镜前灯或射灯。照明灯具与光色的选择是多样的，有各自的优势，可以根据功能用途和个性喜好，选择白炽灯、荧光灯或其他照明形式。

对于浴室空间的人工照明设计来说，私密性是主要考虑的条件之一。使用者在洗浴时是背光的话，就会将自己的身影投影在窗户上。而如果考虑在顶部设置两盏灯的话，就可以消除影子的影响。灯具的选择一般是白炽灯或者荧光灯等（图 7-19）。

如厕空间的人工照明，一般只需要设置一个灯具，并且还需要考虑使用者在使用时是否会产生背光，因为有些使用者习惯于在如厕的时候阅读，所以厕所灯具一般设置于顶棚比较合适，而不适合设置在坐便器的后方及两侧墙面。

（4）节能环保

在当今城乡协同发展的背景下，如何保护和振兴传统村落，建造一种既节能环保，舒适度又高的乡村民宅已经成为研究与实践的热点问题。

①民宅节能的系统工程。卫生间只是包含在民宅其中的一个功能房间而已。民宅的节能需要经过系统设计来解决宅内水暖电气以及庭院周边环境生态和原生肌理问题。在一些古城、古村或历史街巷内，不当的节能措施会导致传统乡村主体风貌遭到破坏，比如在屋顶安装一些并不适合于当地实际的太阳能设备设施。在历史村落，应该以不改变整体风貌为前提，谨慎精简和精确设计行为。例如将建筑墙体作为一个设

图 7-18　厕所室内的自然采光

图 7-19　厕卫空间的人工采光

计对象，保持外墙原貌，仅在墙体内运用夹墙填充保温材料来提高墙体保温性能，这样就可以既维持原来风貌，又达到节能效果。

②引导使用新型保温墙体材料。在农村的现有住宅中，一部分旧建筑使用的建材还主要是当地产的一些实心黏土砖。由于其在生产过程中从原料开采到烧制成品都会有严重的资源浪费以及不环保的现象发生。而且在使用过程中，实心黏土砖的耐久性、保温和隔声性能也不尽人意。所以，在农村限制使用实心黏土砖，进而引导村民使用一些新的环保墙体材料非常必要。

7.3 乡村厕卫处理系统设计

为消除传统简陋土厕所存在的各种弊端，国家持续多年提出的"无害化卫生厕所"的改革方针正在逐步推向深入。目前推广的"无害化卫生厕所"是指"符合卫生厕所的基本要求，具有粪便无害化处理设施、按规范进行使用管理的厕所"。按照规范要求使用时，卫生厕所要求有墙、有顶，贮粪池不渗、不漏、密闭有盖，厕所清洁、无蝇蛆、基本无臭，粪便必须按规定清出，具备有效降低粪便中生物性致病因子传染性设施的卫生厕所。特别是在我国农村，推行这种"无害化卫生厕所"贵在坚持，势在必行！"无害化卫生厕所"包含"三格化粪池式厕所、三联沼气池式厕所、双瓮式厕所、完整下水道水冲式厕所、粪尿分集式厕所、通风改良坑式厕所、移动厕所"等，在多年推广、改进提升建设实践的基础上，技术正逐步走向成熟。

7.3.1 少水冲、旱厕粪肥处理设计

民宅厕所的建设通常结合地域自然、气候条件和疾病流行特征，围绕当地人的生活习俗，在农业生产上对农家肥的需求方式采取因地制宜，选择适宜当地农民需要和受欢迎的厕所与粪便处理类型。本节所选取的三联沼气池式厕所、双瓮式厕所、通风改良坑式厕所粪尿分集堆肥式厕所等案例在我国广大农村地区发展较快且有国家规范指导，对乡村生态卫生和民众的生产、生计有机结合具有较大的促进作用，受到广大农牧民的欢迎和各地政府的大力支持。

例如在曾经的血吸虫病疫区，亦采用三格化粪池式、三联沼气池式两种厕所模式。其中修建三联沼气池式厕所，一般都与国家倡导的厕所改革式质量提升项目相结合；在人口密集的乡镇地区推荐优先考虑完整下水道水冲式和三格化粪池式厕所；而在少雨干旱的西北地区和寒冷的东北地区则推荐使用粪尿分集式厕所；温带地区包括淮河流域黄河中下游以及华北平原等地适合采用双瓮漏斗式厕所。

（1）三联沼气池式厕所设计

①养用结合的沼气池式厕所。此类厕所是将农家的厕所、畜禽舍和沼气池连在一起，这样人、畜的排泄物可以直接进入沼气池中发酵生成沼气和绿色安全的腐熟肥料。该类厕所既处理了粪便，得到了很好的肥料，还获得了沼气，可谓生态节能，尤其适合养猪的农户应用（图 7-20 ~ 图 7-24）。

②空间环境与生态设计。三联沼气池式厕所是将"厕所、畜禽舍、沼气池"三个功能空间集中布置，有时也和洗浴间一起建造。按使用人群分类，可分为户厕和公厕。公厕大多单独设置，户厕可单独也可依附其他建筑设置，或建在庭院内。空间设计注意交通流线的组织、场地的集约利用与环境的生态绿化。

由于厕所、圈舍均需要与沼气池连接，平面布局需尽量紧凑，减少进料管道的铺设距离。设计可将洗浴间、厕所和猪圈结合布置，提高空间使用效率，也可根据需要进行组合。图 7-21、图 7-23 中标识的猪圈可替换为牛栏、鸡舍、羊舍等，视情况对平面和屋面高度进行调整。但是畜禽舍面积不宜小于 $10m^2$，养殖量不少于 3 头猪。

（2）双瓮式厕所空间系统设计

双瓮式厕所结构简单、造价低廉、去臭保肥，并且有利于防止疾病，因此曾在

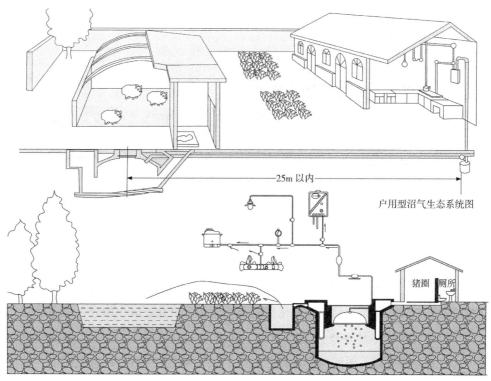

图 7-20　三联沼气池式厕所原理示意图

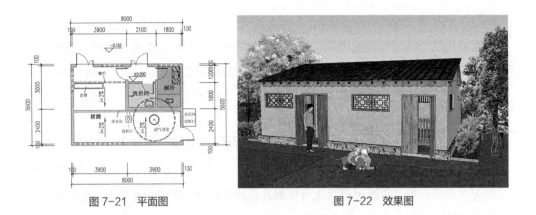

图 7-21　平面图

图 7-22　效果图

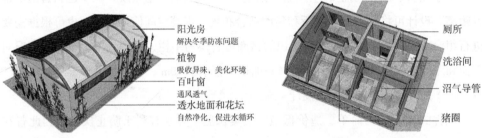

阳光房
解决冬季防冻问题
植物
吸收异味，美化环境
百叶窗
通风透气
透水地面和花坛
自然净化、促进水循环

厕所
洗浴间
沼气导管
猪圈

图 7-23　三联沼气式厕所的空间功能示意图、功能结构分布图

北立面图　　　　　　　　　　　　　　　西立面图

图 7-24　剖立面

中国农村地区广泛推广。双瓮水封式厕所是在原双瓮式的基础上进一步解决排臭问题而形成的。该类厕所是适用于家庭使用的小型厕所。可在庭院中加建，也可对原有农村户厕进行改建（图 7-25 ~ 图 7-28）。水封式与排粪管结合的应用可解决粪便溅溅、臭气外泄等问题。厕屋内应备有贮水桶、水勺和卫生用具，以供便后用少量水冲洗。

图 7-25 不同角度的厕所空间效果图

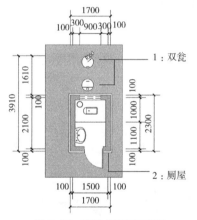

图 7-26 双瓮式平面示意图

1:双瓮

2:厕屋

（3）粪尿分集堆肥厕所设计

粪尿分集式厕所又称"干式厕所"和"堆肥厕所"。这类厕所在国内外都有悠久的历史。比如河南巩义和安徽界首都出现过"粪尿分集式厕所"，其应用原理和现代的粪尿分集式厕所原理已经非常接近。在海外，日本昭和二十四年有关厕所介绍的文章里也提到了"粪尿分集式厕所"的概念。粪尿分集的非冲水厕所因为其"小而美，小而适用"在广大农村具有一定的适应性和可推

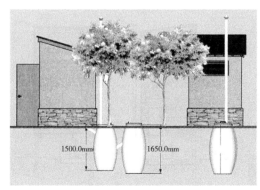

图 7-27 双瓮式剖立面图

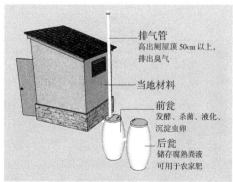

排气管
高出厕屋顶 50cm 以上，排出臭气

当地材料

前瓮
发酵、杀菌、液化、沉淀虫卵

后瓮
储存腐熟粪液可用于农家肥

图 7-28 双瓮式结构示意图

167

广性，可以在改善农村生活、生产环境上发挥一定作用。

①主要特征与概念设计。此类厕所具有以下特点：一是减量化。选择处理必须被处理的排泄物。二是无害化。不排放污染环境以及危害人体健康的有害物质。三是资源化。循环利用自然资源和粪肥从而减少化肥使用量。四是节约水资源，基本不用水。

这种厕所的优势体现在人、畜的粪尿得以在自然界形成闭合循环，使资源得以重复利用。因此该类型的厕所适合在我国农村广泛应用，以获得更好的社会、生态和经济效益（图 7-29 ~ 图 7-32）。

粪尿处理采取生物概念设计：粪尿分集的堆肥式厕所对水的需求量极少，甚至可以说是无水厕所。排泄物在进入便池后与覆盖的草木灰、木糠、椰棕或泥炭藓等物质进行有氧分解反应生成堆肥。这种厕所主要运用在供水缺乏和集体排污的地区，可以代替传统的冲水式厕所，将人类的排泄物循环再利用做成非食用植物的肥料。排泄物混合的物质有助分解、吸水及减少臭味挥发，分解速度也比传统厌氧分解的化粪池要快。堆肥处理的厕所便器可以利用很少的水甚至不用水来达到处理排泄物的目的，且

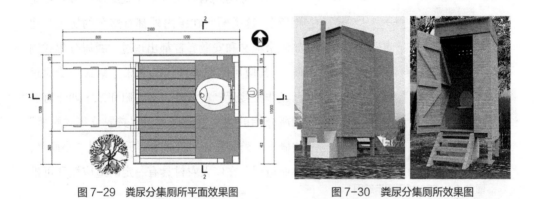

图 7-29　粪尿分集厕所平面效果图　　　　图 7-30　粪尿分集厕所效果图

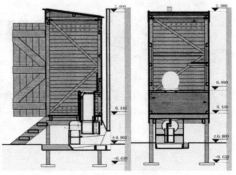

图 7-31　立面图　　　　　　　图 7-32　剖面图

应用也相对广泛，处理出的固化物可以为农作物提供很好的肥料。

②空间结构与细部设计。通过对众多案例的比较分析，总结出粪尿分集的堆肥式厕所优缺点后进行设计的深化研究。厕所建筑需利用当地常见材质塑造空间形态，并置入应用范围广泛的处理容器，在节水节材的同时做到与环境和谐共生。

粪尿分集式生态卫生厕所的结构设计类型多样（图7-33、图7-34）。其主体结构由厕屋、储粪结构以及粪尿分流的便器组成。而其多样性则可以根据需求决定建造类型（单坑、双坑和多坑），是否利用太阳能升温晒粪，是否安装排气管建于室内或者室外。这类厕所同时适用于农村和城市，可固定或不固定，甚至可以专门为儿童设计。因此这类厕所极具灵活适应性。

主体由上部厕所和下部堆肥器两部分组成。上部可根据当地具体情况采用恰当木材构建围合骨架，其中置入粪尿分集式坐便器，下部连接收集处理器将尿液与粪便分别进行收集，异味通过直接连接到堆肥器的通风管排出，底部所设孔洞用以导出渗漏水分，由蒸发托盘加热蒸发。

转盘式粪尿分集户厕。粪尿分集式堆肥厕所的优势体现在低造价、建造简易、无异味，可分别进行收集和处理。蛆蝇虫卵很少，有效地抑制粪便中细菌与病毒繁殖。这类厕所使用原理是首先将尿粪分离，一方面粪便可以迅速干燥，加快堆肥进程，另一方面被分离的尿液流入另一个容器后经过处理可以作为肥料。这样的粪尿处理系统不仅巧妙、卫生地处理了人的排泄物，还将处理后的粪尿作为高品质肥料输入农田（图7-35）。

目前在许多边远乡村的绝大多数厕所仍然采用粪尿混合的开敞式腐化池，这种粪池受气候、天气情况影响较大，其中含有大量水分或者是夹生的粪体尿液易于滋生蛆

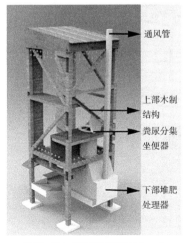

图7-33 细部结构说明（一）

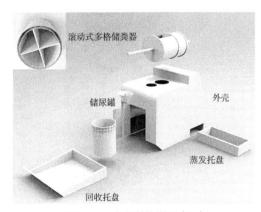

图7-34 细部结构说明（二）

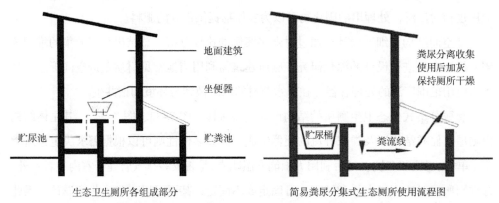

生态卫生厕所各组成部分　　　　简易粪尿分集式生态厕所使用流程图

图 7-35　原理示意图

虫和苍蝇。如果没有适当的卫生防疫措施，厕所排放物中的蛆蝇很容易进入厕所空间，而粪污也很易于污染地下水或地表农田，进而导致儿童痢疾、多种肠内寄生虫引发传染性疾病。因此，户厕的改良可以在原有的基础上，进行厕内封闭，厕外粪池加高出地表并作加盖式处理（图 7-36）。

　　转盘封口式粪尿分集户厕。与常见粪尿分集户厕不同，这种厕便器的内部结构做了改良和创新，在坐便器内腔预置装载粪便的降解袋，在如厕人使用完成后降解袋即可封口。其运行特点是：系统采用封口器和旋转底座，轮番收集、一次一袋一封口，大大减少了粪便气味的扩散。粪便的集中回收可大大增加粪肥的利用效率。待解决的问题：系统稍显繁杂，故障率较高，推广度较低。

　　（4）通风改良坑式厕所粪肥处理设计

　　通风改良坑式厕所主要由厕坑、蹲台板、通风管和地上部分组成。在使用上，主

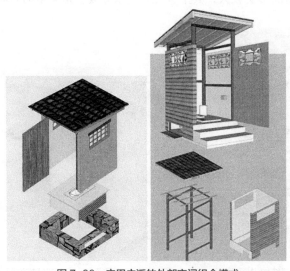

图 7-36　应用广泛的外部空间组合模式

要分为单坑式、双坑式和多坑式三种类型。单坑式的结构设计，需要注意留出排泄口，并在粪坑旁边设置消化坑用于粪便发酵。粪坑内的粪便不需要作处理，当粪便装满后，再用土将粪坑覆盖，重新选择地方建新的厕所。双坑式结构设计与单坑式相近，两个粪坑轮流交换使用。具体操作是当一个粪坑装满粪便之后用土覆盖，然后启用另一个粪坑。当另一个粪坑粪便也填满之后停止使用，此时再清除第一个粪坑的粪便并重新投入使用。以此循环往复。这两个粪坑结构相同但彼此独立。多坑式厕所是多个双坑系统的并联或者是多个单坑系统的并联，并且有单独的通风系统，以达到通风均匀和除臭的效果。

这种厕所的粪便在粪坑内堆积时间长，在被清出时已经经过至少半年以上的发酵消化，因此已经完全达到了无害化的标准，可以作为高质量的安全肥料。

当然，通风改良坑式厕所应事先预制有开孔的混凝土蹲台板。预留孔洞有三种形式：一是在脚踏位的前后开两个孔洞。前孔放蹲（坐）使器，粪便由此进入厕坑，后孔供安装通风管用。二是蹲台板仅留一个孔，供安装便器。三是直接由开孔排入粪便，另配一个外形和孔口相似的带柄的盖，使用后盖严。厕室外的厕坑后上部需要连接通风管。

值得注意的是通风管在卫生间设计中扮演着重要的角色。通风管主要作用是及时给厕所内部补充新鲜空气，排出厕所内的臭味。

（5）其他免水冲旱厕堆肥系统设计

①室内免水冲厕所。这种类型的厕所设置在室内，采用全封闭式的马桶，马桶的盖板使用活动橡胶挡板，封闭性好。坐便器的底部使用排气管将废气排出到室外，也可以使用烟囱或者排风道。如厕时使用脚踏板将挡板打开，粪便通过马桶底部的进粪管排入室外的蓄粪池中进行存储，也可以直接落入马桶正下方的蓄粪池中。蓄粪池进行特殊设计，主要为砖砌筑，蓄粪池四周都做了防渗处理，蓄粪池中的粪便一般一年取一次，然后堆肥处理以后进行还田。这种便器需要很少的水量进行冲洗。良好的防寒性能和较好的卫生环境是这种厕所的优势。

②阁楼式厕所。这种厕所一般常见于青海、西藏等地区。和通风改良单坑式厕所有些相似，是旱厕的一种，成本很低。厕所绝大部分建在地面之上，粪坑的四周和厕所的围墙都使用土坯或是干打砌筑而成，高度大约是3m，用木檩架在厕所围墙和粪坑四周的交接处，用来放木制的蹲板。粪坑的侧面设置取粪口，用来发酵的粪坑直接设置在取粪口的旁边，方便将粪便进行处理还田。厕所的旁边设有类似于楼阁样式的多层台阶。完整的阁楼式厕所能够有效地遮雨挡风。厕所的围墙上设有用于通风的窗口，蹲板的厕孔上面配一个比厕孔稍大的带柄可提起的木盖；或在厕孔

处安置漏斗形便器并使之周边密封，只需要使用少量的水进行冲洗即可。粪坑底部做防渗处理，一般选用三合土夯实，或是用砖砌水泥砂浆抹面。取粪口一般只在春季打开，平时关闭是为了避免蚊虫和牲畜家禽进入。满足上述几点就具备了卫生厕所的基本条件。

建造 2 个粪坑交替轮流使用，人粪尿用土覆盖，用土量以能充分吸收粪尿水分并使粪尿与空气隔开为宜。厕坑容积：每坑容积不小于 $0.8m^3$。单坑粪便贮存时间不少于 6 个月。排气管是厕所设计的关键部位，直径为 10cm，高度以高出屋顶 50cm 为宜，在排气管口应设防蝇罩，防止苍蝇自排气管口进入粪坑。❶

7.3.2 完整下水道水冲式厕所粪肥处理设计

完整下水道水冲式厕所往往适用于城镇化程度比较高的地区或是南方经济发达的农村地区。因为该类型厕所的特征是同时具有给水和排水设施，如厕室、污水排放地下管道和污水处理设备等。因此，往往建造成本高并对下水道系统的完整性要求较高。该类型厕所可以位于室内也可以置于室外，蹲便或坐便均可。

（1）污水处理设施

对于农村来说污水处理设施主要有三种类型：大三格化粪池、化粪池、生活污水净化沼气池。并且为了避免污染农村生态环境，污水处理设施通常被建造在当地夏季主导风向的下风向，河流的下游，尽量靠近受纳水体或者灌溉区。

虽然经过处理以后的污水不能直接排入地面上的水体之中，但是用来灌溉农田和绿地还是绰绰有余的。有时候还需要进行二次处理，处理方式有人工湿地或稳定塘等生化处理技术，也可根据当地条件，采用一体化预处理工艺（PDI）、集成式生物化粪池等。人工湿地适合处理纯生活污水或雨污合流污水，会占用很大的用地面积，比较适合采用二级串联。当技术基本成熟且地理环境都比较合适时，村庄污水可考虑采用荒地、废地以及坑塘、洼地等稳定塘处理系统，用作二级处理的稳定塘系统，处理规模不宜大于 $5000m^3$/ 日。

（2）运行模式

生活污水净化沼气池是农村最常见的污水处理设施，其原理是根据生活污水的生化性质，利用厌氧消化、沉淀过滤等处理技术，降解有机质，杀灭病原菌，使排出水质达到标准。它主要由截留沉砂井、一级厌氧池、水压进料间、二级厌氧池、过滤池、二沉池等组成。其中截留沉砂井主要去除粗大固体和沉砂，以免堵塞或影响后一级处

❶ 全国爱国卫生运动委员会办公室 . 全国爱卫办关于下发 2009 年农村改水改厕项目技术方案的通知，2009-11-26。

理工艺。厌氧池是主要的污染物去除和灭菌的地方。过滤池、二沉池是进一步去除有机质，并截留污泥，提高出水水质。

组合式生物化粪池是利用微生物处理技术组合成的一种新型高效污水处理净化装置。它由生物化粪池池体、微生物菌群、微生物载体等组成。整个系统埋在地下，污水进入该系统后不需任何能耗，利用流体推流虹吸技术，自动沿内部的特殊结构逐次流经调节、沉淀、分离、多级生物处理、多级氧化澄清等处理过程。处理后的污水达到《污水综合排放标准》，可就近排入下水道及附近水系❶。

（3）粪便处理

三格化粪池厕所粪肥处理设计

三格化粪池厕所适用于我国大部分地区，因为其建造结构流程简单易行，造价经济实惠，并且可以达到良好的卫生效果。小（中）三格、三缸组合适用于节水型户厕，大三格池适用于公厕。

①结构设计

三格化粪池的设计特点，是粪便收集和无害化处理同时进行并且尽量阻隔新鲜的粪便和粪便残渣进入第二池和第三池。在三格化粪池中沉淀发酵后的粪便基本不会有虫卵和细菌的残留。

三格化粪池的主要结构由"便池蹲位、连通管和密封粪池"三部分组成，其中密封的粪池是三个相互连通的格室。排出的新鲜粪便通过进粪口在第一池内发酵并沉淀虫卵，后进入第二池二次发酵，最终被储存在第三池。第三池需要预留出粪口。从该池流出的粪液基本没有细菌和虫卵，是可以直接进入农田的放心肥料。三个池子靠"连通管"联通，可以有倒 U 形、倒 L 形及直接斜插连通管等形式，还有直接开孔的样式。前三种有利于杀死虫卵、消灭细菌，直接开口的样式做法简单不易堵塞但达不到理想的卫生效果。在安装连通管的时候要注意位置的选择。建造大三格化粪池时可以适当增加连通管的根数防止堵塞。连通管的材质以水泥预制、陶管或PVC 为主。

②运行模式

三格化粪池式厕所需要遵循"启动、管理、处理"基本程序。

一是启用准备。化粪池新建成后需养护两周后方能正式启用，在启用前要作试水试验：先在三个池分别加满水，观察 24 ～ 48 小时池内液面的下降情况。液面下降 1cm 左右为不渗漏；超过 2cm 表明有渗漏。查出原因后，及时修复并试水后投入使用。

❶ 付彦芬. 完整下水道水冲式卫生厕所 [N]. 农民日报，2009-01-23。

另外，如果试水时段水位有上升的趋势，可能因地下水位高，地下水渗进池中，应加厚池内壁。经试水证明无渗漏，再在第一格池内注入 100 ~ 200kg 河塘水或井水，水深以高出连通管下端口为宜，并引入厌氧菌种后启用。❶

二是管理方法。良好的管理决定了粪便是否能顺利地从第一池流向第三池，是否能达到粪便无害化处理的效果，也是确保整个流程安全进行的关键。具体管理方法为：第一，控制厕所用水量。对于三格化粪池特别是小三格化粪池应该以粪便量为用水量的计算依据。如果用水过多会导致粪便稀释达不到预计的停留时间导致不充分的厌氧消化。中等的三格厕所用水量也应该控制在 3 ~ 4L/ 人 / 天。第二，选择正确的便器样式。小型三格厕所选用漏斗形便器，中等三格厕所选用节水型便器。一般不采用市售水封便器，除非三格化粪池容积超过 2m³。如果需要使用，则每人每天冲水量也不应该超过 2 次 / 人 / 天。第三，从第三池流出的粪便可以直接用于农田，但第一池清理出来的粪便残渣必须经过堆肥处理或者其他的化学处理方式才能作为肥料。第四，第一池和第三池要盖严盖板，并且在需要打开时，注意周边没有明火（即不能吸烟、点灯等），因为池沼气遇到明火极易发生爆炸，非常危险。

三是池渣处理。粪便中往往含有大量的细菌病毒以及寄生虫卵，如果粪便残渣没有得到正确的处理可能导致携带病菌虫卵的污染物进入水源、土壤，危及周边居民的生命。正确的"粪便无害化处理"是指从各种厕所清掏的粪便，在用作肥料前都应采用的有效处理方法，包括物理、生物或化学方法将粪便内的致病菌、病毒和寄生虫卵杀灭，使其达到基本无害化的过程。物理和生物的方法是将粪便密封贮存一定时间，在厌氧和一定温度（可人工加温）条件下，能将粪便内的细菌杀灭，使其充分腐败酵解，放出大量的氨和沼气，改变 pH 值；或者通过堆肥自然发酵升温，改变粪便内的致病菌、病毒和寄生虫卵的生存条件，从而导致其死亡、使粪便变得基本无害。上述过程安排在厕所设施内进行，最为合理、方便和有效。采用化学方法直接投药杀死病菌和虫卵虽然有效，但是副作用较大❷。

7.3.3 移动厕所粪肥处理设计

移动厕所是相对于建设在一定场地的固定厕所建筑而言，顾名思义属于可移动的厕所建筑产品。由于它结构简单、材料轻便，可拆卸、可组装、可运输，在运行中不受场地条件限制，拥有封闭的、特殊而独立的粪溺处理系统，且有不同类型和不同风格造型提供选择，能够迅速解决现实需求问题，而受到普遍欢迎（图 7-37）。

---

❶ 沈彬 . 新农村建设中生态农宅研究 [D]. 天津 : 天津大学，2006.
❷ 同上。

图 7-37 移动厕所

（1）免水式或生物降解式

①免水打包型。免水打包型生态环保厕所，是由可以降解的由薄膜制成的包装袋走动系统、机械装置（机芯）、外壳、储污箱组成。如厕便溺落入包装袋，粪便被包装，如厕者踩动传动杆，机械装置向下自动牵引装有粪便的包装袋，包装袋被自动扎口并移入储污箱；蹲面上的包装袋更新，封闭装置，再次封闭臭味不外泄；粪便统一处理，降解袋使用完毕后自动报警，不污染环境，节约水资源，适用于无供水设施下的公共厕所。❶

厕所结构设计：宜采用轻钢龙骨结构，钢材全部使用国家标准钢材；墙体围护，宜采用高级铝塑板，耐候性佳、强度高、易保养，美观大方。根据客户需求，也可选择金属雕花板或者防腐木等材料；顶面材料，宜采用 50 夹心彩钢板，保温、隔热、防渗漏；铝合金压边封口；地面材料，厕内地面可采用橡塑地板；厕内配置化妆镜、衣帽钩、卷纸盒、扶手、纸篓、照明灯、门锁等。

主要造型特点：这类厕所外观设计不受太多条件限制，可以根据周边环境、景观现状进行个性化设计，由于免水冲式厕所的特点是易于保持整洁干净并无臭味外泄且卫生舒适，现在该类型已经在人口密集的场所，如商业中心、公园、旅游景点广受欢迎。当然在经济基础相对薄弱的乡村，推广度或因造价受限。

②泡沫封堵型。泡沫封堵型移动厕所主要由底座、墙板、屋盖、门板和便器五大部分组成。内部配置设施：照明灯、插座、排风扇、洗手盆、水箱及管道等。

便溺处理技术。利用发泡液产生的泡沫代替冲洗的工作原理，由光感信号对厕具泡沫进行检测，使得厕具内泡沫始终处于一定的高度，泡沫能有效地起到封堵异味的作用，同时润滑便器，使得排泄物能顺利下滑进入到生化池内进行分解处理。

---

❶ 解读移动厕所的显著优点 [EB/OL]. http：//blog.china.al.

由于排泄物瞬间被泡沫覆盖，这样既看不到污物，又无异味泄出，如厕者的视觉、嗅觉以无不适，此法亦能有效阻止排泄物中携带的各类病菌传播，阻止苍蝇、蚊虫的滋生。❶

结构设计：通常采用定制的空间结构型材与墙板围护。

厕所主要特点：具有节水、隔臭、方便、智能、防冻等特点。具体为：

节水：其一，由于使用了洗涤剂，下水管道更加润滑，粪便很容易下滑，这使得其用水量比普通水冲式厕所少了将近80%。其二，用于洗手的水会收集供给泡沫发生器补给水。

隔臭：清香的泡沫可以覆盖厕所的臭味，为厕所提供良好的环境。

方便：该厕所无需接水冲便，粪便在收集粉碎后会定时排出。

智能：发泡、冲水、照明、排风系统均为智能控制，故障率低，运行稳定，操作简单。

防冻：该厕所建造材料结实，管道线路均有电加热系统，不会因为极寒天气导致冻坏、不发泡现象。

③微生物降解型。微生物降解型移动厕所是利用将粪尿分离分别进行生物降解的原理，将粪便最终处理成有机肥料，将尿液处理成中水循环再利用。其设计处理特点如下：

结构设计：该类产品形态结构同时适用于各类智能冲水型移动厕所，以及泡沫封堵型移动厕所、免水打包型移动厕所、微生物移动厕所（图7-38）。

便溺处理：排泄物通过自动开启便盆进入固、液分离的装置。大便进入发酵槽，螺旋推进器将初期配料、木屑、生物菌种与粪便混合，经过生物菌群降解为二氧化碳和水的形式分离。尿液则进入综合处理系统，经一系列的曝气、蒸发、脱色等工序最终形成中水回冲便池，以此循环往复。

主要特点：降解率极高，几乎可达百分之百，且速度快没有二次污染，不用水，只需要通电。另外厕所房体往往体积小、所用的材质轻便，便于移动。总体控制系统较为智能，灵敏度高，操作简单。后期清掏方便且次数少，清理出的残渣可以做肥料。

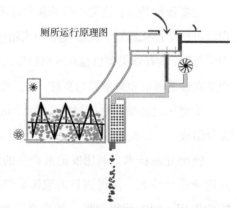

厕所运行原理图

图7-38　微生物降解型厕所运行原理

❶ 马霖霖，刘富国.向环保产业致敬[J].走向世界，2014（01）.

（2）全水冲式或节水冲式

①普通水冲式。水冲式移动厕所一般将冲水箱安装在厕所顶部，将污水箱设在厕所底部。这种厕所的污水箱容量小，因此当人数较多、使用频繁时应该及时抽吸，腾空污水箱，避免粪便满溢。其设计、处理、特点如下：

结构设计：该类产品空间造型结构同时适用于各类水冲式移动厕所。

便溺处理：使用与冲水过程不需要人工操作，全部由智能控制系统完成，冲水效果可以达到一类公共厕所的卫生标准。另外为了避免发生故障而不能及时冲水，该厕所还安装了冲水应急的双模式控制方式。

主要特点：一是节水，用高压气水流冲洗便器内壁，节约水资源，清洁效率高。二是智能，冲水控制系统智能自动化。三是通风、采光、保温好，设置自然、人工通风采光双模式，满足冬、夏季厕室内通风保温、采光效果。

②节水冲型。节水冲式移动厕所，顾名思义就是可以节约水资源，每人次冲厕用水量 0.5 ~ 0.9L，使用专用高压喷水嘴喷出水冲刷厕具盆腔。

结构设计：厕所结构同普通水冲型。节水系统：厕具、增压设备、控制模块等。

便溺处理：便溺处理的特点体现在具有良好的除臭效果。厕具的排污口为双重防臭设计，启动翻板冲洗后即时关闭，并有少量水形成水封，隔绝臭气在厕间外部。另外智能程序控制能够识别大小便，并采用不同的冲水量。

主要特点：一是用水少，环保性能高。智能控制系统人性化，能够识别大小便并用不同的冲水量冲洗厕具，比普通水冲厕所节水 90% 以上。二是排污量少、运行成本低，较普通水冲厕低 86%。三是不锈钢厕具结实、防腐、排污口大；盆腔内壁光滑，排污顺畅耐用，带自动翻板，开合灵活、终身免维护；厕所除臭达标。四是设备用电系统采用 DC12V 直流电源，安全可靠。人工照明、通风、保温采用智能控制系统，保证寒带地区气温降至 0 ~ 4℃之间时设备正常工作。

③真空自吸水冲型。

原理简介：通过便器与污物箱之间的真空泵，利用真空将便器内的污物抽吸到真空泵，经粉碎后，再将污物输送到污物箱。利用巨大的气压差，真空泵在抽走排泄物的同时也将排泄物周围 30 ~ 40L 的空气一道吸走，不会留下异味。

结构设计：主要构成部件有墙体、电控照明系统、专用便器、自动增压吸附系统、储污箱、保温系统、采光通风系统及其他辅助配套设施，并可根据客户具体要求另增加其他配置。

便溺处理：利用真空泵强力抽吸，系统自动开启排污阀，便器内便溺被吸入排污管，同时冲洗水清洗便池，在真空泵持续作用下，污物被远程输送到收集箱；待收集满箱后，集中运送到堆肥中心进行无害化粪肥处理。

主要特点：一是节水无异味。超强节水，每次冲洗仅 0.5 ~ 0.3L 水，双重冲洗、双重密封、洁净度高，厕所便器干净无气味。二是自动运行，随处移动。设备自动运行，管理维护极为简单。节约城市空间，适用于无水地区，并可随处移动。三是污物清理方便，可采用吸粪车清运，也可就地直排如化粪池。四是配有电加热系统，冬天仍可正常使用，且故障率低，适应性广泛。

7.4 乡村厕所改革设计实践

通过上文可以看出，乡村特有的厕卫空间与便溺处理体系在条件环境与固液处理去向上具有卫生安全、生态智能、目标鲜明的特点。这是因为乡村以农业耕作为主要产业和劳作方式，居住环境贴近自然，生活习惯与生产方式也有别于城市。

在新型城镇化建设中，保留乡土特色，适应乡村环境，传承传统风情，是中国可持续发展道路上应该遵循的原则，也是对城乡融合、科学利用有机粪肥资源、人性化建设的合理考量。所以在厕卫空间的系统设计与实践上也应把握乡村特点，针对具体情况，对原有厕卫系统做更新、改良和提升，创造与自然环境和人文环境相和谐的厕卫空间。

一直以来，针对厕所空间的不同性质和功能设计的探索始终在进行中，只是在模式方法没有真正变革的情况下，更多的是便器产品与部件发明的探索。所提出的改进设计与实践可划分为对建筑室外公共厕所、室外家用厕所、室内家用厕卫和移动厕所来提出的设计与工程策略。

公共厕所空间规模相对较大，使用频率高，更新设计应注重经济和社会效益，建筑尽可能采用当地材料，选择符合当地风貌的建筑形式。在粪尿处理上通常根据现实状况，包括地质、气候、给水排水状况、风俗习惯等来选择节能高效的方式，如：化粪池处理型、沼气利用型、水冲排污型、粪尿分集型等。

农村家用室内外厕卫空间体系的设计创新与实践既有传承，也有创新：一是厕所粪便系统依然可以沿用与猪圈的粪肥相结合，厕所、圈养空间分隔并考虑冲水循环利用，方便农家肥的收集和综合利用。二是家用室内厕卫一般包含如厕、洗漱和沐浴等功能，在建筑功能、空间设计风格可与民居主体建筑风貌相协调，使用便于清洁的材料，室内装修在保留乡土气息的同时，提高整洁度和舒适度。三是在粪尿处理方式上，室外厕所可探索使用无水或少水式的粪尿处理方法，如粪尿分集式或双瓮式等，也可采用水冲，结合沼气利用、雨水收集等系统设计。对室内厕所，考虑到洗浴的需要一般是针对水冲式处理、过滤和收集模式、方法，探索更好的实现能源的循环利用的变革策略。

除此以外，对于一些包含旅游景点或者临时举办活动的乡村地区，设计师也在积极探索使用移动式的旱厕、无水冲、泡沫、菌类溶解的各类绿色节能、健康安全的移动公共厕所。移动厕所形式多样，移动方便，粪尿处理系统上也有多种策略投入社会使用，因而也是一种经济实用的创新性选择。

对于广大乡村的卫生厕卫，选择原则是适宜于乡村、适合农户需求和卫生规范，以下简单介绍几个当前乡村厕卫空间设计策略和做法的案例，供参考。

7.4.1　乡村公共卫生厕所改造提升

在乡村卫生厕所改造与质量提升的创新设计实践过程中，虽然有许多成熟的厕所改革类型可供选择实施，但是，毕竟固定厕所的建造还必须是落在具体土地环境上的场地建筑设计，它所对应的一切建设条件，必须尊重当地水文地质，以地域自然与人文环境实际情况为前提，并需要做出具有针对性的厕所建筑的个性化设计。

（1）河南郝堂宏伟小学生态厕所

由北京"绿十字"生态文化传播中心乡村建设专家孙君先生主持建设的河南省信阳平桥区郝堂村宏伟小学校、"郝堂·茶人家"等项目的主体工程设计，并在台湾著名建筑师谢英俊先生的参与下建造了师生使用的生态厕所。该厕所属于粪尿分集式厕所，粪尿分离的旱厕处理，体现学校节约用水的设计理念，同时有效地避免疾病传播，是一个具有时代意义的生态旱厕尝试（图7-39、图7-40）。

该生态厕所由上下层组成，上层为干式厕所。粪便和尿液分别收集，干湿分离。尿液经砾石过滤后，通过塑料管流入下层封闭的尿桶，大便通过移动集粪箱直接落在粪堆上。厕所使用者自己用铲子在一只准备有草木灰的桶里，铲出灰粉，洒落在粪便

图7-39　郝堂村宏伟小学生态厕所入口

图7-40　小学生男厕所大便蹲位隔间

上将其覆盖，不需要冲水。下层挑空距地板超过1.5m高，所有侧墙的窗户和百叶窗内衬密封屏幕防止蚊子和苍蝇繁殖并有利于通风。留有多个蹲位的平开门，方便抽取更换粪箱、更换储尿桶和腾空覆盖有草木灰的固体粪便粪土。厕所管理人员按规定及时将尿液送到工厂，固粪肥则集中腐熟成农家肥后，返回农田进行再利用。

（2）河南信阳丁李湾公共厕所

上海农道宋微建先生率领的美丽乡村建设团队负责了在河南信阳新县丁李湾古村落保护与更新项目的公共厕所设计与建设工程项目。这间公共厕所采用的是三格化粪池式厕所空间与粪污处理体系，建筑外墙采用本地石材构筑，上半部安装本地民居建筑特有的挂落、木窗花格造型，通风部分为木材质，建筑形式采用与当地传统民居契合的传统形式——单坡黑瓦屋顶。厕所粪便处理系统采用水冲式，冲入厕所旁边的化粪池，密封的三格化粪池设有三个井口，便于检视和清掏（图7-41～图7-46）。

村落公共厕所布局与选址注意了地形地势、道路交通、居民与水体，位于道路节点附近的下风口。

（3）苏州周庄古镇的公共旅游厕所

近年来，周庄政府为了不断满足广大游客品质旅游的需求，改善游客如厕旅游体验，提升景区旅游厕所的管理服务水平，计划分批对周庄古镇景区内的旅游厕所进行A级提升改造。目前已经完成了部分3A厕所质量提升工程，改造后的厕所均已达到设计标准，环境优雅、功能完备（图7-47～图7-49）。

根据我国厕所建筑与空间、粪污处理系统的规范要求，围绕旅游游客需求，周庄厕所突出了提升厕所内部功能设施的人性化设计；在体现古镇人文环境特色的前提下，强调厕所综合设施符合国际惯例，建筑设计增加识别性，建筑环境提高美观和绿化率；建筑内部结构与布置采用自然通风、采光的绿色设计，

图7-41 丁李湾古村落远眺

图7-42 丁李湾公共卫生布点间规划

图7-43 丁李湾厕所风貌形态设计

图 7-44　厕所后墙

图 7-45　厕所的三格化粪池

图 7-46　厕所入口洗手池处

图 7-47　周庄—石桥下公共卫生间原建筑与设计图

地面选用防滑、防菌、防异味等环保材料，结实耐用便于清洁。而在室内厕位隔断的材质和造型上，则注重延伸周庄古镇的文化肌理印象，让厕所从内而外不失江南水乡古镇的风雅与特色。

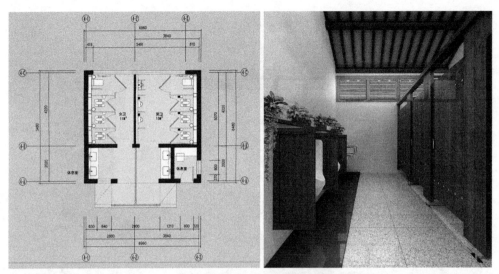

图 7-48　周庄—石桥下—公共卫生间平面图与建成图

图 7-49　周庄·纸箱王内公共卫生间平面与原建筑环境

7.4.2　乡村民宿卫生厕所设计实践

随着美丽乡村建设、传统村落保护与特色田园乡村建设的持续推行，年轻人返乡创业，城里人思乡串巷、入住村落人流量大增，许多村庄曾经因此而受益：环境整洁了，风光美好了，人流激增了，从而也带动乡村农户"民宿农餐"的快速发展。然而，乡村聚落中的公共卫生间、户厕环境的"便溺横流、脏乱恶臭、蛆蝇拱壁"的恶劣状态，也成为许多乡村在建设发展过程中挥之不去的尴尬问题。

（1）镇村传统街巷中的公共厕所改造设计

许多乡村建设团队，在推进乡村、小镇振兴战略中，怀着敬事农桑渔猎的情愫，围绕益于农事的路径，展开了厕卫空间功能环境提升改造与固废、液渣的"杀卵灭菌"处理并向有机粪肥转化。

（2）民宿客栈户厕改造

民宿、客栈，包括农餐（农家乐）的专属空间，原本是乡村农户自宅房屋中富余的建筑空间被改建、改装成为可以服务于外来游客的入住、用餐和休闲空间。也因为有的乡村自然资源与人文历史资源比较丰富，使得旅游服务接待空间成为紧缺资源，这样就催生出一批新建的民宿、客栈与农家乐建筑与群落（图7-50、图7-51）。

由传统民宅改造而来的民宿保持了传统老、旧建筑的场地环境条件，因此，客房、餐饮与公共卫生改造是在参照相应的酒店客房卫生间模式之下采取的因地制宜、因势利导方式，并尽可能向着高舒适度与个性化品质靠近。但有的民宿户厕不具备完全下

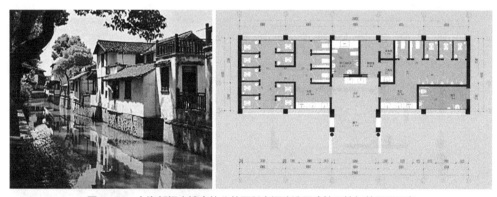

图7-50 上海新场古镇中的公共厕所空间改造原建筑环境与总平面示意

图7-51 上海新场古镇中的公共厕所空间改造工程，厕所公共入口与男厕所室内

水道水冲式厕所的条件模式，所以往往户厕与卫生间无法整合在客房中，只能分空间设置。这种情况下，厕所粪溺与沐浴盥洗的污水可分别收集处理，在民宿宅院形成小微规模的废液、污水处理与利用体系。

新建民宿、餐饮建筑空间，虽然名号与风格特色保持和发扬了民宿、农餐的地域特色，但是毕竟建筑属于新建，这样就为建筑空间的给水排水预先敷设提供了条件。而新建民俗通常具有一定规模，这也为厕卫空间与便器综合处理、利用创造了相对自由的条件。新建厕卫空间体系可根据建筑场地的现实条件与排污处理意向进行厕卫空间的模式、方法与建设途径的选择。在空间利用上，虽然乡村民宿厕所不具备城市酒店的空间、设备条件，但是，由于它贴近乡土自然，许多材料和装置可以就地取材进行替换，这就为民宿农餐创造地域特色风貌提供了有利条件（图7-52、图7-53）。

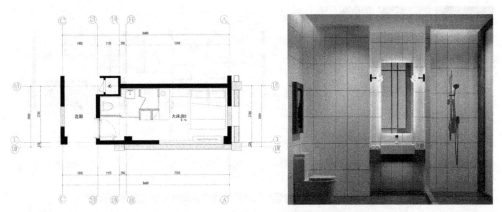

图7-52　民宿A套大床房室内平面及卫生间立面示意

图7-53　民宿B套大床房室内与卫生间入口效果图

7.4.3 乡村生态卫生户厕设计探索

对于乡村住宅中，家庭人口较多，且拥有畜禽（猪、牛、羊，鸡、鸭、鹅等）养殖业的农户来讲，综合性地利用厕所、畜禽圈内的粪便作三联式（厕所、化粪池、沼气池）的模式不但能够改善农户厕所卫生条件，提高便溺杀虫灭菌效果，还能做到沼气利用与农家粪肥的高效利用。

（1）孙君乡村厕卫养殖系统（北京绿十字）

围绕乡村建设的焦点问题，北京绿十字 NGO 组织的发起人孙君先生，在乡村环境整治工程建设中，对乡村的垃圾分类与卫生厕所提升改造，提出了传承传统农耕文明、对标当代乡村振兴的户厕生态卫生与绿色健康一体化协同发展的农户厕所改造工程，并申请了户厕·猪圈系统卫生与养殖一体化改造的专利。这种厕所的特点具有传统农法的合理内核与现代三联沼气池式厕所的建造优点，同时加上雨水收集与生活污水的收集与再利用，最终形成厕圈粪肥集中处理、沼气利用、有机肥液发酵腐熟回归农田的农家厕卫空间系统处理工程，实现了卫生厕所安全舒适、干净卫生与家庭养殖、粪溺综合利用、有机肥归田的生态循环（图 7-54、图 7-55）。

（2）影响厕卫空间设计的因素

我国的乡村伴随着改革开放 40 年城镇化的快速发展，与城市空间产生了巨大的落差，城市厕所系统由于采取统一的市政管网系统，有效处理了千家万户厕所排出的便溺物质，环境清洁卫生。而乡村则不然，聚落农户分散，村庄自然条件、社会经济条件千差万别，这也为乡村厕卫系统的功能模式带来多种可能性，在乡村建设中，公

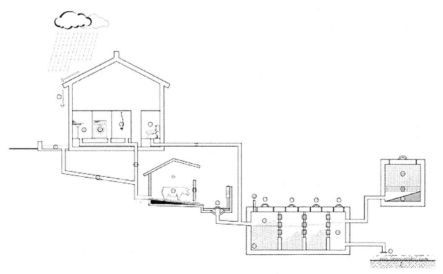

图 7-54　孙氏乡村水卫系统剖面示意

图7-55 孙氏养猪法"厕溷用养"一体的乡村现代卫生系统

共厕所和户厕的改造，只能根据村庄聚落农户的实际情况和需求，采取适宜的厕卫空间模式。但无论是何种厕所空间系统模式，核心的目标毋庸置疑，那就是，人排出的粪便，应该怎样处理才更符合灭菌、卫生、并能够成为有机肥料回到农田去。这也是中国几千年农业经济文明传承的重点。虽然目前的城市生活已经进入到高物质文明时代，但是反观当代人类的厕所便溺处理系统，每天成千上万吨夹杂着人类排泄物的污水被处理，过滤成达标的"净水"而排入江河湖海，人们也同时为农业亟需的人类有机肥不能归田而叹息。

大量的乡村厕所改造实践，在改进厕卫空间地面以上实用功能的同时，更应关注的是针对厕卫地下空间部分系统的创新。通过对现行多种厕所系统的实践分析，厕卫空间系统设计受以下几方面因素影响：

一是厕卫系统的功能模式。粪便处理系统对地面部分要求虽然较少，但是对通风采光、排除异味却是必须提升和改良的。如采用三联沼气池式厕所，对空间设计中涉及的诸多因素都有较详细的规定。

二是厕所规范对厕所建筑形式质量的规定：如厕屋高度，耐腐蚀、难污染、易清洁的装饰材料以及屋顶气窗方式、小便斗、蹲便器、坐便器具的选择。厕所规范是厕所设计的限制条件同时又是设计的基本依据，用来确保厕所使用和便溺处理的质量。

三是厕所建筑形体结构与材料。厕所造型、内部材料的选择同时受到当地自然环境条件的影响。同种厕所系统在不同聚落农户、不同场地地势，选择的造型和材料就有所不同。如多雨地区、干旱地区、冻土地区选择的材料和空间设计的侧重点不同。

四是民俗文化因素。中国许多乡村保持着农耕时代的生产、生活模式，同时也保留了深厚的地方文化，在厕所空间设计时，更要因地制宜、因需随机，让厕所符合当地民俗风情特征，自然而然地烙上文化的印记。

五是人文因素，厕所的使用者是人，因此空间尺度、室内颜色和环境标识要符合人的活动习惯与审美情趣。室内的交通流线、动静与干湿分区合理，并注意台阶和坡度等无障碍设计。

（3）厕卫便器及系统设计启示

农村厕所系统与城市厕所系统的很大不同在于，城市厕所系统主要依托巨大的市政管网，以管网为主体以住宅为末端。农村厕所则受到多种主观、客观和社会经济条件影响，又出于场地用途、经济建设、生产模式等因素需要因地制宜采用不同的粪便处理系统，呈现出多样性。对城乡主流厕所系统的设计研究，在厕所产品、系统选择和设计方面得到以下几点启示：

一是根据所在地区选择适合本地环境特征的厕所空间形态与便器产品，如北方寒冷冻土地区对厕所墙壁保温、粪池壁以及管道要做防冻特殊处理，江南及南部地区则需作台风、洪涝预防，与此同时当材料有选择余地时要多使用当地材料。

二是根据厕所粪溺处理与使用的用途来选择设计：如一些农村用粪便做有机肥料，就不能使用改良单坑式。而养殖大户，由于家畜较多，粪源集中，宜采用三联沼气池式厕所。而普通农户的户厕因人口少和便溺不足的影响，则不宜选用沼气池式，宜采用粪尿分集或三格化粪池等系统尺寸较小、布置较灵活的厕所系统。

三是根据经济状况选择造价适宜、使用管理方便的厕所。如粪尿分集式厕所可根据使用环境、用户需求来定制尺寸，按需设计造价也较合理。

四是特殊需求的厕所空间与产品应进行个性化改进或重新设计，如空间风貌特色，室内空间特色设计；便溺处理收集的厕坑类型、池型尺度与深度、堆肥场地规模、农户使用粪肥需求等诸多条件限制就应该对既有的厕所进行系统改良或重新设计。

因此厕所系统类型的设计应遵照适用、方便、卫生、安全、灭菌、防臭的原则；因地制宜、规范建造；粪便处理达到无害化、资源化、有机物稳定化和防止水体富营养化的目的。综合考虑乡村聚落本地的气候、环境、习俗、经济、地形、用肥情况，选择适合于当地的、易于推广的、能被当地农民接受的卫生厕所类型。

8　厕所革命的系统创新设计

在全球经济一体化发展的现代文明社会，曾经脱离乡村、渐行渐远、快速发展的城市，从来没有像今天这样回归亲近乡村。城乡统筹发展的理念让城市与乡村的文明发展变得如此紧密而不可分割。不错，正如大家看到的，脱胎于乡村、独立发展的现代城市高新技术文明，正在全方位地反哺乡村、对接乡村：都市农业、城市田园生活与乡村城镇化、农业现代化的高速交互信息化生活模式正在以全新的文明方式覆盖和刷新城乡的生活。于是，一直隐含于当代文明之中的所有关于厕所革命和创新设计的技术研究与工程实践，也必须向着开放的、适宜的人性化和多模式的方向发展。

对乡村厕卫空间系统的创新探索，也许需要时间来蓄能沉积，以做好创新性的质量水准的提升，甚至需要借鉴水冲式、无水冲式等厕所系统的智能处理技术促进乡村厕所的变革，而对于拥有地下管网处理系统能否综合利用便溺固废、实现有机粪肥归田沃土的生态理想目标，则需要等待颠覆性的厕所系统原创设计革命的出现。

8.1　乡村厕卫空间模式创新设计

厕所因人而设。但是由于人的生活与工作地点分属于乡村或城市，于是才有了乡村厕所、城市厕所。也因为人处于公共空间环境或私宅空间环境，才有了公共厕所和宅内私家厕所的类别。当然也不能漏了人们外出旅行、公共活动和到旅游景点的固定厕所与无性别移动厕所。

虽然厕所种类很多，但是对于个体的人来讲，厕所的使用功能需求只要三个条件，即：厕所建筑空间与围护；大小便便器保洁、个人盥洗清洁；厕所固液粪便处理系统。当这三个条件满足以后，一个细节问题就会凸显出来，那就是人们排出体外的便溺物质处理后的去向问题。传统农耕时代人粪尿的去向很明确，那就是人的粪尿要经过猪圈或圈养的畜禽综合利用后，与畜禽的粪便一起作为农家肥料归田壮土、养育庄稼。近现代，在冲水马桶和市政地下固废管网的推广与统一处理下，人粪尿被过滤成为固体废渣被掩埋以及经过滤处理成无害水体而排放于江河湖海的自然水系中。

本书关注的核心问题正是基于厕卫空间系统的创新变革，收集人粪尿并进行有机、节能、生态处理，使之一部分生成、制成再生能源和药品反馈给人类，一部分最终腐熟成有机粪肥回归农田，成为合乎自然循环的生态有机模式。

8.1.1 不同厕卫空间功能与模式创新

要把厕所里的粪便收集处理成为有机粪肥，取决于厕所的空间功能、便器功能、便溺处理系统功能的模式、方法和固废液输出途径。这其中厕所建筑的空间设计与功能分配模式，坐便器类型及粪污排出室外的模式、方法以及室外化粪池与城市污水处理系统的模式和方法，则是系统功能重点关注的三个方面：一是厕卫空间功能形态设计与使用模式的节能创新；二是便器产品形态与功能模式的革命性创新；三是厕所固液粪污综合处理的原创性系统设计革命。

当前我国乡村常见的（旱、水冲类）改良厕所，是属于国家规范并予以倡导推广的农村卫生厕所。《农村户厕卫生规范》推荐的6种无害化卫生厕所类型为：三格化粪池式厕所；双瓮式厕所；三联沼气池式厕所；粪尿分集式厕所；双坑交替式厕所；完整上下水道水冲式厕所。图8-1 ~ 图8-3示意的为其中的三种系统模式。图8-4、图8-5为边远农村人口分散、供水设施不完善时通常采用的模式。

图 8-1　三格化粪池式厕所
施工速写

图 8-2　双瓮式厕所
施工速写

图 8-3　三联沼气池式厕所
施工速写

图 8-4 粪尿分集式厕所

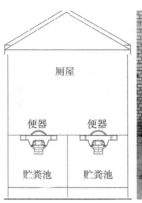

图 8-5 双坑交替式厕所

（1）厕所空间模式创新

乡村厕所分室内和室外空间，涉及厕所建筑的选址与场地空间利用，以及厕所内部空间性别、使用人群分类，排便和洗手使用功能分区、粪污处理模式与周边环境的关系等因素。国家推荐的 6 种模式是当前农村户厕和公厕常用的空间模式，鉴于乡村人口少，聚落宅院分散等特点，户厕的空间模式基本上是以人的使用频率，现实自然条件、经济、技术和公共基

图 8-6 完整上下水道水冲式厕所

础配套设施的条件来决定厕所空间与功能，因此用户在设计施工选择上，往往是在保持优势和特色的情况下进行适宜性改良，甚至是某些方面的创新（图 8-6）。

水冲马桶系统在边远乡村尚属于要借鉴推广的现代厕所粪污处理系统，而对于厕所空间功能的变革及其粪污处理成为有机肥，则要根据乡村厕所改革的具体情况确定（图 8-7 ～图 8-10）。

图 8-7 江西上坦村公共厕所

图 8-8 浙江深奥村民宅厕所

图 8-9 湖北广水桃源村公共厕所　　　　图 8-10 山西五台山中台景区厕所

（2）厕所空间功能形态创新

传统乡村农户厕所的空间使用功能，除了遮风避雨、安全防护等建筑的基本功能外，主要是提供厕所内部的排便、饲养、沤粪等空间功能。为实现这些功能，厕所建筑设计必须根据地形地势进行场地的功能布局，设计师围绕厕所服务人群需求进行"厕所通道路径—场地综合利用—如厕空间功能分区—便溺利用空间—畜禽饲养空间—粪污收集储存—沼气、农家肥综合利用"等空间序列规划设计。户厕无论单体、连体，均以旱厕为主，即使是利用水冲厕所便池，也是以单户为主导，罕见户间串联的公共污水管网基础设施。

当代水冲式厕所空间，提升了厕所的环境卫生与空间舒适度，尤其是现代水冲便器与洗手台、淋浴空间的创新，为消灭蚊蝇、预防疾病提供了可靠的保障，也为乡村厕所的空间功能变革带来更多新颖的形态创新。

设计师围绕人们如厕大小便的行为习惯，进行了隔间形式、侧墙材质造型、门窗光影色彩、环境情趣隐喻、氛围舒美智能等多方位设计探索，厕所空间已不再是简陋污秽、脏臭的场所。

例如台湾建筑师谢英俊先生 2012 年在河南信阳平桥郝堂村宏伟小学做的粪尿分集式生态卫生厕所建筑与室内空间设计，在室内通风采光、除臭防蝇、尿液与堆肥收集以及贴合小学生生活实际等方面做了许多有意义的人性化设计与工程创新探索：厕所建筑底层架空，提高了厕所入口门厅以及男女厕所室内的空间造型设计水平，厕所高差在入口处体现，增加了兴奋点。男、女生厕所的分入口与厕所蹲位入口均采取半隔断格栅的木材质与造型设计，让站立与蹲下有了不同层次的视觉体验，既开敞又有私密感。男生的小便斗站位可以透过百叶眺望远山和农田，在放松间顿觉豪情满满。厕所外墙与众不同的百叶犹如会呼吸的建筑"肺叶"，让室内的自然通风、保温与色彩、光影设计尽显特色。夕阳西下，温暖的阳光被切成光条撒进室内，尽显光波乍泄，顿觉格外温馨亲切。

而厕所下部那一格一格架空的大便收集空间与抽屉式储粪箱的更换空间设计，时尚灵活地让粪便及时送达堆肥发酵地点。不久，无害和富含营养的农家肥就会出现在田间地头，完成了五谷旅行的最后循环（图 8-11 ~ 图 8-16）。

在湖北十堰郧县樱桃沟的民宿改造中，乡村厕所在室内空间氛围中有了它地方化特有的设计（图 8-17）。

图 8-11　郝堂村宏伟小学厕所主入口　图 8-12　厕所蹲位　　　　图 8-13　男厕所室内环境

图 8-14　厕所蹲位半隔断　　　　　　图 8-15　男厕所入口通向共享大厅

图 8-16　堆肥收集箱　　　　图 8-17　樱桃沟民宿的客厅、厕室与盥洗室

在江苏苏州的太湖之滨的渔洋山景区，设置了微小而独立的厕所建筑。室内设置了水冲式公共卫生间的主要功能器具，虽然空间尺度不够宽绰，但是，在富有创意的设计构思下，无论空间尺度、便器形态和材质肌理，都散发着亲切可人的温馨感，厕所建筑由内而外，风貌、格调统一协调、相得益彰，充分揭示了江南太湖之滨应有的性格和情调。空间设计实景图 8-18、图 8-19，呈现了设计师关于厕所设计本土简洁的探索。

（3）厕所隔墙界面风貌创新

从无厕到有厕既受社会文明进化的影响，也受住所场地空间环境的条件制约，社会经济条件和民众生活观念习惯的局限。聚落、村庄的社会性聚居方式，为厕所建筑的围合功能与外观审美提出了更高要求，如厕行为、私密安全保障以及粪肥的处理方式也受到社会文明公德制约的影响。厕所建筑空间、功能形态也随需求和经济条件而改变。

安放于菜地、宅后、村边的私家厕所和公共厕所，采取了因地制宜的建造方式，它以地方厕所的建筑语言诠释了当代厕所的风采（图 8-20）。

图 8-18　苏州渔洋山太湖生态公园　　　　图 8-20　湖北广水桃园农家乐公厕

图 8-19　渔洋山景区 mini 公共厕所

①厕所固定隔墙与功能界面隔断设计。当代的乡村厕所建筑因社会进步、科技文化发展和新材料技术的普及而不断更新其墙体隔断的空间功能和用途，构造和材料的进步也为建筑的墙体隔断带来更加自由的选择。除了提供常规的如厕实用功能，设计要更多地考虑厕所与环境的融合。根据厕所所处的位置、使用特点与环境的现实情况进行墙体界面材质色彩选择，以容易清洗、防霉变、不藏垢的材质为主导（图8-21）。

对封闭式公共厕所界面的自然采光设计。通常会在厕所侧墙界面开窗洞，引入自然光。公厕的侧墙窗户在条件允许的情况下不应过小，过小的窗洞，不利于厕所内的自然采光，使厕所在白天也需要采用人工照明，造成不必要的能源浪费。窗洞面积也不应过大，过大会加快室内外的热交换，这不利于室内的保温隔热。公厕的窗户通常选取好的朝向开洞，这样有利于室内获取更好的自然通风和采光。

不同的开窗形式对于采光和环境气氛有很大影响。比如，开天窗比开平窗采光量高三倍，室内透视天光有半室外感；角窗、横长窗可以扩大视野；凸窗、落地窗可增大空间感；高窗、小窗则可以保证较好的私密性。而这些窗洞细微的设计改变都能带给人们不同的视觉审美感受（图8-22）。

对封闭式厕所的通风排气设计。厕所设计应尽量考虑自然通风，通风优劣取决于厕所门窗洞的朝向、开洞大小与形状设计。厕所门窗洞的相对位置，是要制造风的通道，使室内空气能够形成对流并迅速排出异味。厕所通风设计优先考虑将其南北纵轴方向垂直于夏季的主导风向，平行于主导风向的墙上开窗，利用室外空气流动产生的压力差将室内的空气引出，制造出空气的流动。附属式公厕大多采取这种设计策略改善其自然通风。因为大部分附属式公厕所依附的是两层及以上的多层建筑，厕所的顶棚就是二层的楼板，自然通风只能在侧墙界面上下功夫（图8-23 ~ 图8-24）。

图8-21　厕所室内连续铺设的瓷砖

图8-22　某厕所立面窗洞设计

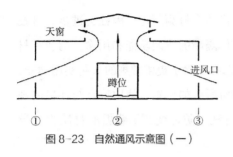

图 8-23　自然通风示意图（一）

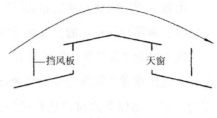

图 8-24　自然通风示意图（二）

厕所屋顶的天窗可以被看作是侧墙界面的一种延伸。利用天窗和侧墙上的窗洞创造空气对流。天窗尽量设置在气流负压区，蹲位设置在天窗的下方，保证排气流线的简短。在外界气压和风环境的改变下，有时候外界的气流会通过天窗倒灌进厕所。为了防止这种情况的出现，应在天窗口设置挡风板。

厕所内的通风除了利用自然通风，还可以利用机械通风。机械通风受环境限制小，是在厕所自然通风无法满足需求时采取的一种手段。

对封闭式厕所室内的保温、隔热设计。厕所侧墙界面的保温、隔热能力对于营造出舒适的如厕环境是至关重要的。寒冷地区冬季室外温度低于室内温度，热量易从高温侧向低温侧传递。所以，围护结构需要采取保温措施。而炎热地区，夏季太阳辐射强烈，室外的温度高于室内温度，热量通过围护结构向室内传递热量，升高了室内的温度。以上情况下，建筑门窗构件、墙体内的构件都是热传递的介质。为了使建筑侧墙界面有更好的保温、隔热能力，通常是在建筑墙体的外侧设置保温材料。对于某些易受潮影响的保温材料如岩棉、珍珠岩板等，贴在外侧时，总会受到室外湿度或雨雪等一些影响，降低一点保温效果。这时就需要针对材料吸附和保温传热方面的参数，经计算比较才能判断贴在内或外哪个更好。不过，现在的保温材料大多采用聚苯板、聚氨酯板、挤塑板等，都不怕潮湿，体轻，热阻高（导热系数低），所以一般都贴在墙外侧。门窗在侧墙界面保温、隔热设计中也有重要的影响。其中玻璃是室内外热交换最为频繁的部分。因此在寒冷、炎热地区，在满足采光通风需求的条件下，应尽量减少窗洞面积（图 8-25）。当窗洞过大时，最好采用保温隔热较好的双层玻璃以保证侧墙界面的保温、隔热（图 8-26）。

对封闭式厕所的顶面设计。公厕的顶面一是为公厕遮风挡雨，二是在界面上设置人工照明，为厕所在夜晚或自然光线太弱的情况下提供照明。图 8-27 为封闭式厕所人工照明。

室内顶面人工照明的设计形式可以抽象为三个基本形态元素：点、线、面。点光源有一个集中的范围和充分的亮度，具体形式有筒灯、射灯等。线性光源通常是主灯

图 8-25　西安某公厕

图 8-26　起到保温作用的双层玻璃

图 8-27　封闭式厕所人工照明

图 8-28　浙江仙居县淡竹乡间厕所

的辅助光源，用来减弱顶棚的阴影区域，不受主灯光照的影响。线性光源的表现形式多种多样，包括条状、环状、三角形、正方形、晶格等多边形。线性光源有助于增强屋顶设计的情感特征，给人一种指向、集中、扩散的隐喻暗示。面光源有两种，一种是通过反光灯带将光线射到顶面，通过面的反射构成漫射光源对室内进行光线补充；另一种是采用透光膜结构或者是聚酯板、有机透光板将室内顶面做成大面积的发光面。这类光源的特点是光线柔和明亮，犹如天光。

　　厕所内的人工照明不仅要在公共空间给予充足的光线，在每个隔间也需要给予特别的关注。隔间的顶灯不应设置在便器的正上方或后方，以免如厕者自身遮挡光线造成阴影，给隔间中的使用人带来不便。点光源灯光设计要避免灯光直射而造成眩光。在厕所洗手台、化妆台、护理台等空间，需要提高照度并注意光源色温的冷暖搭配，强化视觉舒适度。

　　②厕所建筑形态与地方民俗风貌特色。就地取材、因势随机地建造厕所，可展现农耕文明时代的朴实无华（图 8-28）。因借随机的厕所建筑，与聚落村庄互为映衬，成为乡村聚落的名片、形象风貌的代表，彰显了地域民俗生活特色（图 8-29）。富有

图 8-29　广西大阳幽谷景区厕所　　　　　图 8-30　浙江石柱镇塘里村的公厕

创意的造型设计，为村落带来了卓尔不群的精神风貌（图 8-30）。

　　③厕所空间功能与形态风貌创新设计。厕所建筑外墙是造型的重要载体，主要作用是围护遮蔽人的视线并且为使用厕所的人群遮风挡雨。其墙体开窗洞的大小、形状以及窗格栅、窗户玻璃材质的应用，直接对建筑的防雨、通风、采光、保温、节能产生影响，也对建筑的风貌产生重要影响。

　　厕所墙体为保护厕所内使用人群的隐私的同时，也提供了一个安全舒适的环境。传统厕所建筑空间形式基本是采用四周墙壁围合，公共男、女厕所各设计一个出口，窗洞开在与蹲位隔间无接触的墙面上。侧墙界面需要有通风采光、保温易清洁、坚固耐久的功能。在厕所墙体闭合类型上，侧墙围合可以分为开敞式、半开敞式、封闭式三种类型。

　　一是开敞式。为了解决外来游客在村落农田、街巷小径中找不到厕所的问题，有的地方政府在街巷上设置了一种新颖的不同寻常的透明厕所（如厕使用时则外观不透明）（图 8-31）。而田野草坪中的草垛厕所，微生物降解生成粪肥提供了方便，

图 8-31　僻静巷道中的透明厕所

但是却是全开敞的（图 8-32）。这种厕所没有侧墙和遮挡的设计还被引入到城镇繁华地段，如图 8-33，整个厕所本身就是由 4 个小便器组成。便器之间有一个一人高的隔断，可以遮蔽如厕人互窥和过往视线，以保护使用人的隐私。这类厕所占地面积甚小，且容易移动，设置方便、受限较小。但是这种厕所对使用者的心理承受要求比较大，并且一般只能用作男性小便。

二是半开敞式。半开敞式厕所的主要特征是其侧墙界面与屋顶不完全连接。室内和室外空间没有完全隔断。这种厕所的优点是厕所内有较好的自然通风采光，最大限度地交换空气、排除异味。但是这种做法也有缺点，由于侧墙的不完全隔断，室内与室外连接过于直接，室外温度的改变对室内的影响较大。在寒冷环境下，厕所内温度与室外温度相差无几，如厕人群的舒适度会大幅度降低，而粪尿的迅速结冰堆积，也会大幅度降低厕所的使用功能。

半开敞式厕所一般是独立式公厕或乡村户外独立私厕。在日本的风景名胜区（图 8-34）或是高速公路服务站，这种半开敞式厕所比较常见。当如厕的人们可以透过厕所顶棚和侧墙之间的开窗空隙看到室外的景色时，愉悦之情油然而生。这种设计不仅从功能上满足了厕所通风采光的需求，还在心理上使人在如厕的同时能够更加享受周围环境带来的惬意。

三是封闭式。封闭式厕所外墙的主要特征是侧墙与屋顶完全连接，墙上开设门洞和高窗洞保证厕所内的通风采光，即使是现代新型结构材料的封闭式厕所建筑，也同样考虑窗洞问题（图 8-35）。这类厕所外墙不仅需要遮蔽外界的视线，还要保证室内的保温、通风、采光，更要构成厕所建筑的整体风貌为人们带来更为丰富的视觉审美体验。

图 8-32　农田草垛上安放的尿斗

图 8-33　英国伦敦街头的敞开式厕所

图 8-34　日本大阪城公园半敞开式厕所　　　　图 8-35　2017 年上海最美旅游厕所

8.1.2　不同使用人群的厕卫空间创新

（1）不同类别的厕卫空间系统

虽然厕所的属性有公共厕所和住宅厕所的类属，但是其空间系统则主要按照服务人群或个性化需求来改变和创造适用的厕卫空间序列。

如果设计师将现在流行的厕所名称罗列对比，会发现不同的厕所称谓正是在突出强化和提升厕所某种空间的使用功能和作用。当前乡村和城市中流行的厕所名称：茅厕、厕所、卫生间、卫浴室、盥洗室、休息室、洗手间、化妆间；还有诸如"东司、雪隐、御手洗、解忧所、梅雨间"等厕所的其他称谓，不仅有着浓重的时代、地域特征，还有着强烈的民族、国别、宗教特征，正是这些包含着地域、民族、历史、宗教等内涵特征的不同称谓，决定了厕卫空间的设计定位、性别属类、档次品级。

乡村户外的单体厕所建筑风貌与民宅风格一致，外部环境形态与内部空间主要突出使用功能，体现较强的空间实用性。厕内的卫生保洁通常是以如厕人自觉行为为主导（图 8-36）。

a 某乡村户外独立公共厕所　　　　　　　b 某乡村公共厕所室内

图 8-36　与建筑风貌一致

（2）性别和专属厕卫空间设计

①针对男女公厕和无性别厕所。乡村民宿与农家乐卫生间，主要突出个性化本土风貌设计（图8-37）。乡镇男女公共卫生间建筑外观、室内环境设计则向着城市文明厕所看齐（图8-38）。为了满足民众、游人的好奇心，设计突出厕所的景观设计，尽可能保持公共厕所的盎然生机（图8-39、图8-40）。

图8-37　浙江一处民宿内的卫生间

图8-38　重庆西彭镇一公厕

图8-39　鹰潭龙虎山景区公共卫生间

图8-40　西安华清路上一景观公厕

厕所空间的演变是从无性别到男女分开的厕卫空间。在传统中国，因为有"男主外女主内"的社会习俗，男性在外劳作、行旅活动比女性外出频率要高出[1]许多，这样就造就了公共厕所男性空间大于、多于女性空间的差异。

但是在当代日常生活中，随着女性在外工作、旅行行为比例的提升，女性使用厕所频次在不断攀升，男女厕所空间和蹲位数量也在不断调整。目前男女卫生间的比例为1∶1.2。即使如此，现实中女性厕所比男性厕所要"人满为患"。著名学者周华山在《阅读性别》一书中曾就这一问题做过专门的调查：通过对北京机场公厕、

---

[1] 周华山.阅读性别 [M].南京：江苏人民出版社，1998.

燕莎商城公厕和东单某胡同公厕的调查统计，发现男性和女性在不排队的情况下，单独使用公厕所需要的时间相差很大。以 30 人为例，上述三处公厕男、女性的平均上厕所时间分别是 52 秒和 2 分 20 秒、50 秒和 2 分 55 秒、33 秒和 75 秒。将三次调查取平均值可发现男性如厕大约要 45 秒，女性大约要 130 秒（2 分 10 秒）。对比可知，女性的如厕用时大约是男性的 3 倍。造成这一现象的主要原因可能为：首先，女性和男性的生理构造不同，小便的行为方式不同。其次，女性在大、小便后需要洁净、整理衣装和在卫生间进行补妆的时间。最后，由于男性如厕有大、小便分置的器具，而女性则大小便使用同一种器具，所以即使男厕面积与女厕相同，男厕也能同时满足更多人的需求。

这种男、女如厕的差异化需求，在设计时就要考虑厕所服务人群的生理行为、心理需求和如厕的主要目的，区分居民区、商场、机场车站、风景区厕所在使用中的人流量、谷峰值，来设定男女公共厕所空间大小和蹲位的数量，以及在应急时采取的男厕女用、无性别轮用及移动公共厕所应急使用来同时满足男、女性别的差异化需求。

从设计角度考虑厕所隔间利用率，无性别厕所是最有效率和节省空间的，并且在大型集会和购物商场采用无性别厕所可以提高男性和女性的购物体验，因为男性陪女性购物时等女性上厕所常常会耗费很长的时间，这样对男女的体验都很差。无性别厕所则为父母带孩子，成人带老人提供了方便。当然从心理上讲并不是所有的人都能够接受无性别厕所。尤其是在地广人稀的农村，无性别公厕会对女性安全带来压力。

调查显示，大多数男性不在意厕所是否是无性别厕所，而女性只有在没有选择时才会使用无性别厕所。这就为厕所空间多样化带来更多需求创新设计。

②针对母婴、幼儿的厕卫空间系统。还无独立能力的婴、幼儿，不论男女，使用公厕基本都是由女性照顾。据调查，母亲照顾婴、幼儿如厕的比例为 80% 以上。在这样的情况下，母婴室的设置就显得尤为重要（图 8-41）。

公共厕所增加母婴室其实并不算是一个新颖的功能空间设计。在国外，特别是在日本非常常见。在我国，只有大城市大型购物中心、车站、广场、公园或旅游景点等人群比较密集处的公共卫生间才有这样的空间设置，距离普及还需要假以时日。根据厕所所处的地域位置，母婴室大多与男、女厕所一起设置，通常设置在男、女卫生间之间。如果厕所建筑空间有限，会在女卫生间设置母婴专用空间，如设置干净的坐厕位、婴儿护理台、婴儿安全座椅、母婴盥洗台等。母婴室不仅是母亲带孩子上厕所的空间，其实也是可以作为女性进行哺乳的空间。哺乳空间需要私密、洁净并且方便。根据国外经验，女卫生间应该开辟一个独立的空间，设置一个婴儿躺下换尿布的哺乳桌，一个放东西的小桌子，一个供妈妈哺乳的小沙发或座位，面积不少于 2 ~ 3m²。根据需

a 日本母婴室的婴儿安全座椅　　　b 日本母婴室的婴儿护理台

图 8-41　日本公厕母婴室一角

求情况，可以适当增加面积。

随着人们生活水平的提高和对如厕的重视，现在厕所仅提供排便和洗手功能已经不能完全满足人们对生活品质的追求。比如，就洗手台空间，男厕和女厕的洗手台一般是一样的。但是实际上男性和女性除了都需要洁净、擦拭和烘干自己的双手以外，女性，特别是少女和年轻妈妈对于整理自己的衣装更加重视，常常需要在卫生间进行补妆。因此女性卫生间需要设计一个梳理的化妆空间，特别是在一些大型的商场和一些男女经常约会的场所。根据国内调查，大多数女性都经常在旅行时化妆，但同时又有不少女性表示旅途中大多数卫生间不适合展开化妆行为。随着乡村旅游的普及，化妆空间在乡村公共厕所中的设置将成为必然的趋势。同样的还有母婴空间的设置。在厕所内设置专门的母幼空间，既可以满足幼儿如厕的需求，也可以使他们得到母亲的照顾。在我国，成人厕位与学龄前幼儿的厕位之比大约是 5∶1。幼儿使用的坐便器高度要降低，距离地面高度 300mm 左右，坐垫圈直径缩小 1/4 左右；手纸盒也要相应降低；洗手台、池和供给肥皂的高度也要调低到离地面 700 ~ 800mm。根据儿童天性好动的特点，在设施设计时应该注意避免器具边角锐利，并做倒边、圆角处理（图 8-42 ~图 8-44）。

③针对残障人群的厕卫空间系统。过去，人们对残障人群的认知，主要对应的是患病的老年人或坐轮椅、身有残疾、行动不便的人。其实不然，"残""障"是两个不同的概念并分别指向不同的人群。对残疾人来说，并非单指肢体残疾、行走不便、需要坐轮椅如厕的老年人或残疾人，因为这类人群中还包括盲人，罹患中风、脑瘫等一部分如厕不方便需要帮助的人群；而"障"主要是针对如厕行为不方便、行动上有障碍的人群，如行为迟缓的老年人、孕妇以及其他行动不方便需要陪护助理的人群。残障厕卫空间就是为这样的人群专门设置的如厕空间。但是在我国县城以下的乡镇、村

图 8-42　长沙某商场的母婴室

图 8-43　长沙某商场母婴室的婴儿护理台

图 8-44　长沙某商场厕所内的幼儿坐便器

落的公共卫生间体系建构尚不完善，而公共卫生间中是否能够为行为障碍人群设置专门的空间，则更需要从事村镇建设的专业与管理人员在观念上加以改变，才能够让这类专门厕卫空间纳入常态的厕所设施建设中并得以实施。

对残障人士需要专门开辟设置独立的厕所空间。这类厕所一般处于公共厕所的主入口附近，在男女厕所之间，称为第三卫生间。这类卫生间在公共厕所建筑空间富余时会与母婴室并列设置，而在空间受到挤压之时，与母婴空间合并，或将母婴护理功能移植于女卫生间。

当进入公共厕所和残障卫生间入口处存在高差时，需要设计供残疾人通行的坡道，坡度比不大于 1 : 12，且坡面宽不小于 1200mm。厕所中，残疾人小便器可以与普通小便器结合布置。但是其设计应为不同高度，无障碍小便器高度一般为 500mm，并安装扶手为行动不便的人使用；为坐轮椅的人群安装高度不超过 380mm 的小便器。

残疾人卫生间的尺寸较大，一般为 1500mm × 2000mm，1500mm × 2300mm 或 2000mm × 2500mm 并加一道 1000mm 门。与一些地区的普通小厕所相比，残疾人需要更多的厕所空间来满足轮椅或拐杖的需要。

目前我国乡村公共厕所建设系统基本形成，但是有许多已经建成的公共卫生间并没有残障厕卫空间和母婴厕卫空间，可以对这类卫生间进行功能更新改造，新增专属的残障、母婴空间难度较大，但是在男女卫生间增设残障厕位、母婴、幼儿厕位或婴儿护理台，则相对容易实现。对于新建公共厕所，一方面需要遵循我国公厕建筑设计规范，另一方面还要根据镇村聚落的实际情况，诸如人流量、使用频次与发展前景来预测和开辟设计残障与母婴专属厕所、厕位空间。图 8-45 是位于公共男、女卫生间之间的残障卫生间空间系统设计。图 8-46 是新建厕所，增设了儿童便器，提升了针对老人儿童的功能设计。在乡村旅游渐热的当下，对公共卫生间功能服务的细分，需要更加关注老人、儿童、孕妇以及残障人士的如厕需求，在增设残障厕位功能的前提下，围绕人如厕生理与心理状态，做更加体贴入微的人性化设计（图8-47）。

（3）厕卫空间的专用功能创新

在现实的公共厕所建筑设计中，公共厕所建设规模是否需要保持母婴和残障专属厕所，主要取决于服务人群密度大小和厕所使用频次高低和后期清洁、维护的管理。一般来说，旅游、流动人口不多，对公共厕所需求度不高，而对于母婴室、残障厕所专属功能的需求度更低，尤其是处于乡村中对这类空间功能的需求可能主要集中在养老院、村委会以及一些经常聚会的村落文化中心、广场等公共空间中的男女卫生间。

无性别厕所建筑、室内空间与功能创新设计，主要体现在母婴、残障和幼儿厕位的空间功能与便器设计上。考虑到乡村厕所的利用率问题，对这类空间功能设计要考虑一专多用的普适性设计，以免造成资源空置的浪费（图8-48）。

通常，乡村公共厕所建筑设计是要在满足厕所空间与便器功能设计的前提下，遵

图 8-45　某商场厕所无障碍设施

图 8-46　厕所配备的儿童便器

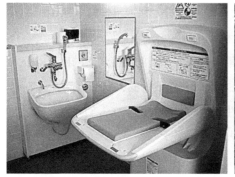

图 8-47　配有婴儿护理台设施

图 8-48　乡村户外独立的无性别厕所

循因地制宜、因势利导的本土设计原则，考虑厕所建筑风貌与场地周边建筑风貌特色的对立与统一、对比与协同等诸多的环境生态与景观问题。尤其是在对于建筑室内空间设计时，重点考虑自然通风、采光以及卫生、防污和易于保洁。而建筑结构与外墙肌理形态创新则要通过建筑材料的工艺与技术，体现传统的夯土墙、石垒砖砌墙以及抹灰、干挂石甚至是其他饰面、粉饰材料等效果，需要综合考虑设计问题，方能做到符合现实需求的创新（图8-49）。

乡村宅内卫生间的功能有时候往往是复合或多功能的，对老人、儿童或行动不便的家人则需要更多的人性化设计，主要是在对居家养老以及母婴照顾中多一点功能使用的呵护。因为无论是在乡村养老院的老人住房室内卫生间，还是民宿、农家乐室内卫生间，或者是农户宅内房间的卫生间都存在无障碍通行、防滑防摔、安扶稳坐的厕所便器与清洗等功能需求，创新设计需要围绕如厕与卫生的功能需求，吸纳当代厕卫营造的新观念、新技术、新材料，来丰富和创新提升功能，营造宜人的厕所空间（图8-50）。

图8-49　建材创新的公共乡厕　　　　图8-50　多功能的现代化农户厕所

8.1.3　厕卫空间无性别使用方式创新

民宅之中，供家人用的卫生间是没有男女老幼分别的无性别卫生间；城镇、乡村之中的公共卫生间通常以男女性别区分男厕所和女厕所。

由于公共厕所处于不同地段，在人群高度集中的地方和瞬间人流量大的地方，公共卫生间中的男、女厕所的使用频率就产生巨大差异。在外旅行的人感受更深。图8-51反映了人们在公共厕所入口处聚集等待时，女性排队的场景。甚至在人们看到女性焦虑痛苦的等待如厕时，另一边的男厕所早已"人去屋空"陷于一片宁静。人们不禁打出同情的倡导——"爱她就别让她等待"（图8-52），于是男厕所终于被女同胞占领。这也同时为设计师提出了一个亟待解决的问题，公共厕所能否做到男女混合使用（图8-53）？

（1）男女厕所转换式借用

男女公共厕所的厕位设计通常是根据现实人群需求和建筑规范算出来的厕位比例。这是一种长期、静态的厕所空间使用模式。但是，当厕所周边环境发生人群结构变化，或因为临时性集会产生人流量激增的情况下，男女厕所的静态比例关系被打破，女性厕位远远不能满足要求。于是在某些街道、广场、购物中心、风景名胜地区或高校男女厕所，就产生了男女厕所使用性别互换的积极探索。

图 8-51　上海世博期间女性排队如厕

2018 年 1 月 4 日，杭州钱江新城的公共厕所推出可以随时秒变男、女公厕，引起社会关注而成为网红（图 8-54、图 8-55）。这座"神设计"公厕，由于其男女厕位空间可随时转换，加上自带淋浴间和母婴房，瞬间就成为网红公厕。该公厕位于钱江新城核心区域，在设计上考虑到男女需求、使用时间的不均衡，此公厕设置了一个公共活动区域，在女性厕位临时严重不足时就把部分男厕位转让出来。

图 8-52　北京"占领男厕所"活动

正常情况下，该厕所设男厕位 19 个、女厕位 22 个。当女厕位严重不足时，打开男厕、女厕间的移门，8 个男厕位便可切开划

图 8-53　男女混用公共卫生间

图 8-54　杭州钱江新城公厕建筑外观

图 8-55　杭州钱江新城公厕室内环境

为女厕，女厕位增至 30 个，男厕位减至 11 个。男女厕位比例迅速提高到大约 1 ： 2.7。这基本上接近女性上厕所时间长所要求的峰值使用比例。

常态时使用，男女厕所厕位数量基本满足大众需求。高峰期使用，将男卫生间的部分厕位空间数量用移动隔断切开，转换给女厕所使用。待峰值过后，打开隔断，归还临时借用的男性厕位，男女卫生间隔断恢复常态。如图 8-56 和图 8-57，通过可移动门的开启和闭合，转换了空间的属性变化。

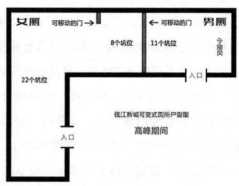

图 8-56　杭州钱江新城公厕非高峰期厕位　　　　图 8-57　杭州钱江新城公厕男、女厕位高峰期
平面图　　　　　　　　　　　　　　　　互换后的平面图

这种厕所空间厕位转换借用方法，在大学的厕所创新发明中也有较好探索。2014年，广东工业大学的学生设计了一款智能厕所——通过安装在公厕入口处的流量监控器，监控男女厕所使用频率的变化。一旦发现女生流量超过男生一定比例时，则会调整男女厕所的数量。在智能厕所入口附近区域，男女厕所空间可以转换共享。当女厕所数量不足时，男厕所一侧的门会自动关闭。共享厕所将设置在女厕所，而女厕所可以安全使用。当男女生比例恢复常态后，女性借用的门会自动锁闭，而男厕一方的门锁自动开启，转换借用的共享厕位就回归男厕所。

（2）男女混合式空间利用

传统的室外独立厕所间，通常只有一个蹲位，所以无论男女老少，谁先进厕所谁先用，是一种不分男女、错时轮换使用的厕所。当厕所蹲位增多，有了男女卫生间的分别，且又有了厕位独立的封闭式单间分隔后，如厕私密性加强了，遭遇到女厕所厕位的紧缺状况，就催生出男女混合实用的公共厕所（图 8-58）。

男女混用厕所是一种厕所厕位空间灵活利用的使用模式，只是在男女性别意识和心理上，有的人会产生不适和心理阻碍，尤其是在夜间使用低峰时段，也会对女性的安全使用带来一定风险压力。所以男女混合使用的厕所空间功能布局、视线阻隔以及安全管理的创新设计，将是这类厕所设计的重点。

图 8-58 台北一处男女通用厕所

图 8-59 重庆洋人街供男女轮流使用的厕所

图 8-59 为重庆洋人街供男女轮流使用的公共厕所内景。而有的无性别厕所则是通过内部隔断遮挡如厕者视线的男女混合厕所（图 8-60）。

其实，在国内众多的乡村建设设计实践中，也涌现许多这样类似灵活运用的无性别厕所，这些厕所通常是分布在饭店、农家乐，或景区人流量大的地段，厕位以全隔断隔开，类似飞机或者是高铁、轮船上的厕所一样，谁先到，谁先进，或者不分男女，通过排队错位进行。隔间内有人出来，就可以有人进去，内部落锁就行（男厕一方或女厕一方进出）。这较好地解决了厕位空闲与紧张的矛盾（图 8-61）。

（3）无性别厕所空间巧用

从野厕进化到户外独立无性别厕所，再演化到男女性分开的旱厕和水冲式公共厕所，经历了几千年的社会演变过程。而进入当代高度发达的文明社会后，男女厕所空间功能又从有性别区分回归到无性别区分的厕所，这看似是一种使用功能的退化，实则是一种观念创新的厕所空间优化设计探索。

细分人对厕所功能的需求，实际上就是围绕人的排便生理行为需求而展开的厕所空间营造与功能设计。而这种空间与功能需求的基准只有两点，一是厕位，满足排便

图 8-60 上海首座无性别公厕内部隔断

图 8-61 重庆街头的无性别厕所

需求；二是遮蔽围护，为如厕排便者提供挡风遮雨、安全以及遮挡视线的防护。前者是单个人的生理需求，后者则是为了满足如厕人的人身安全与社会习俗礼仪的需要而设置建造。

男女分厕使用是满足长期养成、沉淀下来的社会心理需求，而男女混厕与无性别厕所，也仅仅是打开了男女厕所之间公共空间的间隔，厕所中最隐私的厕位的独立性围护依然作为如厕个人的基本底线保留，只是男性卫生间专有设施的小便槽、小便斗的功能空间，却成为无性别厕所空间中必须考虑的视觉阻隔设计。即使是这样，这也是迫使使用这类厕所的男女同胞需要突破男女分厕的传统观念。看似是一种功能回归的设计变革，却也符合当代高度文明的社会需求。

不区分性别的公共厕所，提高了厕所空间利用，省去女性上厕所排队（图 8-62）的时间，也提高了男厕建筑空间的利用率，但是厕所厕位隔间下方保证空气流通的门缝和厕位下部悬空的隔断，在无性别厕所当中容易导致隐私安全问题的发生。

图 8-62　珠海滨海公园旅游高峰期排队如厕景象

为了消除这样的顾虑，日本"Stalled"项目设计团队反复强调，考虑了隐私和安全，他们将传统公共厕所的空间功能改造成半开放式，由梳妆、清洗和排泄三个活动区域组成（图 8-63）。开敞梳妆、清洗的区域，确保厕所隔间的"单元隐私"。在单元之间和厕位开门的隔断下部，采取了落地式的全隔断，用以确保厕位单元在视觉上的隐私保护。

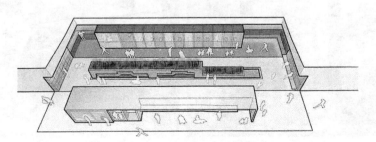

图 8-63　日本"Stalled"团队设计的半开放式公厕的三个活动区

隐私虽然有了保障，但在厕所里碰到异性的尴尬，大概是很难避免了。Stalled 项目设计师团队同样考虑到了这点，他们在每个厕位隔间的地板上安装了嵌入式的落地灯，灯亮着就代表没有人，有人进入时灯会自动熄灭，避免了打开门迎面就碰上陌生人的尴尬。

无性别公厕在国内刚出现时，也有不少人抱怨的声音，有人置疑使用者为觉得尴尬，也有人认为这类厕所的环境卫生情况会比较糟糕（图 8-64）！

图 8-64　无性别公厕的室内卫生与保洁情况

其实，这种无性别的厕所设计，不但可照顾到男女性别在视觉、声音的阻挡设计和异味过滤排除的特殊性问题设计，还可照顾到成年人、儿童和残障人士的不同需求，洗手台的高度设置和尺度的人体工程学设计也十分贴心和精妙地照顾到不同人群的需求。在粪污处理的系统技术上采用了新式的低量冲水和堆肥卫厕，能够将人体排泄物进行有氧分解，保证如厕空间的卫生、清洁，还在这些区域专门种了绿植，散发出的自然气味混合洗手台水流的声音，用自然的水流声音做掩声处理，帮助掩盖如厕人因排便带来的气味和声音。

8.2　厕卫便器功能系统创新设计

在农村简陋的户外厕所中，旱厕有时候只有蹲坑式尿粪槽、大粪池，没有特别为如厕人制作的便器用品。现代厕所标配的小便斗、大便器和洗手台盆三件套，是伴随着水冲式厕所马桶的出现而逐渐完善的。目前，厕所便器功能系统已经从原有的三件套卫生洁具标配发展增设了便后冲洗器、烘手（风干）器，同时户厕内部还连带洗澡间，增设了浴盆、淋浴设备。而公共厕所针对特殊人群，更增加了母婴护理、残障卫浴等系列便器、卫浴、打理服务工作台。厕所便器的人性化设计提升了人们如厕的质量与品格，体现了更加先进的社会文明。

8.2.1 水冲式厕所功能系统创新

目前，我国城市与乡村围绕厕所功能系统的创新设计，现状仍比较关注便器的使用功能模式与视觉审美的创新与应用。虽然这些也很重要，但是设计研究的焦点应该更关注便器中的尿液和大便该怎样处理、收集和去向问题。

由于城乡给排水基础设施的不断健全以及乡镇、村落排污官网的完善，人口比较集中的村落户厕以及公共厕所的改造，主要还是采用水冲式厕所便器体系与管网式粪污储存的集中处理与安全无害排放。

（1）厕所卫浴产品系统创新设计

农村传统旱厕中的便器主要是沿袭厕所内坑槽＋土法砖石砌体的粪池，并没有专门设计制作的大便器和小便斗产品。伴随着当代农户、民宿建筑室内厕卫空间改造，乡村厕所安装便器已经成为一种趋势，开始选择与城市厕所水平看齐的陶瓷马桶。而为了体现风土人情地域特色，厕所设计师希望通过木制、土陶罐改制，或借用现代陶瓷卫浴便器的个性化设计，实现户厕卫生的便器更新设计。

水冲式厕所内的便器系统的创新设计主要是围绕尿液粪污的处理模式、方法和固废处理后粪肥液如何归田壮土等问题展开。

厕所水冲式坐便器或蹲便器除了考虑节能和智能设计，以及小便的分流收集储存、大便的水冲、打包等粪污收集利用模式，最主要的还是要充分考虑粪肥归田系统模式的综合设计。

虽然现代厕所内的便器、卫生洁具的设计属性是围绕便溺外排的功能需求与粪污处理模式方法展开的系统设计，但是由于受到便器处理功能、材料的限定，便器造型也就有了它那与众不同的特征与改革创新价值功能。例如：节水型智能马桶创新设计，是引用了现代智能科技的最新成果，使马桶功能实现了自动测试、感知和节能节水，对人在使用过程中对肌肤接触、气味温度、洁净体位以及健康护理方面能够体贴入微地照顾（图 8-65）。

无水冲式马桶传承了传统旱厕的精髓，并且发展了水冲式马桶的舒适的优势，是对不具备水冲条件的地域厕所的一种创新设计（图 8-66）。

打包焚烧式马桶创新设计是对粪便无害处理的大胆探索，由于构造复杂，且需要能源支持，目前这个技术还有待降低造价、简化流程以有利推广发展（图 8-67）。

堆肥发酵式马桶创新设计已有产品上市，但其安全可靠性以及是否能可持续，则需要一定时间和使用周期的质量检验（图 8-68）。

各类粪尿分集式马桶（蹲便器）的创新设计，其关键问题在于尿液收集、粪便收集以及下游处理工序的产业链是否能够跟上，毕竟，这是一项长期的、不可间断的连

图 8-65　节水型智能马桶

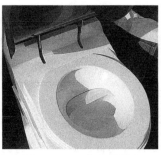

图 8-66　无水冲式马桶

图 8-67　打包焚烧式马桶

图 8-68　堆肥发酵式马桶

图 8-69　分集马桶

图 8-70　无水冲智能设计

续性产业或工作（图 8-69、图 8-70）。

（2）三格、三联式系统创新设计

近几年，由于中央政府在农村厕所方面的持续强化推进，乡村卫生厕所的改革和建设加快了步伐，户外堆肥厕所、旱厕室内外环境正得到综合治理，水冲式厕所模式已经成为具备条件的乡村卫生厕所推广发展的主流。但是相对而言，乡村户厕卫生改造的总体比例依然不高，缺口很大，尤其是在新技术、新材料的应用方面没有明显突破。从多年形成的几种比较常见的厕改形式来看，厕所使用模式依然是"三格化粪池式厕所""双瓮式厕所""三联沼气池式厕所"以及现代城镇中采用的水冲式便器—粪污管网处理系统的设计与应用，这为厕所革命留下了较大的开发创新空间。

①三格化粪池式厕所建设。三格化粪池式厕所是农村普遍采用的一种厕所空间系统模式。

现阶段，材料和技术不断更新的三格化粪池式厕所有效改进和提升了厕所的环境卫生和安全，同时也有效处理了粪尿，确保了便溺内含的有机蛋白等营养物质的保持和尚未消化的有机物质得到进一步发酵、腐熟成为无菌无害的有机农家肥而用于浇灌农田。

←盥洗——洗浴

空间序列：厕所建筑——厕内坐便器（蹲便器、蹲槽）——室内排污管道→室外
三格化粪池→沼气利用

←粪池有机肥清掏、集运。

三格化粪池式厕所的地下部分结构：便器→进粪管→过粪管→三格化粪池→盖
板五部分组成（三格化粪池由 2 根过粪管连通 3 个密封粪池）。3 个池的主要功能依
次为：第一池——截留沉淀与发酵池，与厕所便器的排便管相通；第二池——再次发
酵池和第三池——贮粪池。

工作原理：附图 8-71 平面图、图 8-72 剖切立面图揭示了三格化粪池工作运行的
内部结构。在第一化粪池，安装有管道通往厕所便器的排粪口，将排出人体的便溺粪
污导流收集到化粪池中，经过三个不同阶段的粪池存储灭菌、发酵产气、腐熟起掏的
处理序列，最终做无害化能源转换与粪肥收集，集运至田间地头。

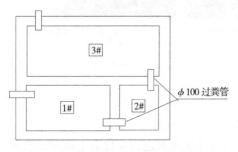

图 8-71　品字形三格化粪池平面图

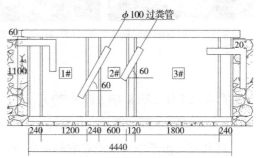

图 8-72　长方形三格化粪池剖切立面图

功能作用：与传统的旱厕不同，三格化粪池厕所系统，满足了人自身与环境清洁，
以及祛除异味、消灭蚊蝇、安全卫生的基本需求。厌氧发酵过程可以杀灭病菌，预防
传染病，消解未彻底分解的淀粉、草种等有机营养物质，促使便溺腐熟成为有利于作
物吸收、抑制病虫害滋生的富营养农家粪肥。其过程产生的甲烷——沼气，还可以提
供农户烧饭、取暖能源。

存在问题：规模较小。对于日益空巢独居户、人口稀少的聚落不宜。适合人口众多、
聚居的户厕和公共厕所的改进使用，但是对于大型的居住社区使用则也有一定的局限
性。由于地域不同，北方寒冷地区的三格化粪池也需根据气候特点进行改进。

改进状态：三格化粪池的存贮罐（池）造型、材料、监控、传输技术创新有了较
大进展，尤其是在容器造型材质与智能化运行与管理方面得到显著提升。

图 8-73 为三格化粪池的不同材料与造型。图 8-74 为三格化粪池监控管理的智能
化设备设施。

图 8-73　三格化粪池的不同材料与造型

图 8-74　三格化粪池监控管理的智能化

三格化粪池在不同地域的方式：一是设置于户内的厕卫空间，连接便器的排粪管经地下外穿出墙，进入户外化粪池，构成厕室内外分置的三格化粪池厕所。要求对这类厕所的三格化粪池上面覆盖保温层或做化粪池深埋处理。二是户外厕房下设深埋的覆盖保温层的三格化粪池。选择蹲便或者是新型大孔便器垂直设置于第一格上部，让如厕粪溺直落入第一格上部。

②三联沼气池式系统创新。三联沼气池式厕所是目前农村主要推广的厕所类型之一，虽然这类厕所造价高、技术与管理要求高，但是它的资源综合利用的优势比较突出，这也是对传统农耕时代"厕养一体"文明传统做了现代化的传承改良与提升。

20世纪80年代末，大连市金州区因地制宜，将水压沼气池与猪圈、卫生间连接起来，首次建成了三联沼气池。1984 年，云南省昆明市农村能源办公室在水压式沼气池池型的基础上，研制改变进料口的咽喉部位，设置滤料盘、分流板控制布料，使其形成多路曲流，增加新料散面，充分发挥池容负载能力，提高池容产气率，成就了"曲流布料沼气池"。由于池型结构符合发酵工艺要求，使用人粪尿、畜禽粪便等适宜发酵的原料，原料利用率、产气率和沼气池负荷均优于常规水压式沼气池，操作简便易行而受到农户欢迎。至 2017 年 9月，海南省在前期财政总投资 16.3 亿元的基础上，农村沼气用户已经突破 44 万户（图 8-75）。

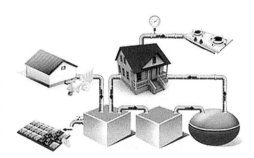

图 8-75　农户三联沼气池式厕所原理图

厕养一体综合利用的前景十分广阔，且其空间流程组织并不复杂：

空间序列：厕所建筑→厕内坐便器（蹲便器）→排污管→蓄粪沼气池

↑←饲养畜禽的建筑

工作原理：三联沼气池式是厕所—猪圈—沼气池三类建筑空间联通式的结构关系，能够做到便溺无害化充分处理和利用。其空间功能和设施建设应符合《农村户厕卫生标准》的基本要求，实现"厕所、畜栏、沼气池"三个环节相互连通。人畜粪便可直接排入池中，排粪直管进料并要避免进料口的粪便裸露，出料口必须保证消化池粪液、粪渣充分消化后方能取掏沼液。粪便在沼气池中室温停留时间不少于45天（图8-76、图8-77）。

功能作用：三联沼气池式厕所在于厕所功能与养畜、人畜粪便利用一体化。通过"一池三改"——沼气池的建设结合改圈、改厕、改厨，使人、动物粪便和厨房污水全部进入沼气池，实现无害化和可再生能源的利用率，从而达到清洁环保庭院高效经济化以及农业生产无公害化的生态农家园的计划。

沼气池建池容积一般为8m³左右，目前重点推广"常规水压型""曲流布料型""强回流型""旋流布料型"等池型，每种池型均要实现自身进料，并配备自动或半自动的出料装置。

建厕、改厕要求与圈舍、沼气池一体建设，相互联通。厕所内推荐安装坐便器，至少要安装蹲便器；而使用沼气需要改进厨房设施设备，要求厨房内的沼气灶具、沼

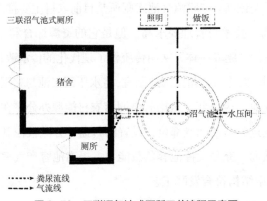

图 8-76 三联沼气池式厕所工艺流程示意图

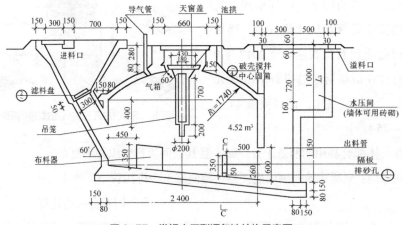

图 8-77 常规水压型沼气池结构示意图

气调控净化器、输气管道等安装符合相关的技术标准。厨房装修布置也有严格要求：室内使用砖垒灶台，台面需要贴瓷砖，地面要做硬化处理，并且炉灶、橱柜以及水池应该合理布局。

使用优势：三联沼气池式厕所投入使用可以获得四重效益。一是经济效益。沼气再生能源可替代燃气、煤炭、禾草木柴用于做饭、取暖，节省了生活能源的大部分开支，两年内可以回收投入成本。二是生态效益。减少其至避免了生活燃料对林木草场的过度砍伐，杜绝了植物桔梗的燃烧。保护了生态植被免遭破坏，杜绝了燃烧时大气污染，秸秆还田保持提升了土壤肥力。三是健康效益。沼气池发酵杜绝了蛆蝇蚊虫的滋生，有效杀灭了病菌草籽，隔绝了疾病传播的污染源，加快了现代卫浴、厨房增热设备技术的普及推广和利用，促进了微生物技术和再生能源制造技术与开发拓展。四是社会效益。杜绝了粪肥渗漏外泄对环境造成的污染，环境卫生质量得到明显改善，民众自觉卫生的认识得以提高，保持卫生促进健康的习惯得以养成，社会精神文明建设得到强化，环境风貌得到提升。

存在问题：三联沼气池式厕所需要与畜禽舍、沼气池一起建设，相比单独建设厕所或畜禽圈舍，投资较大。即使是"一池三改"，在初期建设中，因为有连带的厕所卫浴设备设施改进投入较多，也费工费时较多，所以预算也会增加。这令经济贫困的农户望而却步，而连带的改动工程和后期技术管理也让许多农户不愿费事。另外，由于粪肥产量与沼气产量相关，人口少于三口，且饲养畜禽数量不足的农户，沼气产量无法满足生活需求的连续供应，这也为厕池改革带来阻碍。

改进状态：根据乡村农户分布的现实情况，可以区分厕改的类别，酌情修建、改建不同农户的厕所及其饲养、粪肥沼气综合利用的建设。目前厕改的趋势为，利用最新材料、新技术，通过环境卫生治理、引自来水入户；再通过厕所改造机会同步考虑便溺的处理利用模式与粪液的清掏肥田去向。对于北方寒冷地区的粪池与沼气池，建议将沼气池建在暖棚或棚屋内与畜禽养殖结合起来。

（3）双瓮式的系统创新设计

双瓮式厕所（图8-78）是1981年由河南省虞城县卫生防疫站宋乐信先生根据厌氧发酵的原理，吸收了流传于民间的传统经验，在"单瓮漏斗式厕所"的基础上，研制成功的，此发明于1982年荣获河南省政府重大科

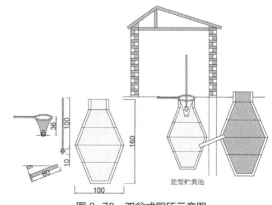

瓮型贮粪池

图8-78 双瓮式厕所示意图

技贡献三等奖。此后，这个造价低廉、改善卫生、防病防疫、保护农业资源与环境，适宜农村缺水地区农户户厕改革的简单发明，经过运用检验和几十年的推广改进，目前已经在 100 多个国家和地区落地建设，成为受到广泛欢迎的一种户厕与粪便处理模式。双瓮式厕所从发明实施到现在已经有 40 余年的时间，从初期的旱厕蹲便与手工土法制作瓮体的模式，已经进化到当今智能化的坐便器水冲式、节水、外排入瓮，进行厌氧发酵和综合利用的高科技产品使用模式。其功能设计与使用状态如下（以户厕为例）：

空间序列：户厕→马桶（蹲便器）→排粪管→前瓮→后瓮→清掏→肥料归田

↓→沼气罐→厨、卫间

工作原理：双瓮式厕所的结构关系。主要部件包括漏斗（即便池）、前粪瓮、后粪瓮、斜桥导粪管、麻刷锥（活动盖板）等几部分。其工作原理为：人粪尿经漏斗式便器进入前粪瓮水液中化开，粪体中的寄生虫卵比重较大，沉于瓮底，可溶性物质经过发酵灭菌、沉淀分层后，经倾斜的导粪管由前粪瓮流入后粪瓮进行厌氧消化处理。即使有蚊蝇蛆虫进入前粪瓮，在漏斗的作用下不易爬出，而灭于前瓮内。日常掏取粪肥是从后瓮进行，取出的粪肥为无病无虫的优质有机肥。如果产气量大，则可以同时考虑增加沼气再生能源利用的设备。

功能作用：双瓮式厕所（新农村厕所改造）主要用于农村家庭，具有防蝇、防蛆、节水、节肥等优点。利用厌氧发酵、液化氨化、灭菌、沉卵、中层过粪等原理，使流入粪缸的粪便达到《无害化卫生标准》GB 7959—87 要求。

使用优势：由于双瓮式厕所造价低廉，投入成本少、回收成本快、综合效益大，施工技术简单，用水要求不高，粪化灭菌、氨化、防病效果好，清掏周期长，且粪池密闭不易外泄污浊臭气，成为欠发达地区乡村户厕广受欢迎的一种厕所模式。

存在问题：双瓮式厕所的瓮体容量与使用人口数量和便器水冲量的大小关系密切（图 8-79）。厕所需要在保持这种发酵条件与周期的基础上设计、选择便器和冲水量，

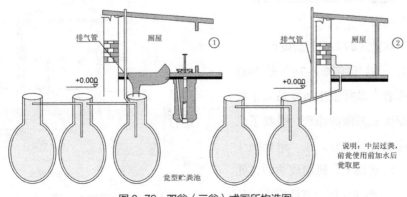

图 8-79　双瓮（三瓮）式厕所构造图

方能确保厕所使用功能和双瓮粪肥发酵工艺正常。另外，选择此种厕所类型的住户一般有使用农家有机粪肥的需求，否则，周期性瓮渣清掏与粪肥去向会成为另一个棘手的问题。

改进状态：双瓮材料与制造工艺上更加先进、耐久和便利。市场上围绕双瓮制作的塑料、玻璃钢新材料、新工艺产品也很多，产品与系统设计创新关注的焦点主要围绕水冲坐便器（蹲便器）的功能改进冲水量，以及男女分厕加设前瓮、智能化监控与运行管理等方面。

建设案例：河北省内丘县金店镇大辛旺村村民安装"双瓮式厕所"（图8-80、图8-81）。

图 8-80　双瓮式厕所实物图　　　　　　　　图 8-81　双瓮式厕所建造图

8.2.2　无水冲式厕所便器排污系统创新

在我国经济欠发达的山区、边远村庄、聚落，由于人口居住分散，生活用水不便，公共基础设施覆盖难以到位，农户与室外公共厕所保留了大量无水冲的旱厕所。当然，即使是在发达地区交通不便的边远村落也存在无法提供水冲资源的旱厕所。乡村厕所革命的无死角整改，要求从根源上消灭环境污染源以及因人粪便处理不当造成的疾病传播，通过对厕所的整改与创新，提升乡村的生活环境品质。

无水冲或微水冲式厕所都可以归类于旱厕所。乡村传统户外旱厕所属于"一坑一围"便溺入池的堆肥式处理、储存粪肥系统。其主要特征是使用蹲坑便槽不用水冲，便溺直接落入粪池，或者是经过滑道以及倾斜的滑板或管道导入粪池。改良后的"微水冲、无水冲式厕所""粪尿分集式厕所""通风改良坑式厕所"等旱厕所在建筑空间和便器使用方面吸收了现代卫生厕所的便器创新与粪污处理系统的改革成果，厕所环境卫生显著提高，而粪便处理模式与环境则因地制宜地去改进。

（1）堆肥式粪尿处理系统创新设计

堆肥式旱厕所在世界上有着悠久的历史。在水冲式厕所没有出现以前，这种厕所是国内外户厕普遍采用的一种方式。只是传统的堆肥方式比较简陋，粪池储蓄粪便基本上为露天开放式大池或粪坑，堆放时间长，过程中没有翻动和监控管理，仅仅依靠自然发酵、腐熟的过程获得粪肥，这样的粪池发酵期温度低、不利于好氧菌繁殖发育，粪体分解慢，腐熟效果差，导致成品粪肥质量低，异味臭气较大。而且这种方式并没有完全杜绝蚊蝇蛆虫的滋生，连绵阴雨天气还会令粪池污浊外溢，带来环境污染危害。

堆肥式粪尿处理系统的特点是指厕所便溺处理采取了类似传统堆肥方法的人粪尿处理系统。在这个系统中，与如厕人相关的厕所建筑、室内空间功能与现代其他类型的厕所空间类似，不同的是这种厕所没有水源，供水不便，或者是顾及生态环保的粪污处理要求，在选择坐便器（蹲便器）时采用的是无水冲或者是微水冲形式，这就决定了与便器相连的粪池种类、粪污处理模式和粪肥最终去向的序列设计与处理方法。

↑→尿液存储→处理系统→氨水及其他

空间序列：户厕→马桶（蹲便器）→粪道、管→堆肥池→肥料归田

↓→盥洗、沐浴间

工作原理：这种没有上下水设施（或设施不完备）的旱厕，不等同于简单的坑厕（如早年北方的某些旱厕或深坑厕室）。堆肥式厕所注重对粪溺堆放收集模式与粪体发酵过程的控制，堆肥的基本原理是模拟自然界产生腐殖质的过程。利用微生物、真菌来把粪便、植物有机纤维等腐化分解成腐殖质。通过这种有氧分解、厌氧发酵，灭菌杀虫卵，生成可以返田的氨水和腐殖营养土，保墒增肥、生态环保，把对环境的负面影响降至最低。

功能作用：堆肥式厕所的便溺处理体系程序简单，免水冲或微水冲使得粪体发酵过程直接易控，同时可以添加其他植物有机质参与发酵腐熟过程，对粪体有机物质分解、灭菌杀虫彻底，腐熟增肥效果好。而对开敞式粪池改良后的密闭粪池（箱式）的使用，则从厕所排粪端、堆肥出粪端断绝了异味散发和蝇虫滋生，从根源上改善了厕所空间与周边环境的卫生状况。

使用优势：堆肥式厕所的蓄粪处理系统优势在于它不依靠公共污水管网系统，自成一体，节约水源、投资少、处理粪肥便捷、效果好。生成的腐殖有机肥保肥期长，对改良土壤、灭虫防病、增产提质、促进生态环保具有良好效果。

存在问题：堆肥式厕所在前期粪尿分集有氧发酵和后期清掏集运方面的问题必须

面对。前期主要是对新鲜粪体导入堆肥坑初期阶段的异味外排与有氧分解,如果排气和便器–粪池臭气阻隔处埋不当,异味会回灌并弥漫于厕所。而新鲜粪体分解不到位也会影响发酵腐熟过程,从而导致肥料质量低下。由于堆肥式发酵工艺产出的有机肥体量较大,且携带有一定异味,这对清掏和运输带来不便。而发酵不彻底、杀菌不严、粪池密封性差又会对环境带来一定污染的风险。

改进状态:堆肥式厕所与生态厕所是两个不同的概念,现代堆肥厕所虽然在处理粪体时可以因地制宜地创新空间利用率,科学优化发酵程序,通过拌入木屑、谷糠、植物茎叶、草木灰等辅料辅助堆肥发酵,调整透气性、改变酸碱度,甚至引入蚯蚓、益生菌等提高发酵成效,利于粪体的腐殖土肥转化,但是从这种厕所里最终排出的,如果是有氨水(由尿液转化而来)和腐殖土(由大便转化而来)两类,则说明这种旱厕在便器选择时就必须是"便溺分集式"结构体系,它们的便溺处理与发酵过程也就不同。因此在堆肥式厕所的大类中,除了尿粪分集式,还有"通风改良坑式厕所""阁楼式厕所"以及北方寒冷地区的"深坑密闭式、箱型"堆肥式厕所等。不同的厕所名称,也表明厕所空间、尿粪分集、堆肥处理的原理和方法不同(图8-82)。

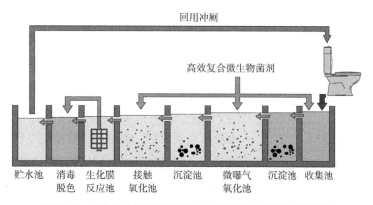

图8-82 以复合生物反应技术为核心的微水冲厕所技术示意图

该类厕所技术是在生化处理的基础上,向处理设施中投加高效复合微生物菌剂,实现对排泄物的高效处理,然后经微滤膜过滤后出水可满足回用水标准,用于冲厕。

(2)分离式粪尿处理系统创新设计

堆肥式厕所选择了尿液、粪便分离式收集处理的模式(图8-83),也为便器功能设计和堆肥工艺提出了更新设计要求。

无水冲机械源分离厕所技术通过特制的无底便盆,使粪尿直接落于皮带传输装置上,该装置呈一定倾角,尿液自流往下进入尿液收集箱,粪便通过皮带的传输向上进

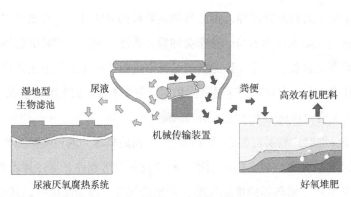

湿地型
生物滤池　　尿液　　　　　　　　粪便　　高效有机肥料

机械传输装置

尿液厌氧腐热系统　　　　　　　　　　好氧堆肥

图8-83　无水冲机械固源分离厕所技术示意图

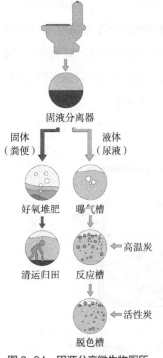

固液分离器

固体　　　　液体
（粪便）　　（尿液）

好氧堆肥　　曝气槽

　　　　　　　　←高温炭

清运归田　　反应槽

　　　　　　　　←活性炭

脱色槽

图8-84　固源分离微生物厕所
技术示意图

入干式生物反应器，使粪尿源分离；粪便在预先添加的生物填料及微生物菌种的作用下发酵成有机肥，可用于林木花草种植，尿液在收集池内厌氧腐熟一定时间后进入湿地生物滤池净化。

固源分离微生物厕所技术（图8-84）是利用微生物的分解作用，使粪尿等排泄物实现生物处理和营养回收。该技术采用自然界提取的微生物、锯末、秸秆粉及高温加工炭、木屑草渣、生物纤维等材料，将粪尿进行无害化处理，资源化利用，制成有机肥料或医药保健用品，充分利用自然资源，做到无废水、废渣排放。

（3）无水冲便器功能的创新性设计

堆肥微生物发酵。根据我国城镇化发展水平和乡村振兴现状，乡村虽然在做空间结构调整的整合疏导，但是村庄聚落分散、人口逐渐向城镇迁徙、老龄化、空心化的趋势依然存在，这为乡村振兴中的公共基础设施覆盖带来更多复杂的不确定因素。对于居住分散的农户而言，选择堆肥式无水冲或微水冲厕所依然是首选。

堆肥式厕所在空间模式上分宅内户厕和户外独立厕所。厕所内部空间设计尽可能在因地制宜的基础上做到与现代卫生厕所设备设施与技术的结合，厕所堆肥系统的粪池尽量选择室外或者密闭深坑式、箱型堆肥处理系统，与畜禽圈、沼气池联建的三联通式堆肥发酵体系。

核心问题是对马桶处理便溺功能的选型、堆肥的生物发酵模式与肥料清掏制造、成品的去向。即：粪尿分集无水冲蹲坑功能造型设计与便体覆盖干化处理。新型无水冲（微水冲）马桶造型与便溺发酵处理探索。马桶无水可冲洗—尿液处理—回冲洗便器—闭环处理与堆肥发酵系统。

8.2.3 乡村厕所生态与智能化系统创新

乡村厕所革命的焦点是方便卫生、生态文明。所谓方便卫生，就是尊重乡村厕所农业与自然环境的"天性"，如厕与粪便处理简单方便，且环境卫生维护快，保持良好。而生态文明则是要求利用现代生物科学技术，保持生态循环常态化，生物发酵无害化处理人粪尿，并变废污为回田壮苗的"肥宝"。

乡村厕所改革并不是让厕所粪便处理系统回到农耕时代，而是要在尊重乡村现实条件下，如何让传统与现代两种文明对接并利用高新科技推进其发展。所以乡村厕所空间的方便、卫生、宜人与粪肥分集、生态处理、无害归田的综合利用就成为厕所革命设计的重点。

随着乡村振兴建设的全面展开，乡村旅游、体验和创业也得到较好的发展，乡村作为年轻人未来的广阔天地，正成为新的经济发展驱动热点。乡村景点公共厕所、民宿农餐户厕对于厕所方便卫生、生态文明质量提升的要求也越来越高。

（1）厕所废水循环利用

全水冲式厕所——生活废水结合的水循环利用。

废水循环冲洗——乡村民宿厕所系统。

马桶粪溺分集——尿变清水回冲马桶。

（2）免水冲的生态厕所（打包型生态厕所、免水微生物处理制肥型）

打包型——尿粪分集，大便打包、集运—堆肥发酵—回田。

泡沫型——密闭防臭，大便进入粪池做发酵处理的泡沫封堵型厕所。

干燥型——半干加入益生菌搅拌制成颗粒，集中发酵成腐殖土回田。

焚烧型——坐便器滤纸脱水、分集、加热焚烧—无害堆肥发酵处理。

（3）绿色节能、节水厕所（利用空气压力差）

太阳能厕所（图8-85）——将厕所外墙应用太阳能蓄热蓄电的原理，对墙体进行加热保温，再将公厕朝阳面的墙体做成上下开设可调通风口的集热墙。使公厕在气温较低的季节，

图8-85 衢州市梅树底景区太阳能公厕

能够在室内墙角处通过冷热空气的交换和互通达到调节室内气温，防止厕内水管冻裂的目的。如今大多数北方公厕并未安装采暖设备，因此，每当冬季气温较低时，往往会发生公厕管道被冻裂的情况，这既给市民造成了使用的不便，也给市政造成了资金的浪费。

在北方地区实践的第一批太阳能公厕，在冬季 -15℃的寒冷环境下，室内温度一般可到 10℃以上。与传统通过供暖调节室内气温的公厕相比，太阳能厕所大大节约了能源，降低了运行费。

雨水利用厕所（图 8-86）——在水资源严重匮乏、人口聚居区域的水冲式公共卫生间对水资源的浪费已经越来越多地受到世界各个国家的关注。收集利用雨水资源洗衣、洗菜、冲洗厕所、灌溉绿植，已经成为未来绿色生活的一种不可或缺的生态卫生间模式。日本还发明了附带洗手功能的马桶（图 8-87），洗完手的水被收集到水箱中，为冲洗马桶二次使用。

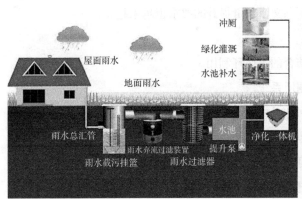

图 8-86 日本雨水厕所工作示意图

图 8-87 日本附带洗手功能的马桶

太阳能移动型公共厕所——金属装饰板移动厕所（太阳能发电）。移动厕所采用钢骨架房体结构，彩钢板材墙体，四坡顶造型设计。采用室内彩钢夹心保温板墙体、防滑大理石地面、照明灯、手纸盒、废纸篓、衣帽钩、化妆镜、标示等，便器模式为不锈钢蹲便器、泡沫封堵型粪便处理或打包式、微水冲马桶厕所。

自供肥绿化养殖厕所——将经过沉淀、发酵、腐熟处理后的肥水就近引流到附近的人工湿地、景观绿植，为栽种养殖做追肥并进一步过滤和净化废水，形成以厕所为中心的灌溉施肥小环境，则是无完整下水道管网系统的一种生态自循环模式。

8.3 厕所便溺处理系统创新设计

厕所建筑的本意是为人提供方便的空间场所，但是在这个空间中，如果对便器设计与粪尿处理方法不当，不但会对人的健康安全带来隐患，更重要的是会导致一系列环境生态的次生灾害危机。

自我国全水冲厕所推广以来，人的如厕卫生与疾病防治水平有了很大的提升，但是城镇污水管网体系里的人粪尿却已经无法作为主要的农家肥为农田庄稼追肥了，农业生产不得不以化肥取代农家肥。过度施用化肥会导致农田土壤板结、不断贫瘠；因病虫害频发而滥用农药，又导致食品安全问题。更可怕的是从厕所废污管网输送集聚到废物处理厂的便溺，被过滤成渣滓掩埋，废水滤清排放到江河湖海。殊不知，所谓合乎规范标准的"清水"，虽然少了毒性，毕竟隐含的富营养及其他微量元素的水体，依然比不上大自然水体的质量，近年来河湖水体富营养所导致的"蓝藻、红藻"频发，以及水域下游地区的癌症发病率、死亡率连年走高，这引发了全社会对于厕所便溺处理系统各个环节的关注和进行改良与革命性探索。

8.3.1 就地处理人粪尿液

人类社会的文明始于何时？是从发明文字开始的吗？有历史学家认为，人类文明应该是从行为自觉开始，也许就是从开始建造第一个厕所开始。从远离住所的土坑厕所，到户外男、女分别的茅厕，农耕时代的厕所大都沿循着粪尿的就地坑池处理为主导。并且在农户这种茅厕通常与家庭养殖关联起来，形成与猪圈相连的溷厕。从人类厕所发展史中可以看出，中国在三皇五帝时代就有了厕所。而从汉墓中出土的陶质明器中可以直观地看出汉代厕所与猪圈饲养以及粪肥一体化处理的关系。

（1）便溺作为畜禽饲料就地利用

农耕时代，人们已经认识到，排出体外的粪便尿液中含有大量未被人体消化和吸收的营养物质，可以被再次利用。现代科学技术已经探明在人的粪便成分中约 3/4 为水，1/4 为固体；固体中的 30% 为死细菌，10%～20% 为脂肪，2%～3% 为蛋白质，10%～20% 为无机盐，30% 为未消化的残存食物及消化液中的某些固体成分。成年人每天的排便量约为 0.5kg；排尿量约为 1500mL，含有肾脏从血浆中清除的各种物质。正常尿液含有钠、钾、镁、氯、尿素、肌酸酐等。这些成分的存在表明粪便酵解后会产生酸、氨，所以有相当强的腐蚀性，这就决定了修建厕所采用的便器宜用陶、瓷和不锈钢材料等。另一方面，厕室的室内通风条件和粪池密闭效果决定了厕所的室内环境和氛围，因此也是厕所设计时需要注意的重点。厕所是城市和乡村最基础的公用设施之一，也是衡量一个地区人民生活水平和文明程度的标准之一。

我国历史上常常把人类如厕排出体外的粪尿直接排落入下方的猪圈，作为饲养猪的辅助饲料，而猪排出的粪便则与其他粪便垃圾一起清掏集运做农家粪的堆肥处理。即使在当今城市文明高度发达的今天，乡村农户、厕所、猪圈，三位一体的粪便就地处理方式依然可见（图8-88）。

图8-88　某农户将猪圈设于宅院中

当然，在人排出的新鲜粪便中还存在有虫卵、细菌和病菌，这些虫卵、病菌的存在，将是病害乃至瘟疫传播的重要途径。因此，当今的乡村厕所建设中，除了需要把便溺的生物分解与杀卵灭菌重点结合外，还可把粪便作为饲养昆虫的一手饲料来处理，利用厕粪堆肥养殖蚯蚓，利用新鲜粪肥养殖蝇蛆为蛋白饲料，具有较高的经济价值（图8-89～图8-90）。还可通过增加昆虫养殖空间，把新鲜的粪便提供给营养价值极高的喜食腐性昆虫——黑水虻（图8-91），黑水虻幼虫能够以粪便、餐厨垃圾、动物内脏以及农副产品下脚料等作为食物转化为自身物质，消化吸收这些腐败机体中的蛋白质、脂肪类等，能减轻垃圾造成严重的环境污染问题，人们将其幼虫喂鸡、鸭、禽类和鱼类，也可以加工成动物蛋白饲料。

（2）便溺就地处理成"腐殖土"

在地广人稀的乡村建设就地处理粪尿的旱式卫生厕所是许多农户的首选。因为这

图8-89　厕粪堆肥中的蚯蚓养殖

图8-90　粪肥养殖蝇蛆

图8-91　黑水虻

种厕所是从传统无水冲堆肥式或坑池式厕所技术中改良而来的旱式卫生厕所，它的最大特点是利用农村盛产的草、麦秸、稻禾、玉米秸秆等植物纤维作为混合粪尿共同堆肥发酵的有机体。由于这种堆肥模式技术简单、投入低廉、杀虫彻底无异味，清掏周期长（半年或一年），不需要特别看护和管理，产出的成品腐殖土肥力高、效果显著而在国内外广泛采用。

在空间序列上，需要因地制宜，采取有利于堆肥发酵的粪池、粪坑形式。一是采用阁楼式厕所建筑空间形式，底层架空或作半层处理，如厕粪便直落下部垫层，同时也便于覆盖粪便和添加木屑、草渣或草木灰，营造适宜堆肥发酵、保温保湿的环境条件。二是选择微水冲、无水冲便器，将厕所的粪便通过排便管导入室外的堆肥粪池，进行堆肥发酵处理。如果农户有畜禽养殖条件，可以将旱厕所粪便与畜禽粪便一同处理，能更好地促进发酵效果，增加腐殖土肥力。

在堆肥发酵序列中，可以将青草、秸秆、木屑等植物茎叶纤维材料分阶段覆盖粪池，以提高堆肥的透气性，对升温、杀菌、分解、转化有机质营养，提高发酵效率有显著成效，而在生成营养土的过程中可以用来养殖蚯蚓，蚯蚓的粪便协同营养土就成为上好的农家粪肥（图8-92、图8-93）。

（3）便溺分类收集加工为产品原料

无论乡村或城镇，公厕或私厕，旱厕或水冲厕所，都可以采取尿粪分集式收集，以便用作产业化处理和工业化深加工。

病人再造肠道菌种网络，利用小便中氮、氨、尿素等这些可促进营养与健康的医疗保健功能，人们开始分类收集便溺，并进行集约化的工厂化萃取技术和相关产品的深加工。这种看起来似是一次性投入巨大的产业，当它与传统的低效能利用，环境污染源带来潜在的生态链变异、人类健康受到威胁以及为了探索治理污染维护健康、保持可持续发展所付出的努力和代价时，人们不得不承认，对粪便的高层面高效能利用，

图8-92　厕粪堆肥中的蚯蚓养殖

图8-93　某农户家堆肥厕所

正是为了人类美好的未来而做的一件高附加价值、高瞻远瞩、意义非凡的伟大事业。

存在问题：在农村千差万别的民宅中，因人口结构、劳动方式，农地种、养生产结构不同，构成了厕所空间、化粪模式、粪便去向的不同选择。而在尿液粪便的分类收集与处理程序的选择中，首先带来大、小便器和粪尿分类便器的选型。其次是尿液、粪便以何种方式排送到室外容器与粪池，又以何种方式和时间节点储存和输送这些尿液粪体。

模式方法：一是根据用户居住建筑场地的环境因素与生活、生产特点，进行便器分集式马桶、分集式蹲便器、分集式蹲坑等不同功能需求的选型（图8-94）；二是对厕所内排出的新鲜尿液与大便的收集、处理与处理物的去向（图8-95）；三是便器（马桶、蹲便器或蹲坑）对新鲜尿液的收集和运送（图8-96）；粪便收集堆肥发酵处理后的腐殖土产品集运归田（图8-97）。

图8-94　分集式马桶

图8-95　收集处理与去向

图8-96　尿液分类收集与集运

图8-97　堆肥腐殖土用于回田追肥

8.3.2 异地处理变废为宝

（1）管网、站集中处理便溺渣液

未经过便器加工处理的便溺经水冲体系从住宅中排送出来进入小区化粪池，为进入城镇污水管网体系前做初步过滤、发酵、分解，再经过公共管网集中输送到污水处理厂做无害化处理。

全水冲户厕排出来的是一种高含水量的便溺污水。通常是污水由楼座排至小区污水检查井，经检查井排至化粪池，经化粪池处理的污水若满足《污水排入城市下水道水质标准》后，方可排入市政管网系统，然后输送至污水处理厂进行进一步处理。化粪池只是污水的初级处理工艺，可以将污水进行厌氧反应，使结块物质解体分化变小，转化部分含有氮、氨等成分。

经污水厂处理成为无害水体的去向：一是向地表水体排放。一般会排放到海洋、湖泊、河溪甚至沙漠等。这种水符合国家安全标准，因为在制定排放标准时，就已经考虑到接纳水体的环境承载容量了。如果是超标排放或者是偷排污水，那一定会污染环境和生态，危及人的健康与生命安全。为此，我国进一步细化了《污水综合排放标准》，规定了不同场合下水质的排放标准。二是工农业生产利用的再生水。当水质达到规定排放的标准，就可以作为生产用水加以利用，例如绿地灌溉、冲洗厕所、洗车等非饮用水的充水和使用等。三是地下水回灌。由于部分地区对水资源采用过度而导致地下水枯竭，所以需要水体回灌技术，让地下水保持一定的水量。但是需要特别慎重这种地下水的回灌，因为不合格的水体回灌对地下水资源造成的污染将是不可逆的伤害，要想修复则比地表水的修复要难上加难，也许要经过多少代人的等待。

在我国一些乡村、小镇，集中收集户厕中的小便器和马桶，运送到集中处理场已经形成一条完整的产业与服务机制，统一由地方社区来组织与管理。图 8-98 反映了集中收集马桶粪便的场景。

如果拥有良好的给水排水和地下排污管网系统，对大便水液的收集、集运和异地产业加工处理则需要有规律地组织掏取、密封运送和进行灭虫杀菌等无害化处理（图 8-99）。

无论对粪便做何种方式的异地无害化处理，必须遵从以下设计原则：一是生态和谐，二是绿色环保，三是能源再生，四是健康增值。

（2）移动便携便器尿粪处理创新

当代生活的远距离交通户外活动，在人内急生理需求时，于是"方便"就变得头等重要了。

为了方便如厕，设计师们针对不同年龄、性别、不同行为人群的工作与生活方式

图 8-98　马桶便溺集运

图 8-99　村镇中的环卫掏粪车

的调查研究，设计了可供更多选择的移动厕所和便携式便器产品。

　　①便携式小便器、大便器产品设计与粪污处理模式。目前，这种便携式便器产品的开发设计多是针对孕妇、老人、儿童、病人等如厕不便的人群，或者出现高速公路、人流量大等紧急环境中使用。便携式便器按使用次数一般可分为，一次性使用型和多次使用型两种。

　　一次性使用型便器：这种救急用的"便携便器"类似于一种塑料袋，但是采用了具有特殊吸收剂的材料，在液体进入袋内后就会被自动吸附在袋子表面的吸收剂上，转化成凝胶，袋子受到压力后也会自动变大，完全不用担心袋子会破裂。这种便携式便器最

图 8-100　树叶形状的"便携式便器"

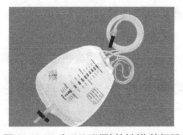

图 8-101　由 PE 环保材料制作的便器

初是由一位德国球迷有感于观看比赛的众多球迷难于如厕而发明的。后来这项发明被德国一家公司重新设计并投入量产，得到了众多消费者，特别是女性朋友的追捧。这款便携式厕所折叠后只有一根巧克力棒大小，能轻易装入女式手袋，随身携带，方便女性在上厕所时摆脱排长队的尴尬，需用时将其展开便可，适用于站、蹲、坐等多种如厕姿势，灵活性强。"便携式便器"外形犹如一片树叶（图 8-100），一般情况下它能轻易吸收 1pt ~ 2.2pt 的（约 0.473 ~ 1L）液体。为了更好地方便人们使用，该产品在包装袋里附送了湿巾，使"便携式便器"更加清洁卫生。后来这种便携式便器又被多家公司在原来的基础上得到了改善，材料上采用 PE 环保材料，包装上更加卫生、美观，质量也得了较大提高（图 8-101）。

多次使用型：主要是从材料的循环使用和资源的可持续利用角度考虑，比一次性用具更牢固、结实和耐用，虽然这种便器的使用原理与一次性便器有所不同，但均不需要使用水电资源。目前，多次使用型"便携式便器"一般采用PP环保塑料制成，折叠结构易于收放，使用时只要将便桶盖打开，套入塑料袋即可。为了保护隐私，这种便携式便器还配备了固定性较好、遮蔽性较强的雨衣，雨衣的下摆可以完全套住坐便器，保证了如厕过程的私密。整套装备重约2.5公斤，可容纳在一般尺寸的手提包里，出门在外时可直接放到车上（图8-102）。

多次使用型便携便器，内胆形似漏斗状，口小的一端固定在一个容器上，使用时只要对准大口即可，但这种便器只能解决小便，而且瓶口易溅出，多次使用不卫生，有气味（图8-103）。

②异地便溺的收集与处理。所有移动的厕所和便携式便器在使用后，会伴随着便溺物质的临时处理、存放，等待合适的时机做异地收集与集中处理。该怎样处理，这就需要社会公共服务体系，开发建立一个移动便器与粪污收集处理的网络化体系。

交通网络体系中的站点，应设立移动粪尿分类收集场地，用于一次性便器废弃收集、尿液收集、大便收集，以及三种固废液的终端处理。

大型公共空间、广场、集会场所和旅游景点的固定厕所、垃圾集运点，设立因移动厕所和便携式便器带来的一次性便器丢弃物、尿液和大便的分类收集容器，便于集运车辆运送垃圾和经过初级处理的排泄物。

（3）移动式厕所的系统综合创新

早期的移动厕所主要是公共厕所，多用于人流量大或者峰谷性较强的场合。如旅游景点、举办体育赛事的运动场馆、客流高峰的公共交通客运车站等，城市管理者通过设置移动厕所，缓解人流高峰期间固定式公共厕所供需紧张的问题。

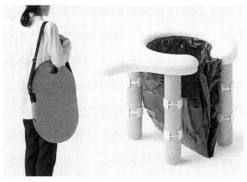

图 8-102　肩包便携式便器　　　　图 8-103　多次使用型便携便器

随着科学的进步，移动厕所的移动方式以及便溺处理方式发生了很大的变化，功能也在逐渐完善。现在出现在城镇中的移动厕所大多是由钢材焊接而成的结构体系，厕所底部采用槽钢或工字钢焊接，立柱采用方钢。外部墙体和内部分隔基本选取彩钢板、金属雕花板铝塑板、防腐木等。与传统的固定式厕所相比，移动式厕所最大的特点就是灵活性强、用材成本较低、适用于各种环境并可根据不同需求随时移动。

移动式厕所按结构、移动方式与便溺处理模式分类，特点如下。

按结构形式分类：一是单体结构移动厕所，内部只有一个蹲位。二是复合结构移动厕所。内部蹲位有两个或两个以上。单体结构移动厕所占地面积小、灵活性高，便于搬运，甚至可以在现场拆装并根据使用需求进行调整。复合结构移动厕所蹲位较多，利用率较高，可满足多人同时如厕的需求，适宜放在人流量大的地方。

按移动方式分类：可分为搬运型移动厕所和动力型移动厕所。搬运型移动厕所一般指未安装行走装置，大多需要通过外力牵引、搬运等方式安放至相应地点。因而为了便于运输和转移，在建造时往往采用轻质材料，并可将材料运至安放点后现场组装。该类厕所被广泛用于建筑工地、客运车站、体育赛事等场地。另外，有时也采用由集装箱或其他材料建造移动厕所，这种厕所便于实现移动厕所的机械化制造，生产效率较高，且成品使用后容易回收清洁，便于循环使用。动力型移动厕所是指自带行走装置的厕所，一般由大型的客车或是集装箱车改造而成。这种厕所由于能够自主移动，因此机动性非常强，但是由于车体一部分为提供行走动力机械装置，导致实际厕所面积减少，厕所的空间利用率较搬运型移动厕所低，因此该种动力型移动厕所，不太适合需求量比较大的公共场所。

按便溺处理方式分类，可分为循环水冲式移动厕所、干式打包型移动厕所、抽吸式移动厕所及普通水冲式移动厕所四种。循环水冲式移动厕所充分体现了可持续发展的新环保理念，这种厕所配备了先进的粪便处理装置，首先将粪便污水收集进行有氧、厌氧循环处理，通过添加特殊的生物菌种加速排泄物的分解，并将处理过后的水再次用于粪便的冲洗，合理节约水资源。干式打包型移动厕所内没有设置水冲装置，而是在便器下部设置了自动替换的可降解塑料袋，每次使用完，装有排泄物的塑料袋会自动打包，并保存在便器底部。这样既便于运输同时也同时避免造成水资源浪费。与水冲式的移动厕所非常相似，抽吸式的厕所也是将粪便和尿液通过便器下方的容器进行收集起来，等盛接满以后进行统一回收处理，这种厕所的明显劣势就是需要按时进行排泄物的回收，不然就会超出容量导致外溢，从而出现卫生问题。

真空抽吸式马桶（图 8-104）具备以下优势：一是节约用水。每次只需半加仑的水（约为 2L 的水，此水可以是飞机上使用的蓝色消毒液），地面上使用的普通马桶、节水马桶，每次需要 1.6 加仑（6L）的水，老式马桶则需要 5 加仑（19L）的水。二是真空马桶的下水道管径可制作得更为细致。三是这种马桶朝向任何方向都可将脏东西带走，因此排污管道便可任意地铺设。

图 8-104　真空抽吸式节水马桶

四是因管道可以随意铺设，所以在安装新马桶时也不需要将地板敲开。五是真空马桶可以安装在房间的任何地方。六是真空马桶可将大小便分离，大便径直进入肥料厂制成有机肥料，而小便、洗澡水和洗菜水之类的，都可以流入家门口的"人工小湿地"，待液体中的氮磷等营养成分被植物吸收之后，就可以得到供于景观的二类水。

8.3.3　资源利用创新设计

人对于事物的价值判断取决于人类认识事物的角度和层面。

当人们开始把乡村、城市厕所空间与粪便处理系统纳入视界范围，厕所的系统性与粪便处理后的去向，就成为人们关注的焦点。

的确，在当前的乡村振兴建设中，需要解决的问题千头万绪，三农问题必然是核心问题，提升农民的生活质量则是核心问题的关键。而"吃喝拉撒"则是关键之中的"重中之重"环节，所以厕所革命的问题浮出水面，伴随而来的则是粪污处理模式方法的传承与创新——厕所排出的粪便如何变身为宝贵资源与财富？目前已有不同领域的创新处理，包括：便溺分类收集的生物制品；便溺蛋白提取与生物保健；便溺物新能源的开发创意。

2013 年斯坦福的科学家们已经利用粪便制造出了微生物燃料。英国布里斯托也几乎是在同一时期推出燃烧粪便废物能源的"粪便巴士"（图 8-105）。

First West 巴士公司利用大便产生的沼气为一种 40 人座位的生物燃料巴士提供燃气动力。这种"粪便巴士"的燃料正是源自粪污水处理厂，据称这种生物燃料巴士释放的二氧化碳较传统柴油车减少了 30%。

人人都是大便、小便和垃圾废物产生的源头。随着科技的进步，未来人类的粪便或许从厕所里排出来就能转化制成新的能源。由此可见，厕所空间、便器、粪污处理系统选择的合理与否是一项关乎城乡民众身心健康、环境自然生态保护、社会

图 8-105 英国的"粪便能源巴士"

可持续发展的大问题。如何处理好这个系统，并能够与时俱进地更新改造，甚至提供厕所空间系统与便溺处理模式的革命性创新设计，需要创新人才培养纳入这个体系中来。

8.4 厕所革命需要原创设计人才

正如前文所述，中国乡村厕所的状态正值提质增效变革时期。自 2015 年国家倡导厕所革命以来，虽然在卫生厕所改良方面有了显著提升，厕所空间、便器功能、环境生态质量与粪污处理技术方法有了大幅度改良，但是应当看到乡村聚落的离散式居住对厕改成效来说，则是一项艰难而长期的的攻坚战。对欠发达和不发达的农村地区而言，厕所的空间与粪污处理模式从原始到当代几乎保留了不同进化时期的各种活态样本。而由于城镇化的引力效应，导致乡村劳动力人口大量流失、活力不济，使得许多乡村厕所的容貌与环境卫生状态依然不堪入目，甚至是建成后难以维持正常运行。所以乡村厕所改革，不仅涉及的是资金投入，更重要的是乡村居民的稳定性和对使用厕所观念的改变，能否接受新材料、新技术以及让厕所空间环境、容貌不输厨房的先进宜人条件，令如厕之人"身轻松、心愉悦"，这的确需要一系列革命性的政策、管理机制和创新设计来推进。

8.4.1 当前乡村厕所的创新性设计趋势

就乡村公共厕所和户厕改革的现状而论，提升厕所空间质量，改进马桶功能形式、优化便溺粪污处理模式，表现在以下几个方面。

（1）厕所持续优化设计

目前，我国持续倡导推进全社会的厕所革命，而从反映出的现实成效来看，主要是集中在"乡村厕所普及优化与城镇厕所质量提升"不同层级的两大板块。

对乡村厕所改造首先是户厕与公共卫生间的改良与完善，突出治理的是环境卫生与生态，改良的是提高厕所空间、功能的效率和舒适度，杀毒灭菌防蚊蝇、蛆虫，杜绝传染性疾病的发生。城镇的户厕与公共厕所的质量提升改造进程较快，如果说之前的厕改过于关注的是全水冲式卫生厕所的推广与改造，目前，广大民众则在提高认识的基础上，更加深刻地理解了"珍惜资源、粪肥归田、因势利导、保护环境"——地球生态圈共生共荣的重要性。厕改需要更加关注空间与功能的合理性与生态和谐的人性化，需要从厕所的源头主动做起，而不是"致污再治污"的被动局面；需要回顾和梳理传统中的优良做法，甚至是要关注到厕所空间、环境的文化氛围营造上。例如在男女两类厕所模式的基础上开辟第三卫生间，等待的公共空间可配备座椅以及可休憩、游玩、观赏的环境景观艺术，以此陶冶情操，提升人对环境生态的正确解读。

对乡村公共厕所质量提升改造，还体现在无障碍通行、残障厕位改进以及附加母婴打理的平台。而对于乡村户厕，是体现在功能完善、特色强化与舒适度提升等方面。由于户厕的个性化需求受到常住人口、功能审美定位、资金投入规模、服务人群对象等需求的巨大差异（有许多农户兼做民宿、农餐），这使得乡村厕所在旱厕、水冲式厕所以及厕卫康养一体等系统模式选择上也有较大反差。

总体看，乡村厕所的空间设计是在向城镇的现代卫生厕所看齐，所不同的是乡村厕所空间受畜禽圈养空间、沼气发酵空间等综合利用空间功能条件的影响，使得厕所的生物技术条件要求反而高于城镇，而在户厕中因为住户条件的巨大差异，厕卫空间的设计体现出传承、改良、优化、提升、原创等不同的空间与环境特色。

（2）便器形态功能提升

无论城镇或乡村的厕所，在建筑空间确定以后，厕所功能的核心主要是围绕马桶的材料工艺、形态结构、使用功能、类型选择和系统处理设计。其次考虑节水设计、废水二次利用等创新设计。而马桶（坐垫）圈、男性小便斗是面对不同性别、人群（成人、儿童与老人）的功能与尺度设计，而个性化、生理针对性则需要细分和加强。围绕便器功能展开的盥洗和沐浴设备的产品系列属于大众需求层面的公共性创新设计。这其中，关于马桶造型材质与功能创新设计已有了许多探索性的设计成果投放市场。

①马桶材质形态创新设计。随着新材料、新工艺、新技术的不断更新，便器与台盆、浴盆的材质也从普通的木、陶制品，向着陶瓷、不锈钢、钛合金以及不挂污的纳米涂层与高科技附加值挺进。便器、台盆的电气化、智能化更是拓展了人们如厕卫浴

的空间。如图 8-106 是仅仅是 20 多年前追求马桶"坐、冲"功能形态统一的马桶水箱一体化形态创新设计；而图 8-107 则是利用气压虹吸原理的微水冲技术，在马桶降噪、节水、自洁净等方面展开的研究性设计；图 8-108 则强调空间的灵活和纯粹性，通过整合马桶水箱并将其隐藏入墙型的创新设计；图 8-109 是处理虑净生活和尿液废水，进行二次利用冲马桶便器的创意设计；图 8-110 是节约空间的折叠型马桶的创意设计；图 8-111 是利用马桶水箱的平台，合并马桶与洗手盆功能，赋予便器盥洗一体化实用的新功能设计。

②系统功能提升创新设计。虽然便器卫浴产品的创新设计从来没有停息过探索的脚步，但毕竟受时代和科学技术创新成果的影响，人们对于开发、创新便器卫浴新功能，提升材质工艺与造型的新形态，并没有走得太远，毕竟，厕所革命是一个长期的持续探索和发展的过程，需要通过创新积累的量变，带来颠覆性质变的革命。目前，对于厕所系统功能创新设计主要集中在对粪便处理的模式、功能以及废渣的去向等方面。

以粪尿分集式厕所形式为主导，以水冲式地下污水管网生态降解处理固废水液为辅助，通过对源头、过程和末端进行不同阶段和不同类型的尿粪分离式收集、提取和

图 8-106　节水一体型马桶　　　　图 8-107　虹吸直排型节水马桶　　　图 8-108　微水冲式入墙型马桶

图 8-109　蹲、坐两用马桶　　　　图 8-110　少水冲式折叠马桶　　　图 8-111　盥洗便器一体化马桶

因势利导的就地资源化处理与利用，实现原创设计的突破。

在源头分集便溺，可以得到纯度较高的尿液和不含冲水（或微水、少水冲）的原态大便，可降低固粪的水液态体量，便于后续提取、发酵的高效处理。问题的关键是分集式便器在收集和初步处理尿液、大便采取的模式和方法，从原始简单的"跌落、滑入"的覆灰堆肥、入池腐熟式，到现代"生物、电气、机械、智能"介入的"物理、化学"式（拌菌发酵、泡沫封堵、打包焚烧）等不同类型的分集处理粪便创新设计探索（图 8-112 ~ 图 8-116）。

厕室、马桶、粪便处理的功能提升改造与自主更新原创设计，要求三者各自功能优化提升并形成系统功能一体化的创新设计。

（3）粪污处理模式优化

传统乡村厕所处理粪污的模式是旱厕无水冲模式，尤其是在内陆边疆和雪域高原地区。目前提升改造的重点除了风景与旅游胜地因为季节性瞬时段人流量大可以采取水冲式公共厕所设施建设外，一般村庄主要探索对"三格化粪池式、双瓮式、堆肥式"三种厕所在适宜于当地自然地理、气候条件方面的改革，对排粪管路、储存容器的材料更新，甚至是利用智能化监控和科学管理。在此基础上，现代乡村卫生厕所的

图 8-112　粪尿分集式

图 8-113　泡沫封堵式马桶

图 8-114　厕卫一体化设计

图 8-115　西藏巴松措某地的公共厕所

图 8-116　西藏巴松措公共厕所室内的采光与通风

粪污处理系统突出了旱厕无水冲、微水冲技术，取消下水道，不用电、少运输并能够就地生物分解与消化，把一般的全水冲式厕所下水道处理模式的"收集、输送、处理"三阶段功能合并成为就地一体化（或自循环）的生物降解处理模式，以生物的消化与养殖技术取代繁杂耗能、不利于环保的异地处理掩埋与排放技术。让这种经过生物分解消化所产生的富含氮、磷、钾有机物作为农作物的追肥肥料直接进入农田中去（图 8-117）。

目前，从整体情况来看，内陆、西部高原地区的村庄干净美丽，卫生厕所改革建设已经取得显著成效（图 8-118 ~ 图 8-120）。

图 8-117　西藏达孜县章多乡章多村藏族民居的旱式户厕

图 8-118　西藏巴松措藏族村镇

图 8-119　西藏巴松措景区公共卫生间外部形象

图 8-120　西藏巴松措景区男厕小便斗及布达拉宫顶的公共卫生间入口等候区、男士卫生间

8.4.2　厕所革命缺乏颠覆性的原创设计

从厕所空间设计变革、粪污处理模式探索到废污排放、综合利用的生物科技研究与实践，这看起来似乎是一个关于城乡厕所空间系统的创新性设计，实则是关于厕所空间使用、便器功能革命和粪溺处理技术三大项目一体化的设计革命。

（1）厕卫空间与粪污处理系统的革命性创新

厕卫空间革命围绕如厕人的生理、心理需求的社会化、个性化功能展开。对于公共厕所空间的革命，需要关注在空间性别属性的分隔、无性别厕所、第三厕所以及如厕延伸服务的空间革命。而在私厕方面，则需要围绕养生项目增设的功能空间进行分解与组合设计。厕所空间的变化会带来便器选型、粪污处理模式与方法的变化。

目前在厕所的空间设计上，有着积极意义的创新性探索是对于男、女卫生间的比例与分隔上。其中的核心则是解决公共厕所在使用中女性厕位数量的需求远远大于男性的现实问题。围绕这个问题所做的无性公共厕所、男女厕所峰时转换、谷时复原的空间轮值厕所，另外在街道繁华处、公共集会人群密集处设置开放型小便处以解燃眉之急。这些创新型设计探索虽然有着积极的意义，但是距离有着社会性空间变革的颠覆性设计还距离尚远。

（2）便器功能与厕卫相关产品的颠覆性创新

在便器功能设计上，人们虽然进行了尿粪分集式马桶处理功能创新设计，并且围绕对粪便的收集、处理、外排输送做了冷、热、冰、火、泡沫、灰粉覆盖以及微生物分解与发酵技术来解决矛盾争端，但是，直到目前，世界上还没有出现类似于 18 世纪第一个水冲马桶所造成的具有改变全人类如厕习惯的革命性创新设计。人们所期望的城镇厕卫系统，是在满足人的如厕功能需求后，能够确保卫生、安全、健康，能够科学高效地处理好粪便，并让粪便发挥更大的经济与社会效益。

（3）粪便营养与保健元素提取的自主性创新

有资料显示，近十年来全世界针对厕所粪便的综合性研究一直是处于高度上升阶段，各个国家政府在本国的年度工作和经济预算中正在逐年加大力度，强化厕所改革建设并配备专项资金投入。在我国，已经连续 5 年在国家层面号召厕所革命，在厕所空间系统设计创新，尤其是厕所粪便处理体系的模式、方法、途径上展开了前所未有的积极探索并有专项财政补贴预算投入。人们对厕所与粪便的认识已经经历过物态大分子的堆肥、分类收集处理，专项营养元素、稀缺的人体无法合成的微量元素提取工艺研究，以及抗病毒、具有保健特性的医药制品、保健与化妆品研究；而经过提取后的便溺物料依然可以通过传统的堆肥微生物分解、养殖工艺、发酵工艺对粪便进行综合利用后，腐熟制成可以肥田壮苗的农家粪肥。在这条传统与高科技融合发展的粪肥综合利用路径中，掌握高科技微生物技术处理粪肥的自主研发与产业化拓展则是未来几年人们必须关注破解的热点。

8.4.3　厕所革命亟须系统设计领军人才

从国内厕所改革建设一线，到厕所建筑、卫浴产品、粪便处理的环卫装备设施的现状、问题与创新性探索来看，仅仅是每年厕所专利申报授权来看，外观专利、实用新型专利申报授权居多，而发明专利授权也主要集中在便器功能提升、节水防臭以及粪尿收集模式、粪污处理方法改进的创新性发明上，尚未出现让行业为之动容的颠覆性创新设计，更未出现理念先进、价值突出、可以迅速推广量产的革命性发明专利。究其原因，主要是从事设计、工程科技、管理的人员，对厕所以及衍生的行业领域认识不足，缺乏创新性领军人物的引领与拓展力。

（1）建筑与环境设计创新人才

在中国城乡厕所建筑与室内外环境设计领域，设计的主体中真正从事厕所建筑设计的专业企业和技术人员不多，对厕所设计更多的是从事公共建筑设计、民用建筑设计院所中的设计人员，他们具备专业、商业设计与研究能力，懂得厕所空间设计的功能作用和流程，能够解决厕所空间的一般性问题，但是对于厕所的系统设计研究则相对薄弱，更不要说提供开创性的厕所创新设计。因此，厕所建筑、厕所环境、便器产品设计与粪便处理系统设计的创新性人才缺口很大。而在广大的农村厕所建设上，更缺乏厕所系统设计人才。

（2）产品与系统创新设计人才

厕所卫浴产品系列设计，由于它涉及无水冲、微水冲、全水冲式的便器卫浴产品用水、用电模式，因此，也为这类产品开发带来"节水、节电和不用水电"的产品功能探索，由此也带来对便器功能的选择，实质上也决定了对于粪尿收集与处理系统的选择。这种选择对设计师、工程师专业技术能力、水平是一种考量，更是对其创新思维、判断和执行能力的一种甄别。目前，厕所便器、卫浴产品行业系统设计中，需要加大提升对设计、工程与管理队伍从业人员进行创新能力的培养和引导。

（3）人才综合设计能力与素质

从我国改革开放的进程与城乡厕所空间系统的改良提升实效来看，国内厕所建设与便器产品设计走过了"拿来、借鉴、改良、创新"的发展过程，也呈现出不同功能、价值层次的创新设计成果，但是在国际设计领域，中国现代厕所自主原创性设计成果并不多，缺乏具有跨越性、颠覆性的创新设计，以及能在国际上推广的产业化知名品牌。

究其原因，主要体现在以下几个方面：一是城镇化的高速发展带来了城乡厕所建设与改革的巨大缺口，数量需求远远大于质量需求，速成大过成效；二是从事厕所建筑设计、厕所室内设计、厕所建筑环境与景观设计以及便器卫浴产品设计分属于不同学科和领域，受到专业与知识结构的局限与不同行业的分别，带来厕所设计的各自为政；三是厕所系统设计涉及工程技术、微生物科技与工程，目前又介入互联网、大数据的自动化、智能化，还有线上、线下 APP 的互动与监控参与，这使得厕所设计的阵营从农耕社会原始的农村坑厕、水冲厕所、厕卫一体化厕所发展到后工业信息时代自动化、智能化的厕所信息全息化生态数字设计，这为厕所革命提出了更高的要求，而对于厕所创新的领军人物需求也迫在眉睫。

9 厕所设计与专业人才培养

厕所空间使用、便器功能创新和粪溺处理技术三大工程项目一体化系统设计革命，其内涵是"厕所空间、便器形态、粪污处置"的如厕排泄—收集贮存—运输—处理直至综合利用等序列过程的生态化系统整体设计。这是一个强调空间舒美、突出高效节能、重在物尽其用的固液废污有机处理至"肥土归田"的内循环体系，这个波及城乡厕所革命的"系统设计"必将成为我国乡村振兴、智能化产业与社会经济可持续发展战略不可或缺的重要组成部分。

现阶段，具体在我国乡村地区，厕所革命进程依然存在技术局限性、政策短视性、管理粗放性以及环境保护、生态维育等一系列问题。作为一个庞大的生态设计体系，需要在城乡规划、建筑、景观、生物、环境设计各专业的协作配合下，对相关厕所设计与便溺处理工程的技术人才进行乡村厕卫空间系统创新设计与项目施工的"区域专业化、功用智能化、生态综合化"专门培养。目前国内虽然已经有厕所学院开展针对厕卫系统的人才培养，但是还需要进一步拓展优化人才培养模式、方法与路径，为城乡发展源源不断地推送厕所创新设计人才。

9.1 乡村厕卫空间系统设计的专业需求

随着我国乡村经济的快速发展，东、南部沿海近都市地区已进入中等发达水平，中西部地区的卫生厕所建设普及也进入关键阶段。人们对厕所卫生从无视到认知到热切关注，城乡居民对人居环境质量要求也越来越高，尤其是对现代化文明生活中的厕卫空间舒美条件的追求。

作为乡村厕卫空间系统的专业设计，目前已经到了人才严重缺失的历史时段。一方面，全国各类高校每年不断推出设计人才，但是难于进入到乡村卫生厕所改造、质量提升的"厕所设计革命"领域，这使得专业人才在系统融合创新设计方面供需失调，面向乡村的人才严重不足；另一方面，各类专业设计的人才培养更多地是停留在空间与功能设计的形态创新改革层面，短时转型无法适应乡村乃至城市在厕所、便器、粪溺后处理体系的系统工程技术设计问题。更重要的是随着厕所革命的纵深推进和工程技术研究范畴的不断拓宽，要求该专业设计人才不仅要知晓厕所布点空间规划、厕所建筑与室内设计、厕内器具产品设计、厕所空间处理系统的生物生态设计等显性的环境要素关系，更要深刻理解人们如厕行为及其背后折射出的文化背景、观念素养与行为规范。该专业设计人才必须敏锐意识到在"厕所空间使用、便器功能革命和粪溺处理技术提升的三大核心设计使命"基础上，还可延伸出具有鲜明特色的厕所经济文化、社会文化和科技文化，因此其所担负的"厕所革命"设计任务，实际上是超越了厕所并进入到经济发展体系，担当着完善社会文明建设的重要使命。

9.1.1 专业创新设计需求的基本原则

就乡村公共厕所和户厕改革设计的专业技术与创新人才需求而论，"创新是前提，专业是基准，系统是核心"。所以在提升厕所空间使用、便器功能更新和粪溺处理技术革命的设计人才培养方面应遵循以下几个原则。

（1）跨界协同创新设计原则

作为一个庞大而综合的设计体系，乡村厕卫空间设计以"创新"为前提，以空间为载体，包含了厕所空间、便器功能和粪溺处理三大有机契合的生态链统一，融汇了"乡村、人、厕所"三位一体的厕卫空间环境系统设计要素。人才培养应该力求通过厕卫空间整体系统的创新设计，解决乡村乃至城市"厕所革命"进程中存在"意识短视性、技术局限性和管理粗放性"等问题，鼓励并推广城乡厕所设计"源头资源化为主、中端生物处理为辅、末端综合利用"的标本兼治设计理念与环境生态治理模式。

尽管确立了正确的厕卫空间的生态环境系统设计理念，但是设计人员的专业素养与技术规范性，依旧是决定"厕所革命"价值和质量提升的核心要素。其中，提高设计美学与乡村民俗文化研究水准、突出工程实施能力与质量、加强乡村厕卫建设的监控管理力度、促进乡村大众协同互动与认可，是决定中国乡村"厕所革命"系统设计水准、提升设计质量成败的关键。

（2）专业设计的针对性原则

本书从设计学的角度切入乡村厕卫空间系统设计，通过"空间、功能和技术"三个递进关系的创新设计序列，表达厕卫空间专业设计的立场、观点，阐述乡村厕卫空间在系统设计理论研究、生态设计理念与分类设计模式的地域、乡土落地方法；运用建筑类型学的原理与方法，把中国乡村的地域性特点与分布态势，通过分类精准的设计方法，进行乡村厕卫空间设计的专业策划、总体规划、空间形态模式的创新、马桶功能性变革与便溺收集处理技术的革新；通过资源化的方法引导设计，解决乡村厕所面临的各种问题和挑战，加快推动厕所革命进程。

目前，无论是高等院校抑或是城乡建设行业，对乡村厕卫空间的专业设计，还存在一定的认知偏差和决策短视；对乡村厕卫空间设计依然停留在孤立的空间设计或环境设计领域；厕所创新还较多地照搬城镇设计思想、方法和建设经验，尚未真正有效、综合性地利用粪便资源并从源头上改革固渣废液物处理的"填埋与排放"；因而在众多的乡村厕卫更新改造工程建设中，频频出现忽略地域条件与本土特色需求的矛盾，出现资源浪费与基础设施配置矛盾问题，为乡村"厕所革命"的推进埋下了隐患。故乡村厕卫空间系统设计与工程，必须从建筑学、设计学、生态学、社会学等专业中，分化出针对乡村厕卫空间设计的理论研究人员、专业设计人员、施工技术人员与乡村建设的工程施工、项目管理对接，形成专业化的系统设计与施工，才能对乡村的特殊环境真正做到"因势利导、量体裁衣"。

（3）专业需求的系统性原则

基于厕所革命的专业性需求，要彻底解决厕所的"资源浪费与环境污染"问题，片面强调技术层面革新很难达到目的，需要普及"环境卫生，资源再生、变废为宝"的"生态观、行为观、审美观"，强化专业"术有专攻、协同推进"的系统性考量。对乡村厕卫空间系统设计创新，首先需要进行乡村卫生环境、场地条件的现状调查与条件分析，提出问题症结；其次通过技术革新、系统建构等方式，进行厕卫环境提质改造和功能优化的研究与实施；最后是整治厕卫环境与处理系统的路径问题，需要整体性解决包括如何引导村民提高思想认识、主体主动参与、推动厕所革命、加强研发、落地的创能、执行力和政府机制创新问题。

从系统设计角度考虑，村民参与乡村厕卫环境整治建设的意愿及其参与能力的高低，直接制约"厕所革命"的成败，且通过量化任务的方式也很难解决质量问题，这就需要将乡村厕卫环境整治视作是一个城乡一体的动态化多方共建系统模式，需要"政府引导、村民主体，多方协同"地组织和提供较为稳固的精神文明、物质文明政治、经济保障体制、机制，并改革完善厕所管理模式和措施等。

9.1.2 回归环境生态本原的专业需求

乡村厕卫空间设计本质上是一种尊重自然、肥归农田的生态环境设计。厕卫空间的原创设计要求厕所设计人才在真正理解人与自然、粪溺与农田、粮蔬与水土的亲缘互根关系基础上，才能正确体现具体环境的空间技艺。

一般的环境营造都会首先顺应大众审美心理的一般需求。而厕卫空间的系统设计，则需要站在人类环境保护的物质生态价值和民俗文化价值层面之上所做的空间系统设计。它需要民众，尤其是农户主体参与到乡村厕卫空间环境营建中，理解"资源、环境、生态"修复之上的"生态平衡"观念认同。

（1）顺应自然的设计

从传统原生茅厕到厕卫空间系统设计，是天人合一，取之于农田、回归于农田的"生态轮回"自然系统设计。

当今优秀的厕卫空间系统设计人才，需要依据乡村具体场地与环境现状，综合利用各系统要素，经过设计专业的创造性思维，施加于厕卫空间、器物形态、结构肌理等要素之上，处理情感深处的灵感再现于现实场景的系统整体设计表达。这样的设计源于自然实情、实景，是自然、真情的感悟，所塑造的厕卫空间与便器处理系统既有空间现实中的功能合理性，又具备结构形态美观性，这种源于自然，昭示理想的空间意境易与民众的心境产生共鸣。

（2）因地制宜的设计

厕卫空间的设计理念与方法众多，相关国家规范与意见在原则上亦颇具体系和指导意义。现实中有很多厕卫设计是在推广中经改进、更新而适宜于具体地域并被民众所接纳。这其中表面是对推广的卫生厕卫空间自身的认同与赞许，本质上也是对这种厕卫设计方法的认可。倘若这样的逻辑关系成立，那么厕卫空间的设计手法就会消隐，并退让于厕所本身的系统功能价值。

其实从设计专业角度来看，优秀的设计是一种"润物细无声"的行为方式，自然而然、因势利导的无为设计；"无设计、不作为，无为而无不为"，内在里却彰显设计的大度与游刃有余。乡村厕卫空间设计的终极手法，应采用这样一种改造自然于无形的"无为设计"。

（3）因借巧施的设计

在乡村厕卫空间设计中，设计人才的创新通常依据乡村的自然、人工、人文环境现状，结合乡村的规划特点、景观节点、发展理念和趋势，采取因借巧施的系统设计，并严格规范地完成施工工程。做乡村厕卫空间设计必须意识到，乡村厕卫环境、形态乃至功能细节虽然都与城镇有着显著区别，但是在粪溺的综合利用与最终回归农田上，目标与原则都一致，所以需要设计出符合"乡村—乡民—乡情"生活习惯、审美习惯的厕卫环境，做到乡村属性与个性特征相统一的环境景观。各地乡村厕卫环境既包含着某种区域城乡统一的共性，又受制于千殊万类地理气候环境的不同，个性鲜明、特征突出。正所谓"性相近、习相远而殊途同归"。面对种类繁多的地域厕卫空间设计，需要抓住乡村的共性与独特个性，厘清设计的逻辑次序，创造出既合乎情理又超越现实的革命性设计。未来的厕所革命设计需要这种超越现实的设计。

9.1.3 "道法自然"的质量设计需求

（1）留住"绿水青山"

珍惜绿水青山，保持农田肥力。对乡村厕卫空间的规划设计，不能照搬城市的设计经验，也不能被都市繁华时尚的环境特色所盲目引导。乡村就是乡村！乡村拥有的本土自然资源和人文历史资源，是城市难于复制的稀缺资源。所以在城乡一体化发展进程下，乡村可以借鉴现代城市文明的先进技术、功能配置和系统化处理模式的原理和方法，通过资源统配，结构调整，突出属于乡村本土人文环境的地域生态设计，重点保护绿水青山自然资源，并尽可能使之具有原生态资源维育保障，做到保护自然资源与合理利用，实现人地关系的和谐健康发展。

（2）传承为本

延续传统文化，对接当代文明。乡村厕卫空间设计，必须将厕卫设计理念、空间与处理系统的分类、设计方法推进到乡村厕卫空间设计的前期阶段，并从审美的精神文明角度切入厕卫空间构建内容体系，以形式美设计承载和传承历史文化名村、名镇的文化风貌，保护原住乡民的生活、生产习俗；对插入建筑形态与已有建筑体量对比，内部功能空间分区，便器功能设置的合理设计，不但要"唯物"，更要在尊重主观传统审美的理念下指导并推进空间系统创新。

（3）重在原创

乡村厕卫空间设计的素材来源于生活，设计师则要进行抽象加工，道法自然。在乡村厕卫空间设计中会存在大量影响厕卫设计的因素，其中起决定作用的因素来自人们对厕卫审美、功能、效益等因素。这些影响判断的因素是乡民生存于斯的文化背景与血缘关系的融合，他们会在乡民的内心世界构成强烈的亲疏感和喜厌感。创新工作的重要环节是设计师专业能力的水平特色化培养。需要对设计与工程师人才的培养定位、知识结构设置和专业依托的平台等进行综合构建，这决定了设计人才的思维模式和能力水准。设计师在面对崭新的乡村厕卫空间设计课题时，要善于把握乡村的自然资源特色和优势，以便掌握自然规律，遵循实际情况，实现传承之上的创新。

9.2　厕所创新设计人才培养与技术规范

从社会文化角度看，乡村厕卫空间更多呈现出一种人文精神与物质技术交互，它是社会化认知、营造、出新的产物，并通过环境氛围回馈、熏陶人的情志，加深人对本体与外界关联的感受与认同，促使人形成"主观与客观相统一、人文关怀与技术创新共存"的理想状态。在实现"乡村厕所革命"目标的感召下，通过针对性的专业化设计与严谨的技术应用培养，厕卫设计人才才能真正做到具有推进意义的原始创新。

9.2.1　厕所创新设计人才培养现状

厕所设计拥有的"空间、环境、生态"的基本特征，为具有理性思维的城乡规划、有建筑学和工程技术专业背景的景观设计、环境设计专业赋予醇厚的人文与艺术学科的外衣。乡村厕卫空间设计不再是孤立的从属于任何单一学科或专业的设计，而是在社会科学和自然科学背景下，融科学、艺术于一体的专业化系统设计。

过去，在我国乡村厕卫空间设计尚未成为从政府到民众都颇为关注的热门话题之前，厕所一直是在传统文化语境下凭生活、生产经验传承下来的工匠技能。尽管厕所问题可谓伴随着人类文明诞生而同步，但是我国真正产生现代意义的厕卫空间设计，也不过是出现在 20 世纪 30 年代。

目前在我国普通高等院校理工科人才培养中，与设计相关的学科专业有城乡规划学、建筑学、风景园林学等本、专科教育直至研究生人才培养，其培养体系已经颇为健全；在艺术院校，以设计学一级学科为依托的环境设计、工业设计等专业也得到长足发展。而当今社会上拥有的从业设计人员中，实际上大多数是经过专业培养和生产实践磨炼——先后从城乡规划、建筑学、土木工程、环境工程、农林园艺、环境艺术、室内设计等专业中参与到厕所空间体系中来，甚至还需要生物科学与工程技术、电气自动化、智能化担当主要的专业设计人员，在城市、小城镇乃至乡村的厕卫建设中发挥重要作用。

随着社会各界对厕所革命的重视，乡村厕卫空间设计需要进入更为系统化和专业化的人才培养与工程施工范畴。国家层面已经明确提出了"厕所革命"这一跨时代目标，而地方政府也在此基础上，依据不同地域特点进行了详细规划与设计，一定程度上规范了厕卫设计行业与工程施工过程，但是从设计理念和行为审度，乡村厕卫空间在当前存在三大矛盾：一是厕所建筑空间形态风貌与周边环境关系的适应性处理；二是，便器与粪溺处理设计体系的适宜性与合理性；三是对粪溺处理模式、去向当采取何种设计方法、途径，方是科学、生态、最优地实现综合利用问题。

对厕所系统设计的水平、质量与创新推进需要持续不断地鼓励支持、鞭策监控，这对景观与环境设计工程也是一种监督和考量。随着大众对厕所系统设计的认知加深，需要更加健全的人才培养体系，为城乡厕卫空间设计提供源源不断的创新人才。

9.2.2　厕所创新设计人才培养路径

依据厕所设计革命的需求，人才培养应从学科的针对性上细化专业方向对知识、技术、创新、能力的培养目标，专业人才的培养方案中构建不同层级设计与研究人才的教育体系。这样就可以有了与建筑学、规划学和设计学等学科相配套的一揽子方案：从策划到规划，从工程技术设计到艺术环境氛围营造，从施工组织到质量与服务管理等不同层面、不同专业方向的人才培养体系。随着高校专业人才培养体系的完善，人才培养的层次、专业特色和人才质量的问题也将随之解决。综合分析乡村厕卫空间的设计，其专业属性一方面具有工程的自然科学和技术性，另一方面也具有人文历史、社会科学和艺术审美性。

厕所创新设计人才，是未来新兴的学科交叉专业。从专业对社会的影响力来看，只要分析该专业所依托的学科专业背景和平台，了解专业的生态环境，就可以知道其专业定位的倾向性、人才专业的知识领域和技能的基本特征，从源头—过程—方向引导和监控。从厕卫空间设计属性与行为、设计程序的递进关系看，厕卫空间设计行为是处于环境艺术与建筑工程之间的行为艺术与技术。

作为环境行为艺术，它把人类内心深处的主观感触通过艺术与审美的抽象思维与逻辑筛选，借助设计学的语言表达，将创意思维用空间尺度、人体工学、材料工艺、施工技术等原理和方法进行控制、约束，以实现策划设计预期的厕卫空间设计目标和效果。

作为建筑技术行为，它必须依托建筑方案策划、规划与工程设计方案，利用乡村所拥有的在地资源，如水土、宅地、花草、林木等自然资源，结合先进的科学技术，运用材料与工艺，实现民宅物质空间形态、要素结构关系的使用功能与视觉审美目标。当厕卫空间设计专业被置放于城乡规划建设中时，就成为实现乡村设计目标的工具和手段。

作为城乡建设的设计与管理者，必须明白厕卫设计是实现"厕所革命"的核心路径，更是一把双刃剑。设计效果好则可以对乡村人居环境起到优化作用。设计方向走偏或效果差强人意则乡村聚落会持续浪费资源，甚至对当前的生存环境保护适得其反。将理想厕卫人居环境落实到现实生活中，需要专业前期科学的论证、规划，建筑设计专业、设计学专业、生物技术专业则是其基本承托。

对于乡村厕卫空间系统设计而言，必须建立科学规范的监督、审核机制，健全乡村厕卫空间设计的评价体系，提出适于乡村生态环境、历史文脉继承前提下的厕卫空间设计方针，并总结出适应国家地方法规条令的针对性施工方法。目前在我国新建乡村厕卫空间的设计项目中，相当大的部分照搬城镇建设规划方法使得传统有机粪肥归田循环系统被冷落、式微。依据《中华人民共和国城乡规划法》，在部、省和直辖市层面正在积极探讨水冲—旱式粪溺的综合利用与粪土归田问题。各地区有针对性地颁布了地方性指导法规、条例和办法，这些都为将来乡村厕卫空间设计起到良好的保护与控制、制约与引导作用。

9.2.3　厕所创新设计的法规与规范

当厕所设计作为厕卫空间整体设计行为，参与"厕所革命"与乡村建设中，就成为实现乡村与城镇设计目标的工具与手段。作为城乡建设的民众与管理者，必须明白厕所设计的成败标准是以综合社会利益为导向的，厕所专业设计方案是一把双刃剑，既能对乡村的人居环境起到优化和改良升级作用，也可能破坏原有脆弱的环境平衡而再致污染，造成乡村生活不便和建设工程的浪费，这种本源性的破坏最终会殃及城市。所以要精准应对解决可能出现的问题，需要用积极的态度从源头—过程—方向把握前期规划，监控和引导建筑与环境设计的方向与成效。

所以，对于厕所创新与专业设计，必须在源头建立科学、规范的监督审核机制，健全对乡村厕卫空间建筑的评价体系，提出适于乡村厕卫的生态维育、功能合理、处理适宜的家庭与村落、与城镇、与社会、综合效益的居家系统设计方案，并在国家、地方法令法规中、律令执行中切实体现这些原则。

当前在我国厕所革命的背景趋势下，依据已出台的《中华人民共和国城乡规划法》《农村公共厕所建设与管理规范》等一系列规范、法规、律令，各地各级地方人民政府层面颁布的厕所设计法规、标准、条例、管理规定和办法，以及所提出的若干适于不同地域环境下的具体施工方案与实施技术，这些将在乡村厕卫空间的整体系统化设计与建设层面起到良好的控制和保护、制约和引导作用。

9.3　乡村厕卫空间系统设计的素质教育

实现乡村厕卫空间设计专业人才的培养，需要实施与之相适应的素质教育。乡村厕卫空间设计背景下的素质教育，其内涵在于创新，包括对使用功能的系统创新设计能力培养、提升审美鉴赏创新能力和营造特色厕卫空间设计的创新能力。创新是第一生产力，故此，要从提升专业设计人才素质教育入手，固本而出新。

9.3.1　农道理念的人才素质教育

乡村厕卫空间的原创设计是在厕所革命背景下，尊重本土环境、原态民俗精神的主旨下，设计出"有效治污、综合利用，肥土归田"的创造性厕卫空间系统。当一个新的系统理念、模式方法被推出执行，在其引领下所诞生的创造性设计则集中展现在乡村厕卫空间的系统整体设计中，其价值体现在针对性设计思考、原创性设计体系上。它源于人的深层次认知，遵循自主设计目标、原则和方法，它避免了乡村厕卫空间设计沦为跟风的同质化、改良的庸俗化等套路，是为创造价值的唯一途径，是乡村厕卫空间设计不断发展的源泉。

（1）响应厕所革命，开发原创设计

乡村厕卫空间原创系统设计要解决厕所革命所提出的功能性问题，符合乡村地域化特征与大众的审美观，它是基于乡村民众生存发展在厕所形态、环境改造乃至生活行为模式等功能需求的基础上产生的空间形态、功能与粪污处理利用体系。乡村厕卫空间设计在建构推出众多新的分类方法和设计原则后，其最终目的在于能够产生符合乡村抑或城市厕所革命需求的原创性厕卫空间系统设计。

（2）设计以人为本，还原功能美学

乡村厕卫空间的形态美是伴随着环境视觉设计艺术而来的，人们还必须从生活需求的角度出发，回溯以人为本的人居环境与生活模式。具体对乡村厕卫空间设计而言，即是审视"美与功用"的关系问题。因为生活美学的第一原则就是"适用是美"。这是传统美学法则的起点，是"真"为人服务"因用而存在"，故而又引导出"善"的概念："品正、质淳"等格调。乡村厕卫空间的美学设计，就是在大众潜意识中，自发构筑起美的厕卫空间，就厕所、便溺的功用作为美的起点代表了"真"，设计过程传达了"善"，营建实施蕴含了"美"的空间环境。

（3）设计结合自然，保护绿水青山

大自然孕育着万物生灵。尤其是对于生活在乡村的人们，衣食住行更是与自然界紧密贴合，其所需的空气、阳光、农田、水体以及生产的粮蔬食物等无一不是大自然的"第一手"馈赠，故传统的人们更懂得"人天相应，大人合一"，为人第一要义是要学会与大自然和谐共处，因为人与自然是所构成的生物圈中生态循环的核心要素体系。自然是因为人的存在而赋予了现实意义；人因自然的存在才有所依托而得以繁衍生息。这种互为依存、对立统一的生存关系，自古至今、生生不息。即使是科学文明发达的今天，只要人的生物体形状属性不改变，这个法则永存！所以，在人类的历史长河中，人类文化发展的终极问题即是如何与自然和谐共处。厕卫空间系统设计就是反思百年来全球快速城镇化发展给人类生存环境带来的不可逆转的环境恶化危机，追求乡村环境与自然和谐的舒美关系，就是创新设计协调城乡人居环境与自然共存，修复自然生态、保持人与绿水青山的和谐关系。

9.3.2 工匠精神的创新素质培养

乡村厕卫空间设计具有"科学性、技术性和艺术性"三种属性的思维、行为与表现方式，各自属性特征对专业设计的影响也不尽相同。三者之间的区别在于：科学具有发现创造、冷静理性与周密逻辑的思维模式，它通常借助实验手段将假说一步步推演到现实中，获得能够重复检验的证据并在现实中应用，最终实现的是发现与发明成果。艺术则带有发现创新、主观感性与经验判断的形象思维特征，它把自由的创意想象，通过视觉与感官体验的设计手法表现出来，实现的是将具有偶发性与不可重复性的创作目标与成效付诸实践中；但是科学与艺术在实验与设计中交融的桥梁，则是技术。所有科学方法与设计方案都需要技术表达、工程施工以及富含工艺技术的模式手段去完成最终的成果。所以说，科学与艺术同是"发现发明"，是一体两面，最终实现的是"功能与审美"的统一。

（1）注重认知深度，提高设计技艺

在厕卫空间系统设计的生产实践中，专业人才的技术水平主要反映在设计、表达和应用能力三个方面。高校和行业主要是通过这三方面的评价数据考察人才的能力和素质；但是反之也促成了专业"急功近利"的导向。学生以技术为核心，艺术修养为辅助，至于设计思想、文化与艺术教养的发展则会出现方向性偏差，专业培养中并没有把这些要素对设计师去终身引导。这就需要在以后的专业人才培养中，注重对设计师个体的眼界和认知深度进行提高，重视国学传统文艺理论的修为，使设计师具备在宽泛的视野中学会提纯重要的设计思想的能力。

（2）强化人文修养，提升人格情怀

当前乡村出现的不合时宜的厕所面貌和空间体系，并不能完全归结于乡村的基础条件落后，人口素质低，也不能就此认为设计师个体能力素养不高。就本质而言，当前乡村厕卫空间不尽人意的原因是一个社会学问题，也是国家教育序列人才培养的方针、模式与方法问题。但是从专业设计人员的角度分析，需要提升设计人才的本土的人文情怀，需要从教育体系进行大幅度改革与创新。

（3）创新源于生活，设计出自真善

进入新世纪社会经济建设新常态以来，我国城乡一体化高速发展，需要大量的专业技术人才，来自各方面的反馈无不是更加喜闻乐见"高素质复合型人才"。现实需要决定着高校对人才的培养定位，其培养过程将完全围绕着"设计能力强、适应能力强"的专业素质培养展开；另一方面，围绕素质、能力则需要加强对技术与艺术创新基础的训练、审美教育与功能鉴赏的教学实践，避免将学生推入唯工程技术、唯审美艺术的范畴中去。但是说到底，人才培养是解决要培养一个什么样人才的问题。乡村厕所空间体系创新设计，首先需要把热爱生活、懂得生活、回馈生活作为起点；其次是把生活与生命与生态紧密结合，理解人与自然共生共荣关系；最后才是勇于承担、敢于破立，具有正义感、责任感，胸怀"真善美"的人。

9.3.3 生态和谐的原创设计提升

乡村厕卫空间系统设计的目标，是要在"乡村建设"与"厕所革命"这个大环境下，进一步改善人居卫生环境质量，探索适合中国乡村且可持续发展的厕卫空间创造性改造与提升途径。这不仅需要设计师对科学技术应用能力的提高，还要根据不同地域对厕卫空间设计方案进行再思考，还要求设计师站在科技与艺术相统一的高度，结合原有乡村空间与现代科学技术，以满足人们对生活质量、人文关怀和厕所建筑空间形态与系统功能审美的需求。

（1）生态循环的原创设计

"科技以人为本"。在乡村厕卫空间设计体系中，科技主要解决功能性问题方面，比如空间功能涵盖了"便器功能、便溺处理功能、粪土有机肥田功能"等，所以空间是一个整体系统。从乡村厕卫空间设备产品的角度看，各种智能型、机械性、创新型马桶、粪便收集处理设施设备等，从无到有，从原始到现代、从有到精，产生了质的飞跃。这些离不开时代的发展与科技的进步，同时"环境生态修复"的客观上也要求厕卫空间设计方案做到"呵护生态、与时俱进"。伴随着人口素质的提高和科技的进步，人们对居住环境的要求也随之提升，也认识到厕所水冲式废水处理系统带来的便捷舒适、安全卫生之后的环境生态危机，这需要设计师学会合理的应用、配置厕卫间的科技设备设施，完善厕卫空间的方案设计与自然融合、与市场开发，使得设计产品经得起社会与自然的考验，从容应对这个多元化与标准化共生的时代。

（2）尊重乡村地域特色

乡村厕卫空间的设计行为要传承地域乡村"民俗乡情"特色，尊重历史文化风貌，而非生搬硬套以往城市建设中的厕卫建设经验，这需要设计师从乡村建筑环境的"生活感受"中体察传统文化的意蕴，而不是肤浅地对特征符号作简单罗列，做出各种快餐式的"混搭"产品或实现表面的视觉愉悦。地域特色的设计作为一种精神理念，应自觉融入乡村厕卫空间建设体系中。

（3）优化乡村人居环境

从乡村生活环境的角度来看，厕卫空间的专业化设计是防止虫害滋生、病菌传染，优化人居环境的重要手段。系统创新设计与人居环境的质量、人们的生活质量、工作效率息息相关。乡村厕卫空间的环境卫生质量要求包括：厕室空气流通强、室内干湿度适宜、环境清洁无异味、室内外环境生态良好；系统处理设计则需要通过对城乡厕卫空间的马桶、给水排水、通风系统、粪便收集系统的改良、创新与原创设计，可以高效提取再生资源和能源，有机处理和再利用便溺的固废液，使之成为肥力充足的有机肥料而返回乡村农田中。所以厕卫空间系统设计对提高乡村居民的健康与舒适度有重要意义，也是城乡可持续发展的重要设计路径。

10 结语

　　厕所，这个与人的生活密切相关的小空间，是自古至今、从无到有、由简至繁并始终伴随着人类社会文明发展脚步的生理功能空间。人们不遗余力地围绕粪便所引发的各类问题，进行着厕卫空间、便器功能及其粪溺废污工程技术处理应用的综合设计探索，可谓"爱之恨之、近之远之"。人们"利用粪肥、视粪如宝"的过程，经历了人类整个的农耕社会，但是却因"识粪宝""弃废污"的相悖观念两分于近现代百年工业社会。而在我国，把粪溺作为固废液污水处理也仅仅是在40多年快速城市化与全水冲式厕所的推广普及，却深刻影响了我国现代文明半个多世纪。

　　当然，对粪溺价值认知的改变也是一个潜移默化的过程，直到当今保存和沿循下来的传统旱厕与现代水冲模式正在经历第四次厕卫空间设计创新浪潮的洗礼。这次革命的目标不仅是针对乡村与城市厕所空间的改良设计，也不单单是便器功能与便溺处理的设计，更不单单是厕所堆肥与废污水的处理设计，而是关于未来农田涵养与水质保护、生态维育与可持续发展的农道策略；是亟须解决养育人类的农田土壤、江河水系与农产农作物所出现的有毒有害等种种问题，关乎到人居生活与安全、生态系统永续发展的生命设计策略。

10.1 乡村厕卫空间设计的立场与观点

　　乡村厕卫空间系统设计课题从厕所空间环境切入，进行城乡厕所、便器功能、粪溺处理的系统设计探讨，包含思想理念、模式方法、落地途经的内涵深意。

10.1.1 生命不息、循环往复、涅槃重生

　　人与自然界所有生物一样，具有"生盛衰亡"生存规律的自然特性。有生就有死、有存必有亡；宇宙有光有影、虚实如影随形；物形散则化气、气聚合则成形；唯有内

在的精华灵性因心智而高下，随物类而分别、因形而成象、因象而呈性，因性而生情、因情而化境……故而萌生、茁壮、鼎盛、衰微、寂灭以及再孕育而生发的不同时期命相。自然界、人世间因此而得以涅槃轮回、生生不息。

10.1.2　生物轮回、周而复始、螺旋推进

人们依托土地而生存，吸吮着肥沃农地表土之上成长的动、植物体脂、果实、茎叶、根系等营养精华而成就了一生一世、生生世世的生命周期。这个过程的人生是通过汲取精华、排出糟粕（吃喝拉撒）完成了生命周期的能量代谢、吐故纳新，以提高生活质量、突出行为能力、昭示生命价值、实现生命过程——最终人又将自己的身躯、体液、残渣回归土地、肥沃农田，为下一轮生命体的萌生做好营养基。

10.1.3　生态和合，如环无端、对立统一

智慧的人们自然明白人体行为对所依赖的自然物质环境的影响力。基于人类社会稳定与发展需求，需要全人类关心自身便溺的处理方式与去处。因为便溺物是生物有机体此生的最后存在、物质转化升华的基本前提，所以保护环境、关爱生命、珍惜便溺，视粪如宝，必然会因势利导地造福于人，从而妥善地处理好人与自然的互利互根关系。厕所空间是人类社会文明进步的象征与缩影；便器发明是人类文明生活需求的才智创造性能力的结晶。处理好人与自然的关系，把粪溺处理成"归田沃土"的农家肥料，则是人类熟谙天伦、法天象地、和合生态、天人合一的智慧行为。因此，厕所昭示地方文明，便器满足生理需求，便溺综合利用而生成的有机肥料则完善和推动了"资源再生、农田生产、生态保障"，粮油蔬果服务于生命的生态圈循环往复的进程。

10.2　城乡厕所设计革命的探索与实践

城市发展是以乡村文明为本根和前提。

乡村厕所的卫生状态与环境生态若何，直接影响农民身心健康、农业生产安全、农村生活质量，从而波及并深刻影响城市人的生活、生产与生态。所以乡村厕所是三农问题的重要组成部分，是城乡文明发展的核心问题。乡村厕所系统设计看起来是针对性解决三农的关键问题，但实际上它却也直指村外的城、镇——全人类的生活质量、生产安全、生态和谐发展的大问题。

在人类厕所经历了三次革命之后的现阶段，虽然我国城乡大面积实现了卫生厕所的普及、户厕建设的完善和环境舒适度的质量提升，传承了传统农耕时期旱式厕所的

特色优势，完善了现代水冲式便器功能与粪污管网处理系统，但是矛盾的焦点依然是以空间环境为依托，以便器实用功能为载体，以便溺综合利用为目的而进行的革命性系统设计与实践。

10.2.1 "旱水"并推"农村卫生厕所"

虽然人类社会的文明已经发展到后工业的"城市智慧化、人工智能化、生存数字化"时代，却也无法改变人类生物性、动物性生命生理的"吃喝拉撒"基本特性。在我国当代城乡环境中，国家所倡导的 6 种改良式卫生厕所类型依然是生活场景中的主角。它们在我国辽阔的土地上，依据自身的厕所空间条件与便器处理粪溺功能进行旱式（无水冲）、水冲式（微水冲、全水冲）以及粪尿分集式（泡沫式、打包式、焚烧式）等智能化分集与处理，改善了"杀虫、灭菌、发酵、腐熟等工艺技术过程"，实现了沼气资源综合处理的最优化利用。但是在空间、环境、资源禀赋差异巨大的乡村，卫生厕所的类型、便溺资源利用正在分化，有待从空间结构优化、便器功能个性化、粪溺处理回归田间地头的无害化、多模式、多途径发展中大跨度跨越推进。

10.2.2 水冲型厕所系统设计创新探索

水冲型（全水冲、微水冲）厕卫空间的设计与推广，面临给水排水的资源与公共排污网络的先决条件，在城、镇的居民集中区比较易于推广，而在缺水少地的老少边穷区域，市政设施辐射不到位、地下排污管网不完善的地域或地区则难以推进实施。

事实上，城乡环境中的全水冲式厕所在面临第四次厕所革命中，正在遭受厕所科技进步"新观念、新技术、新模式"的质疑。一方面，全水冲式卫生间的确卫生健康、无污无味、方便快捷；但是另一方面，这种粪溺处理模式几乎完全切断了粪肥归田壮土的生态途径，还必须为处理这数量惊人的污水废渣付出土地、水电、人力、科技等能源和资源，甚至还要承担污染江河湖塘地表水系的罪名，以及因为土地得不到有机农家肥的持续涵养，而不断引发土地贫瘠、虫害频发，不得不滥施农药化肥，导致生态环境恶化等一系列恶性循环问题。

10.2.3 厕所革命系统设计的模式路径

传统的以单独解决厕所空间、便器功能、粪肥发酵或废水固渣的处理排放与掩埋，正在被整体的厕卫空间系统设计所取代。无论城市与乡村厕所，无论公共厕所、宅内卫生间，无论旅游景区公共卫生间或公共活动场地的移动卫生间，面临的必然是厕所建筑空间、产品功能、环境生态、回归自然的创新设计。

即厕所革命必须力求通过乡村厕卫空间整体系统的创新设计，解决乡村乃至城市"厕所革命"进程中存在"认识肤浅、视域狭隘、技术局限和管理粗放"等问题，鼓励并推广城乡厕所设计围绕便溺处理核心，探索"粪溺源头资源化为主、中端生物处理为辅、末端综合利用归田"的标本兼治理念与环境生态设计模式。

厕所空间的系统整体设计探索，要从人类社会无性分别到男、女性分隔如厕文明中彰显，从现代化人类社会"由简入繁、雅俗共存、舒美交融"的文化生活内涵中去析出、探索适宜于乡镇聚落、贴心服务于本土民众的厕所民俗文化与景观艺术设计。厕所革命所担当的不仅仅是空间环境的物质功能革命性设计，更是超越了物质羁绊，既空灵自在，又贴合现实需求的舒美设计。

10.3 厕卫空间系统革命的创新设计

回顾第三次厕所革命"全水冲式卫生厕所"普及和完善的历程，那是一个世界性的、跨世纪的百年变革历程。从水冲式坐便器，到具有完善地下污水管网系统与粪污水处理与严格执行排放标准的市政工程监控体系，其中包含了大量新技术、新材料、新功能的原创设计与专利发明，这种世界性的厕所革命成果正在迎来第四次厕所革命的系统整体性创新设计检验与新一轮的原创设计探索。

10.3.1 厕所创新设计的方向与目标

第四次厕所革命所面对的创新设计问题是"治理污染、保护环境，提升厕卫空间舒适度，改革便器功能使用与便溺处理的高效、环保、节能、智能；提高厕所空间环境的质量"，理想目标是把城市中每日生产的便溺固液废污，分类提取成为再生能源与资源，并使之成为能够发酵、腐熟和沼气利用的原料，最终制成富含营养的农家肥而实现回馈农田，肥土壮苗，充分造福于人类。

10.3.2 厕所系统设计的创新价值

自我国 2015 年从国家政策层面上加快推动厕所革命以来，国内卫生厕所的普及率不断提高，在"厕卫空间、便器功能、便溺处理"的系统工程创新设计中，突出鼓励体现和提升创新设计的自主产业价值，力求推进具有颠覆性、开创性的厕所空间结构、便器形态功能，以及便溺废污生物技术处理系统的创新设计价值。这其中，最为核心的创新价值将是从源头上实现粪溺资源化、能源化，最终实现便溺处理系统的原始创新设计主权和发明专利授权以及粪肥产业化普及。

10.3.3 厕所革命的整体性设计趋势

目前厕卫空间系统的创新性探索已经是百花争艳，各类原创性成果也是异彩纷呈，正经过个体、局域使用和市场的验证而得到认可。但是伴随着各种厕卫空间科技与便器智能化的延伸应用，人们感到这些发明、创造成果的质量层级还有待提升，尚未从根本上解决城乡民众粪溺适度、合宜的正确去向，还未真正能够创建新模式、开拓新路径让粪便价值多用途、最大化，哪怕是粪便综合利用后的最终渣滓依然可以成为"归田、壮苗"的肥料。所以，化害为利，让粪便处理达到方向正确、目标明确、简单快捷、百利无害、节能环保，真正成为回馈自然、造福人类的粪宝！这样的厕卫空间系统才是可持续的农厕农道、农道策略。

参考文献

[1] 国家新型城镇化规划（2014—2020 年）[J]. 农村工作通讯，2014（03）.

[2] 弗·卡特，汤姆·戴尔. 表土与人类文明 [M]. 庄峻，鱼姗玲译. 北京：中国环境科学出版社，1987.

[3] MELDA GENÇ.THE EVOLUTION OF TOILETS AND ITS CURRENT STATE.

[4] 周连春. 雪隐寻踪 [M]. 合肥：安徽人民出版社，2005.

[5] 原本营造工作室. 枣林旱厕：厕所一种释放的科学 [J]. 世界建筑，2009（07）.

[6] 文剑钢. 小城镇形象与环境艺术设计 [M]. 南京：东南大学出版社，2001.

[7] 文剑钢. 中国城市化的基本问题研究 [C]//2006 中国城市规划年会论文集（上册）. 北京：中国建筑工业出版社，2006.

[8] 文剑钢. 城镇形象与环境艺术可持续发展设计理论研究 [J]. 城市规划，2000.

[9] 周杨. 城市粪便处理系统浅析 [J]. 环境，2008（06）.

[10] 郑跃华. 循环型城乡人居生态卫生系统研究 [D]. 重庆：重庆大学，2011.

[11] 李蓉蓉. 国内城市公共厕所设计现状与问题的研究 [D]. 成都：四川师范大学，2014.

[12] 10 城市化进程中村落变迁的展望思考 [DB]. 学术论文联合比对库，2015-06-05.

[13] 李晖. 文化底蕴深邃的溲器——器用民俗文化探索 [J]. 淮北煤炭师范学院学报（哲学社会科学版），2003（06）.

[14] 黄秋霞. 城市公共厕所及其景观设计研究 [D]. 昆明：昆明理工大学，2011.

[15] 倪玉湛. 云南旅游厕所设计 [D]. 昆明：昆明理工大学，2006.

[16] 宋朝公厕系统健全，清朝京城竟成了间大厕所 [EB/OL].http：//www.360doc.com.

[17] 彭卫. 秦汉时期厕所及相关的卫生设施 [J]. 寻根，1999（04）.

[18] 李智敏.M 公司新产品开发流程再造 [D]. 广州：华南理工大学，2011.

[19] 中华卫浴市场 [DB/OL]. http：//wenku.baidu.com.

[20] 张建林. 日本古代厕所的发现与研究 [J]. 文物天地，1998（08）.

[21] 徐淑延. 对"厕所文化"内涵及其构建途径的思考与探索 [J].柳州职业技术学院学报，2017(02).

[22] 洪文. 厕所革命与现代文化 [N]. 中国旅游报，2015-12-18（B03）.

[23] 程麟 . 旅游城市公共厕所景观设计的经济价值和文化认同 [J]. 社会科学家，2015（11）.

[24] 冯肃伟，章益国，张东苏 . 厕所文化漫论 [M]. 上海：同济大学出版社，2005.

[25] 王伯城 . 城市公共厕所建筑设计研究 [D]. 西安：西安建筑科技大学，2006.

[26] 李露 . 浅议公共卫生设施设计的两个基本原则 [J]. 现代商贸工业，2007（07）.

[27] 晨南 . 清洁的厕所——新加坡的骄傲 [J]. 前线，1999（01）.

[28] 刘新，朱琳，等 . 构建健康的公共卫生文化——生态型公共厕所系统创新设计研究 [J]. 装饰
2016（03）.

[29] 汪宇 . 美丽乡村建设背景下农村改厕运动的困境与解决路径 [J]. 无锡职业技术学院学报，
2017（05）.

[30] 何御舟，付彦芬 . 农村地区卫生厕所类型与特点 [J]. 中国卫生工程学，2016（02）.

[31] 欧阳运滔 . 移动厕所内部优化设计研究 [D]. 成都：西南交通大学，2015.

[32] 宾慧中 . 中国白族传统民居营造技艺 [M]. 上海：同济大学出版社，2011.

[33] 段学坤 . 农村生态旱厕空间环境及无障碍设施的设计研究 [D]. 天津：南开大学，2011.

[34] 刘生宝，伏小弟，等 . 西北高寒区双瓮漏斗式厕所的改进研究 [J]. 中国水运（下半月）2009（01）.

[35] 张丽娜，胡梅，等 . 当前我国生态厕所的主要技术类型选择 [J]. 农业环境与发展，2009（04）.

[36] 沈彬 . 新农村建设中生态农宅研究 [D]. 天津：天津大学，2006.

[37] 2020 年连云港市无害化卫生厕所基本全覆盖 [EB/OL]. 人民网 .

[38] 邹伟国 . 国内外生态卫生厕所应用与分析 [J]. 水工业市场，2011（06）.

[39] 现代建筑节能减排产品——免冲水小便器 [J]. 广西城镇建设，2009（04）.

[40] 毛泽民 . 珍惜粪便资源 [M]// 四川省环境科学学会 2003 年学术年会论文集 . 2003.

[41] 王琼，苗艳青 . 三年重大公共卫生服务项目经济社会效益评估研究：以农村改厕为例 [J]. 中
国卫生经济，2014（09）.

[42] 刘新，朱琳，夏南 . 健康的公共卫生文化——生态型公共厕所系统创新设计研究 [J]. 装饰，
2016（03）.

[43] 全国爱国卫生运动委员会办公室 . 2009 年农村改水改厕项目技术方案的通知 [EB/OL]. 2009.

[44] 付彦芬 . 完整下水道水冲式卫生厕所 [N]. 农民日报，2009-01-23.

[45] 沈彬 . 新农村建设中生态农宅研究 [D]. 天津：天津大学，2006.

[46] 便器 | 救生舱打包便器 | 井下矿用集便器 | 船用打包厕所 | 打包便器 [EB/OL]. 〔2012-03-27〕
企博网职业博客，http：//blog.china.al.

[47] 马霖霖，刘富国 . 向环保产业致敬 [J]. 走向世界，2014（01）.

[48] 舒龙，胡继 . 粪便移植技术的应用研究 [J]. 四川畜牧兽医，2014（06）.

[49] 西班牙研发"便便香肠"[N]. 钱江晚报，2014-2-21.

插图来源

编号	来源
2-1	https://www.zhihu.com/question/276196391/answer/393094168
2-2	http://fashion.sina.com.cn/l/ds/2015-06-05/0652/doc-icrvvrak2685096-p2.shtml
2-3	
2-4	Gramazio & Kohler. Swiss uz creative public toilets[DB/OL]. BBS·园林景观.公共环境案例. City of Uster：2014-06-04
2-5	日本建筑工作室 Future Studio.
2-6	https://www.sohu.com/a/502135738_680303
2-7	http://www.360doc.com/content/14/0626/21/17132703_390089310.shtml
2-8	https://www.sohu.com/a/254000811_100183394
2-9	根据台湾学生设计"绅士厕所"设计图由苏州科技大学建筑与城市规划学院 2019 研究生，王燕绘制。
2-10	
2-11	https://baijiahao.baidu.com/s?id=1627583620649511036&wfr=spider&for=pc
2-12	https://baijiahao.baidu.com/s?id=1609956917126901405&wfr=spider&for=pc
2-13	http://www.zh.gov.cn/art/2018/10/30/art_1229033436_45454275.html
2-14	
2-15	http://www.360doc.com/content/17/0103/15/5373706_619764222.shtml
2-16	https://www.sohu.com/a/138031112_161403
3-1	https://www.airbnb.cn/seoroom/vc0y8
3-2	https://www.airbnb.cn/rooms/20532502
3-3	作者自摄
3-4	作者自绘
3-5	作者自摄
3-6	作者自摄
3-7	某产品图册
3-8	作者自绘
3-9	某产品图册
3-10	某产品图册
3-11	某产品图册

编号	来源
3-12	作者自绘
3-13	http://www.5jjc.net/u5j545388684238/?WebShieldDRSessionVerify=olQMtaKjwlLxLYK20BpC
3-14	根据百度图片改绘，由苏州科技大学建筑与城市规划学院李瑶瑶绘制
3-15	
3-16	[2020-10-23].https://baijiahao.baidu.com/s?id=1681327559455580369&wfr=spider&for=pc
3-17	https://www.alibaba.com/showroom/urinal-safety-grab-bars.html
3-18	https://www.alibaba.com/showroom/urinal-safety-grab-bars.html
3-19	http://www.ivoith.com/informationclass_38/VT-8811.shtml
4-1	依据周连春《雪隐寻踪——厕所的历史、经济、风俗》由苏州科技大学建筑与城市规划学院 2019 研究
4-2	生王燕绘制
4-3	根据《中国厕所发展史》网易博客由苏州科技大学建筑与城市规划学院 2019 研究生王燕绘制
4-4	根据尚秉和《历代社会风俗事物考》卷二十八，由苏州科技大学建筑与城市规划学院 2019 研究生王燕绘制
4-5	根据周连春《雪隐寻踪——厕所的历史、经济、风俗》由苏州科技大学建筑与城市规划学院 2019 研究生王燕绘制
4-6	根据尚秉和《历代社会风俗事物考》卷二十八，北京：中国书店，2001 由苏州科技大学建筑与城市规
4-7	划学院 2019 研究生王燕绘制
4-8	根据冯肃伟，章益国，张东苏《厕所文化漫论》由苏州科技大学建筑与城市规划学院 2019 研究生王燕绘制
4-9	依据周连春《雪隐寻踪——厕所的历史、经济、风俗》由苏州科技大学建筑与城市规划学院 2019 研究生王燕绘制
4-10	https://baijiahao.baidu.com/s?id=1664120520586219032&wfr=spider&for=pc
4-11	
4-12	根据 1908 年卡巴奈斯《从前的生活风俗》插图改制
4-13	http://www.360doc.com/content/21/0510/17/73598947_976514098.shtml
4-14	https://baijiahao.baidu.com/s?id=1726073653116714674&wfr=spider&for=pc
4-15	齐本德尔家具式便器，THE EVOLUTION OF TOILETS AND ITS CURRENT STATE　BY MELDA GENÇ
4-16	
4-17	THE EVOLUTION OF TOILETS AND ITS CURRENT STATE　BY MELDA GENÇ
4-18	
4-19	周连春 . 雪隐寻踪——厕所的历史、经济、风俗 [M]. 合肥：安徽人民出版社，2004
4-20	https://wenku.baidu.com/view/0f26461652d380eb62946d55.html?fr=income1-wk_app_search_ctr-search
5-1	不二之旅 "中国人都不愿意提起的地方，外国人却乐此不疲玩出了新高度！" [DB/OL].https://mp.weixin.qq.com/s?
5-2	10 个具创意的卫生间设计 [DB/OL]. https://m.baidu.com/tc?from=bd_graph_mm_tc&srd=1&dict =20&src=
5-3	我想安安静静地上厕所，就……不要奏乐了吧……[DB/OL]. https://diyitui.com/content-1538287200.75049244.html
5-4	品橙旅游 "厕所大王" 汉斯：如何靠公共厕所年收入 6 亿？" http://www.pinchain.com/article/141244
5-5	
5-6	https://tieba.baidu.com/p/4519044950

编号	来源
5-7	马蜂窝 http：//www.mafengwo.cn/gonglve/ziyouxing/135822.html
5-8	https://baike.baidu.com/item/%E5%8D%B0%E5%BA%A6%E6%B8%85%E6%B4%81%E8%BF%90%E5%8A%A8/15863178?fr=aladdin
5-9	新浪博客"全球最具有设计感的公厕"光是洗手都觉得幸福！http：//blog.sina.cn/dpool/blog/s/blog_bfa735c20102w0un.html
5-10	新浪博客：公共厕所（House of Toilet）http：//blog.sina.cn/dpool/blog/s/blog_77f988600101jwj3.html
5-11	
5-12	http://chla.com.cn/htm/2013/1214/191593.html
5-13	
5-14	http：m.ddove.com/datam1/20151104/288f6b33124fe90b.html
5-15	http://fashion.sina.com.cn/l/le/2015-12-06/0906/doc-ifxmisxu6250856.shtml
5-16	http://korea.people.com.cn/n/2014/1105/c207971-8804839-6.html
5-17	https://www.docin.com/p-744740627.html
6-1	http://www.gov.cn/jrzg/2013-06/15/content_2426478.htm
6-2	苏州科技大学建筑与城市规划学院 2019 研究生王燕绘制
6-3	山东双瓮洁具有限公司图片，由苏州科技大学建筑与城市规划学院 2019 研究生王燕绘制
6-4	苏州科技大学建筑与城市规划学院 2019 研究生王燕绘制
6-5	苏州科技大学建筑与城市规划学院 2019 研究生王燕绘制
6-6	
6-7	苏州科技大学建筑与城市规划学院 2019 研究生王燕绘制
6-8	苏州科技大学建筑与城市规划学院 2015 本科生殷杰绘制
6-9	
6-10	http：//bbs.zol.com.cn/dcbbs/d657_246955.html
6-11	https://baijiahao.baidu.com/s?id=1699335776674942012&wfr=spider&for=pc
6-12	作者自摄
6-13	作者自摄
6-14	清华大学美术学院师生为西藏乡村探索设计的集装箱改建的节水冲，无水冲式生态厕所
6-15	根据旋转式堆肥厕所百度图片改绘，项目组绘制
6-16	美国开发的"incinolet"电焚烧厕所图片改绘，项目组绘制
6-17	作者自摄
6-18	根据百度图片 - 系统图、"生态公共厕所设计系统框架"，由苏州科技大学建筑与城市规划学院 2019 研究生王燕绘制
6-19	
6-20	苏州科技大学建筑与城市规划学院 2019 研究生王燕绘制
6-21	
7-1	作者自摄
7-2	
7-3	
7-4	https://image.baidu.com/search/index
7-5	https://www.cn-hw.net/article/detail/28051

编号	来源
7-6	花瓣网：http：//huaban.com/pins/1174176064/
7-7	https://www.sohu.com/a/227038833_233208
7-8	http://www.xinhuanet.com/photo/2018-11/18/c_1123730998.htm
7-9	冯凯绘制
7-10	苏州科技大学建筑与城市规划学院 2019 研究生王燕绘制
7-11	苏州科技大学建筑与城市规划学院 2013 级研究生石坚、李禹贤、薛恺强、朱盛杰等绘制
7-12	
7-13	
7-14	
7-15	
7-16	https://www.zcool.com.cn/work/ZMjI3Mjk0Mjg=.html
7-17	[2019-08-09]. https://zhuanlan.zhihu.com/p/77310264
7-18	https://zixun.jia.com/article/509654.html
7-19	https：//wh.a963.com/works/2016-06/490073431.htm?&page=5
7-20	苏州科技大学建筑与城市规划学院 2015 级本科生程思嘉绘制
7-21	苏州科技大学建筑与城市规划学院 2013 级研究生石坚、李禹贤、薛恺强、朱盛杰等绘制
7-22	
7-23	
7-24	
7-25	
7-26	
7-27	苏州科技大学建筑与城市规划学院 2013 级研究生石坚、李禹贤、薛恺强、朱盛杰等绘制
7-28	
7-29	
7-30	
7-31	
7-32	
7-33	
7-34	
7-35	www.wendangwang.com
7-36	苏州科技大学建筑与城市规划学院 2013 级研究生石坚、李禹贤、薛恺强、朱盛杰等绘制（2014 年）
7-37	https://b2b.hc360.com/supplyself/636483281.html
7-38	苏州科技大学建筑与城市规划学院环境设计 2015 级本科生沈紫荆绘制
7-39	https://www.sohu.com/a/418606506_440272
7-40	
7-41	上海 VJ 微建设计事务所－上海农道，宋微建乡村建设团队
7-42	
7-43	
7-44	

编号	来源
7-45	
7-46	
7-47	上海 VJ 微建设计事务所 – 上海农道，宋微建乡村建设团队
7-48	
7-49	
7-50	
7-51	
7-52	上海 VJ 微建设计事务所 – 上海农道，宋微建乡村建设团队 + 设计作品
7-53	
7-54	北京绿十字 + 设计作品
7-55	
8-1	
8-2	作者自绘
8-3	
8-4	https://www.qjy168.com/cp/zuobianqigaidunbian.html
8-5	https://www.baiqi008.com/b2bpic/uqcuahx.html
8-6	https://image.baidu.com/search/index?ct=201326592&tn=baiduimage&word=%E7%B2%AA%E5%B0%BF%E5%88%86%E9%9B%86%E5%BC%8F%E5%8E%95%E6%89%80&pn=0&spn=0&ie=utf-8&oe=utf-8&cl=2&lm=-1&fr=&se=&sme=&tt=&gsm=f0&dyTabStr=MCwzLDQsMiw4LDEsNiw1LDcsOQ%3D%3D
8-7	
8-8	
8-9	
8-10	
8-11	
8-12	作者自摄
8-13	
8-14	
8-15	
8-16	
8-17	
8-18	https://baijiahao.baidu.com/s?id=1727170593453134583&wfr=spider&for=pc
8-19	作者自摄
8-20	
8-21	https://www.vcg.com/creative/801566158
8-22	http://tz.zjol.com.cn/
8-23	苏州科技大学建筑与城市规划学院 2019 研究生王燕绘制
8-24	
8-25	http://www.sohu.com/
8-26	http://www.tukuchina.cn/r/photo/view/id/235563007839/

编号	来源
8-27	http：//www.xiujukoo.com/xgt/20161213h142182.html
8-28	http：//tz.zjol.com.cn
8-29	http：//www.sohu.com/a/229105909_214278
8-30	http：//www.xiujukoo.com
8-31	苏州科技大学建筑与城市规划学院 2019 研究生王燕绘制
8-32	https：//tushuo.jk51.com/tushuo/8843558.html
8-33	http：//www.sohu.com/a/131718990_686333
8-34	http：//blog.sina.cn/dpool/blog/s/blog_805145ae0100rspc.html
8-35	http：//www.sohu.com/a/213622442_770804
8-36	https://3g.163.com/dy/article/EMV9D3RJ053489NX.html
8-37	http：//www.ly.com/travels/1041270.html
8-38	http：//cqfb.people.com.cn/news/20171225/401076.htm
8-39	http：//k.sina.com.cn/article_6444478345_1801eef890010038bf.html?from=travel
8-40	http：//www.sohu.com/a/283021805_351301
8-41	作者自摄
8-42	
8-43	http：//www.sohu.com/a/225882063_390686
8-44	
8-45	
8-46	http://travel.fjsen.com/2017-02/21/content_19136613.htm
8-47	https://www.huxiu.com/article/304440.html
8-48	https://www.baiqi008.com/b2bpic/iifhhijz.html
8-49	https：//tushuo.jk51.com/tushuo/8843558.html
8-50	https://fs.home.fang.com/zhuangxiu/caseinfo1220462/?m=homepageanli
8-51	http：//pp.163.com/ywd731/pp/4237167.html
8-52	http：//share.iclient.ifeng.com/education/xyxh/shareNews?cid= 0&aid=32114371
8-53	http：//www.360doc.com/content/15/0130/12/535749_ 444950651.shtml
8-54	
8-55	http：//m.sohu.com/a/231863524_99958134
8-56	http：//m.edushi.com/zixun/info/2-15-n4223523.html
8-57	
8-58	http：//money.163.com/13/1107/09/9D2NDPC200254TI5.html
8-59	http：//news.rugao35.com/newsshow-133266.html
8-60	https：//diyitui.com/content-1478851160.61939091.html
8-61	http：//www.hinews.cn/news/system/2015/04/19/017494261.shtml?wscckey=710cf8558212b60d_1481515565
8-62	https：//www.zhifang.com/news14/38065.html
8-63	http：//m.sohu.com/a/240756454_693548
8-64	

编号	来源
8-65	
8-66	
8-67	http://product.suning.com/0070085665/600383671.html
8-68	http://www.erwas.cn/archives/29460
8-69	
8-70	
8-71	https://www.wendangwang.com/doc/169a1bc4f43ba231ea190d3c/4
8-72	
8-73	苏州科技大学建筑与城市规划学院 2019 研究生王燕绘制
8-74	
8-75	海南农村沼气工程已覆盖近四成农户 news.makepolo.com
8-76	http://news.sina.com.cn/c/2018-03-01/doc-ifyrzinh0771485.shtml
8-77	资料：百益宝有机肥发酵池图纸
8-78	苏州科技大学建筑与城市规划学院环境设计专业王璐绘制
8-79	
8-80	新华社记者王民摄
8-81	
8-82	根据百度图片由苏州科技大学建筑与城市规划学院环境设计专业李瑶瑶改绘
8-83	根据百度图片改绘－李瑶瑶，苏州科技大学建筑与城市规划学院，环境设计专业
8-84	
8-85	http://zj.qq.com/a/20171227/017419.htm
8-86	https://www.lkyscl.com/wt/397.html
8-87	作者自摄
8-88	http://www.huitu.com/photo/show/20140923/105318935386.html
8-89	http://www.sohu.com/a/158835511_99950147
8-90	http://www.51sole.com/xinxi/128176292.htm
8-91	http://blog.sina.com.cn/s/blog_6392f8570100qphc.html
8-92	www.bilibili.com
8-93	http://www.sohu.com/a/216172846_750734
8-94	爱家家－http://www.51sole.com
8-95	
8-96	http://www.51sole.com
8-97	
8-98	https://xw.qq.com/amphtml/20181229A1AN8Y00
8-99	http://www.51sole.com
8-100	http://news.163.com－德国人伊娃·汀特设计
8-101	https://b2b.hc360.com
8-102	www.t-biao.com

编号	来源
8-103	https://item.jd.com/59822869285.html
8-104	https：//story.kedo.gov.cn
8-105	http：//blog.sina.com.cn/s/blog_80c7f74d0102v8ye.html
8-106	http://www.haogu114.com/xinwen/c60685282b754046.htm
8-107	https://www.jia.com/baike/bdetail-4003/
8-108	https://www.qqyou.com/pic/tupian/guaqiangshimatongqianrushi/
8-109	https://www.qqyou.com/zt/liangyongmatongzuobianqidunzuogai/
8-110	https://baijiahao.baidu.com/s?id=1627043855273714626&wfr=spider&for=pc
8-111	[2020-12-21]https://jingyan.baidu.com/article/00a07f38a6f455c3d128dc2c.html
8-112	[2020-01-03]https://www.sohu.com/a/364415093_120516630
8-113	https://tieba.baidu.com/p/1690850130?red_tag=3420094018
8-114	[2018-08-08]https://www.sohu.com/a/245946812_655638
8-115	
8-116	作者自摄
8-117	
8-118	[2018-04-18]http://blog.sina.com.cn/s/blog_5d7a54630102xhor.html
8-119	作者自摄
8-120	

表格来源

编号	来源
表 2-1	课题组根据 WTO 组织历年公布的资料整理汇集
表 5-1	欧阳运滔 . 移动厕所内部优化设计研究 [DB]. 学术论文联合比对库 2014-10-29
表 6-1	苏州科技大学建筑与城市规划学院 2017 级研究生
表 6-2	张晨曦、刘航、邱梁杰、肖莎等汇总制表,
表 6-3	毛泽民 . 珍惜粪便资源 [M]// 四川省环境科学学会 2003 学术年会论文集 . （再制）
表 6-4	
表 6-5	王琼，苗艳青 . 医改三年重大公共卫生服务项目经济社会效益评估研究：以农村改厕为例 [N]. 中国卫生经济：2014-09-05

后 记

　　本书选题来自于苏州科技大学建筑与城市规划学院的环境设计研究所与上海农道—微建设计研究事务所、苏州福马设计公司在乡村建设、乡村厕卫空间设计研究等项目的合作课题。

　　2014 年，本书作者应邀作为上海农道马桶设计研究所所长，有幸参与了孙君先生主持的湖北省远安县全域旅游与开发规划建设项目论证会，并看到了远安县"政、企、村、民"与 NGO 社会公益组织"北京绿十字"以及高校、科研院所多方参与的协同创新精神，尤其是在考察了远安县几个主要乡镇的村落环境和民宅的厕所空间的现状问题以后，意识到美丽乡村建设绝非是靠一时的热情、单一的空间改造或简单的旅游产品开发就能够承载下如此丰富的内涵——乡村社会经济振兴的可持续，需要在乡村主体主动作用下振兴本地产业的多方协同，并通过时间来经营打造的整体系统工程。而其中仅仅是一个村落厕所空间与便溺处理体系的创新设计，就足以牵动乡村与城市，影响全国的人居生活、环境生态的品位质量与层次。

　　虽然在 2014 年当年本团队为上海农道所做的"乡村厕卫空间设计"项目研究成果已经提交，然而，这种希望让研究成果变现为可以落地并用以指导乡村建设的使命感，却恰恰是从提交之日起萌生。

　　2014 年 05 月～2019 年 08 月，5 年多的历程，本项目团队连年带领本科生、研究生到沪、苏、浙、鄂、豫、皖等省的乡镇、村寨考察调研，而团队成员又拓展了闽、粤、赣、湘、云、贵、川、甘、青、藏、黑、吉、辽等共 20 多个省市自治区的 200 多个乡村聚落以及港、澳、台地区调研。此外，作者还对亚洲的日、韩、泰以及美、法、德、瑞、德、意、澳等 10 多个国家，城市与乡村调研，同时还调动了本科生、研究生、亲戚、朋友，在回家探亲、出国访学、国际旅游等活动中对国内外的乡村建设、古迹、景区以及所到之处的乡村与城镇厕所空间系统设计进行更加广泛的调研与图片、视频材料收集。作者将乡村建设的工程项目、乡村厕所空间系统设计与乡村设计人才培养持续推进至三个层面：

一是受孙君、宋微建先生委托，协同汪光立等先生，率领苏州市乡村建设公益设计团队 40 多名成员完成了河南省新县田铺镇村一体化环境景观整治、产业振兴规划以及其他省、地区的特色小镇与田园乡村培育建设策划、设计等 10 多个项目，其中包括公共卫生厕所与住户卫生厕所—卫浴空间设计。

二是将传统村落保护与乡村振兴规划设计作为"大国工匠与本土设计师"人才培养的主要内容，联合苏州本地的"苏州金螳螂""苏州苏明""苏州国贸""苏州美瑞德""苏州国发国际""苏州柯利达""苏州华丽美登"等建筑装饰企业的设计总监、资深设计师融入高校本科生、研究生的课程设计与毕业设计，做"校企联合"教学，有连续 5 届的学生选择乡村社区、建筑、环境与景观规划设计，涌现了许多优秀的课程设计和省级优秀毕业设计，其中不乏河南新县、河北阜平乡村的真题真做项目并同步付诸乡村建设工程。

三是本项目团队连续 5 年将乡村建设（包括厕所改革）项目贯彻到苏州市的科研项目中去，为乡村振兴与特色田园乡村建设项目研究，奠定了良好的基础。

5 年的乡村厕所研究与建设积累不算太长，但是对于一部专著的撰写过程却有些沉重。毕竟在这个过程中，国内、国际社会经济发展与城乡建设变化迅速，厕所改革创新性成果不断涌现，促进了一批教师、设计师与科研成员的快速成长，并培养了一批批热爱乡村规划设计与建设的本科生、研究生以及企业新生设计力量。更重要的是，本项目研究正值中国厕所革命全面铺开与创新推进过程，成书之际又面临 2020 年新冠病毒肺炎暴发，新冠病毒已经导致全球 8300 多万人确诊感染，180 多万人死亡（2020年 12 月 31 日统计），让人们深刻感受到卫生防疫与健康对生命存在的重大意义。笔者也因为疫情常态化更加感到厕卫空间整体系统设计对提升乡村生活、变革农道策略、强化城乡安全的紧迫与使命感。

故本书的研究内容与应用价值也是一个不断丰富、更新、完善与价值提升的过程，能够顺利地完成，要感谢的人、单位与机构实在是太多：从家庭亲人、朋友同道、同事师生，到高校、政府、企业、乡村，线上线下许多著名专家、学者以及佚名的支持者，余不能一一，在此谨以真挚的心表达感恩的谢意：感谢你们！

由于本书在撰写过程中参与的师生与设计师比较多，每一位参与的编写者，在写作任务分配上有穿插有叠加，这使得对参与编写的工作量难以清晰计算。

本著作主要执笔撰写作者有四位高校教师，大体工作分工为：文剑钢，负责专著整体纲要、部分章节的撰写、统稿、修改与著作质量把控；华亦雄约完成7万字，主要负责第5章并穿插第6章，组织插图工作；文瀚梓约完成8万字，主要负责第3章、第7章、第8章，荣侠约完成5万字，负责第9章，穿插第6章并负责著作插图工作；第10章则为集体的成就。所以，作者相互之间既分工明确又有任务穿插叠合。

值得一提的是，本著作第4章是2014～2015年完成的"上海农道《乡村厕卫空间系统设计》科研课题研究报告'"的核心内容改编而来，主要由我的2013级研究生石坚、李禹贤、薛恺强、朱盛杰等人协助完成；而第3章～第8章，则由后边4届研究生参与了内容资料的收集、一草的构思草拟与成书的校核编制。分别是2014级的柏杨、官遥、陈金留；2015级研究生刘华明、李金琳、戴嘉瑜；以及2016级研究生沈启凡、张小龙、邵传奇、张振等同学。2017级研究生张晨曦、刘航、邱梁杰、肖莎和2018级研究生李陈涛、杨舒蕊等同学，在本著作后期的分章合并、体系编目、插图与文献目录梳理以及著作文稿的多次"知网查重"修改、插注、补录所作出了不懈努力。当然，还有为本书提供乡村厕所调查、图片收集的苏州科技大学建筑与城市规划学院环境设计本科2013、2012级张丽波（班长）班级，以及环境设计本科生和研究生为本著作绘制插图的同学们。

另外，本著作得到了中国建筑学会室内设计分会副会长叶红女士、副理事长上海农道宋微建先生、北京农道孙君、孙晓阳先生以及苏州乡村建设公益设计团队成员的支持。上海 VJ 微建设计事务所乡村建设团队与主要成员施继设计师、苏州苏明建筑装饰工程公司设计总监陈天虹、苏州"右见设计"汪拓先生等为本书提供了实际设计工程案例。上瑞元筑创始合伙人、董事费宁先生亲自带领和辅导学生参与乡村建设工程项目设计。

从一部专著的立项到撰写完成，看似是一部单纯的厕所系统设计的专著，但是它所承载的却是一个时代大国崛起的梦想，一种国家和民族不畏艰辛、勇于担当、为国人乃至人类生态环境和谐、健康、永续发展、不懈探索的历史使命。

文剑钢

于苏州科技大学江枫校区

2020-12-31